U0167207

写给新手的
深度学习2

——用 Python 实现的
循环神经网络 RNN 和 VAE、GAN

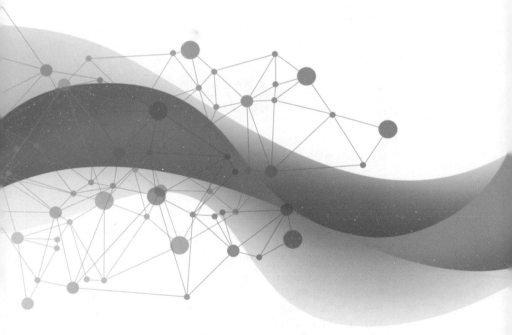

中国水利水电出版社
www.waterpub.com.cn
·北京·

内 容 提 要

《写给新手的深度学习2——用Python实现的循环神经网络RNN和VAE、GAN》一书以Python为基础，不借助TensorFlow、PyTorch等任何框架，以浅显易懂的语言对循环神经网络RNN及生成模型中的VAE、GAN的构建方法进行了详细解说。其中在前3章对深度学习和Python编程及数学的相关知识进行了简要概括，然后依次介绍了RNN、LSTM、GRU、VAE、GAN的工作原理及编程实现，这也是本书的主要内容，最后一章作为进阶准备，介绍了最优化算法、机器学习的一些技巧以及几种便于开发、试错的数据集。通过本书，读者可以从根本上理解深度学习技术的本质和相关算法原理，能够构建简单的深度学习模型，特别适合作为零基础读者学习深度学习技术的入门书，也适合作为高校人工智能相关专业的教材和参考书。

图书在版编目（CIP）数据

写给新手的深度学习2：用Python实现的循环神经网络RNN和VAE、GAN /（日）我妻幸长著；陈欢译 . — 北京：中国水利水电出版社，2022.1

ISBN 978-7-5170-9911-6

Ⅰ.①写… Ⅱ.①我…②陈…Ⅲ.①机器学习②软件工具—程序设计③Python

Ⅳ.① TP181 ② TP311.561

中国版本图书馆 CIP 数据核字 (2021) 第 182610 号

北京市版权局著作权合同登记号　　图字：01-2021-4639

はじめてのディープラーニング 2

HAJIMETE NO DEEP LEARNING 2

PYTHON DE JISSO SURU SAIKIGATA NEURAL NETWORK, VAE, GAN

Copyright © 2020 Yukinaga Azuma

Original Japanese edition published in 2020 by SB Creative Corp.

Chinese translation rights in simplified characters arranged with SB Creative Corp., Tokyo through Japan UNI Agency, Inc., Tokyo

书　　名	写给新手的深度学习2——用Python实现的循环神经网络RNN和VAE、GAN XIE GEI XINSHOU DE SHENDU XUEXI 2— YONG Python SHIXIAN DE XUNHUAN SHENJING WANGLUO RNN HE VAE, GAN	
作　　者	[日]我妻幸长 著	
译　　者	陈欢 译	
出版发行	中国水利水电出版社 （北京市海淀区玉渊潭南路1号D座 100038） 网址：www.waterpub.com.cn E-mail: zhiboshangshu@163.com 电话：（010）62572966-2205/2266/2201（营销中心）	
经　　售	北京科水图书销售中心（零售） 电话：（010）88383994、63202643、68545874 全国各地新华书店和相关出版物销售网点	
排　　版	北京智博尚书文化传媒有限公司	
印　　刷	北京富博印刷有限公司	
规　　格	148mm×210mm　32开本　10印张　375千字	
版　　次	2022年1月第1版　2022年1月第1次印刷	
印　　数	0001—4000册	
定　　价	89.80元	

前　言

众所周知，人类与人工智能（Artificial Intelligence，AI）共同生活的未来正在慢慢地成为现实。AI技术，特别是作为其分支技术之一的深度学习，受到世界范围内越来越多人的关注，并在近年来得到了广泛发展。此外，类似人脸识别、语音识别、安保等技术也在慢慢渗入我们日常生活的方方面面。

然而，对大多数人来说，理解深度学习的工作原理，门槛非常高，除了线性代数、微积分等数学知识和Python等编程语言知识是必备的，对反向传播等相关知识的积累也是不可或缺的。

为了尽量降低学习的门槛，我们在前一本书《写给新手的深度学习——用Python学习神经网络和反向传播》中对Python编程和必要的数学知识进行了详细讲解，并在不使用编程框架的情况下，从零开始构建深度学习模型。通过仔细推导在代码中实现的数学公式，并用简洁的代码进行编程实现，可以让深度学习的结构和工作原理变得易于理解。

基于上述内容，本书将更为深入地对深度学习技术进行讲解，并对结构简单的循环神经网络（RNN）及其改良版本LSTM模型和GRU模型、生成模型VAE和GAN进行讲解。本书与前一本书一样，不会使用第三方的神经网络编程框架，而是将数学公式和代码结合，通过无缝衔接的方式对各种深度学习技术进行编程实现。这样一来，我们就可以深入理解其内部的实现，当发生问题时也能及时找到原因。此外，开始着手编写自己的程序时，读者需要已经具备从零开始构建深度学习的相关技能。

当然，即使没有阅读过前一本书，直接学习本书也是没有问题的。但是在本书中，对于前一本书中已经涉及的内容只会进行简要的介绍。本书面向所有希望了解深度学习技术的人，如果读者已经掌握了两项相关技能，会更加有利于本书的学习。一是有任意一种面向对象编程语言的开发经验。本书中有大量的程序代码都是使用Python编写的，因此对于从未接触过编程语言的读者，建议先从一些面向初学者的Python类书籍开始学习。另外就是初中和高中程度的数学知识。虽然本书中对深度学习所必备的线性代数和微积分等相关知识进行了讲解，但是如果读者有一定数学知识基础，则学习效果更佳。当然，读者也可以一边从其他书籍或网站中对所欠缺的知识进行补充、一边推进对本书的学习。

虽然仅仅通过阅读本书也能逐步完成学习，但是如果能一边尝试执行 Python 代码、一边学习本书，则效果更佳。本书中所使用的代码可以从网站上直接下载，但是更建议读者能以这些代码为基础，动手编写完全属于自己的深度学习程序。而且，尝试自己动手编写新的人工智能程序应该是一件非常有趣的事情。

深度学习程序的执行时间往往需要好几天，甚至好几个星期。本书中的代码即使比较长，也只需要几十秒即可执行完毕。这些程序代码不但保持了扩展性，还适用于反复地进行小规模的试错尝试。此外，考虑到即使在执行环境不是那么理想的情况下，也可以尝试执行各种代码，本书中将使用的图像等数据尽量调整到较小的尺寸。此外，为了使数学公式与代码能够无缝衔接且便于通过代码进行编程实现，本书也尽可能地将数学公式以简洁明了的方式进行了整理。

深度学习是以模仿人类大脑神经网络结构的模型为基础的。通过自己编程实现智能并使其重现的过程是非常激动人心的。当然，这一切也不是朝夕之间就可以速成的。但只要肯花时间动脑又勤动手，无论是谁，都能读懂深度学习的代码，并构建属于自己的深度学习应用模型。不用着急，就让我们一步一步脚踏实地地攻克它吧！

学习深度学习技术并非计算机专家的专利，对任何人来说，学习这项技术都是一件非常有意义的事情。如果有更多读者能将本书作为人工智能技术实践的起点，那将是笔者莫大的荣幸。

我妻幸长

▓ 关于本书示例程序代码的下载

（1）扫描右侧的二维码，或在微信公众号中直接搜索"人人都是程序猿"，关注后输入 99116 并发送到公众号后台，即可获取资源的下载链接。

（2）将链接复制到计算机浏览器的地址栏中，按 Enter 键即可下载资源。注意，在手机中不能下载，只能通过计算机浏览器下载。

资源下载后可以在文件夹中看到各章节的 .ipynb 文件（Jupyter Notebook 的文件格式）和相关的数据文件。如果需要打开 .ipynb 文件，可以在 Jupyter Notebook 的管理面板中打开文件所在的路径，并双击需要打开的文件。

如果使用 Google Colaboratory 环境，需要事先将文件上传到 Google 云盘或 Github 的代码仓库中。

（3）读者也可加入 QQ 群：304992903，与其他读者交流学习。

▓ 本书内容概括及读者对象

在《写给新手的深度学习——用 Python 学习神经网络和反向传播》中，对神经网络和反向传播的原理及模型实现进行了通俗易懂的解说，这是深度学习技术中最基础的内容。本书将逐步深入，对在自然语言处理领域中真正发挥作用的循环神经网络 RNN 及生成模型中的 VAE、GAN 的构建方法进行详细解说。当然，关于程序的实现，仍然只使用 Python 来完成，不依赖任何现有的框架。

特别适合下列读者学习和参考：
● 深度学习初学者
● 高校人工智能相关专业学生
● 想夯实基础的 AI 开发人员
● 对人工智能、机器学习、深度学习技术感兴趣的所有人员

▓ 致谢

本书的顺利出版是作者、译者、所有编辑、排版、校对等人员共同努力的结果。在出版过程中，尽管我们力求完美，但因为时间、学识和经验有限，难免也有疏漏之处，请读者多多包涵。如果对本书有什么意见或建议，请直接将信息反馈到邮箱 2096558364@QQ.com，我们将不胜感激。

祝你学习愉快！并衷心祝愿你顺利掌握深度学习技术，早日踏入理想的工作领域！

编　者

目　录

第 *3* 章
深度学习的基础知识

第 *4* 章

RNN

第 *5* 章

LSTM

第 6 章

GRU

第 *7* 章

VAE

第 *8* 章

GAN

第 9 章

进阶准备

## 第 1 章

深度学习的发展历程

　　无论人们是否已经意识到，深度学习技术都已逐渐被应用于商业、艺术、生命科学，乃至宇宙探索等领域中，而且开始慢慢渗入我们日常生活中的方方面面。

　　作为本书的起点，本章将从"什么是人工智能？"这一问题开始，围绕深度学习技术的概述、深度学习的应用及本书所涉及的技术进行深入讲解。

1.1 深度学习概述

深度学习技术的应用赋予了计算机程序高度的认知和判断能力。首先，我们将对这类深度学习技术进行概述。

1.1.1 人工智能与机器学习

深度学习（Deep Learning）是机器学习（Machine Learning）技术中的一种实践方法，而机器学习又属于人工智能领域的一项分支技术。所谓人工智能（Artificial Intelligence，AI），从字面上讲，是指由人工创造出来的智能。但是，究竟什么是智能呢？尽管在不同的专业领域中其定义也有所不同，但大体上讲，可以把它想象成是自动适应与环境间的交互、事物的抽象、与他人的交流对话及其他具有类似人类大脑的智能。

如今，人们将这种"智能"从生物体中分离开，并在计算机中对其进行模拟。伴随着计算机运算能力呈指数级别的提升，人工智能技术也处在迅猛发展的势头中。

如何与人工智能共同发展，想必这将成为我们人类需要面对并思考的一大课题。事实上，在国际象棋和围棋等竞赛和医疗用图像分析等特殊领域中，人工智能技术已经展示出超越人类大脑的优异性能。虽然想要创造像人类一样具有高度适应性的高级智能依然十分困难，但是在某些应用领域中，人类正在被人工智能技术逐步取代。未来该如何与人工智能技术和谐共存，将是人类必须面对的一项重要课题。

机器学习是人工智能领域中的一项分支技术。具体来说，它就是将类似于人类自主学习的能力在计算机上进行重现的技术。机器学习是近年来各个高科技行业中的企业大力投入的热门技术之一。

机器学习在搜索引擎、机器翻译、文章分类、市场预测、DNA 分析、声音识别、医疗、机器人等众多领域得到广泛应用。根据应用的领域不同，对所采用机器学习的方法也需要进行相应的选择。

关于机器学习，研究者提出了各种各样的方法。近年来，在不同领域发挥超高性能并引起广泛关注的深度学习就是这类机器学习的方法之一，也是本书中将要讲解的内容。

在包括深度学习在内的人工智能技术得以发展的前提下，毫无疑问，人类创造的智能将对未来世界产生广泛而深远的影响。

1.1.2 深度学习

对使用具有多个层状结构的深层神经网络所进行的学习，称为深度学习或深层学习。图 1.1 展示的是深度学习中所使用的多层神经网络示意图。

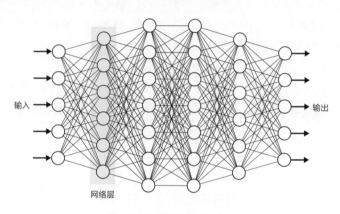

图 1.1　多层神经网络示意图

由多个层状结构所组成的网络中不仅包含输入和输出，而且网络自身可以通过对网络的各个参数进行最优化处理实现自我学习。

神经网络是通过一种名为反向传播的算法进行学习的。图 1.2 展示的是反向传播原理。通过将数据反馈回神经网络中的方式，可以实现对网络各个层次参数的调整。网络通过反复不断地调整各项参数进行学习，从而得出合适的输出数据。

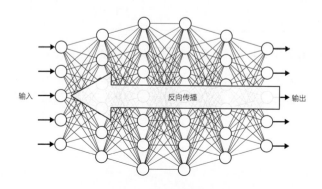

图 1.2　反向传播原理

深度学习相关的技术及其各种各样的应用方法都在以日新月异的速度发展着。那么，深度学习技术究竟有什么用途呢?

首先，不得不提到的就是深度学习技术的优异性能。人们常常会将深度学习算法与其他算法进行比较，而相比之下，深度学习技术屡屡表现出压倒性的超高精度。实际上，如果将所需处理的对象限制在较为狭小的范围内，深度学习技术的表现有时甚至能超越人类的大脑。

其次，就是深度学习技术所表现出的极为引人注目的泛化能力。深度学习是模拟人类神经细胞网络结构的一种技术，它的存在让以前在各个领域中只有人类才能够做到的事情，如今其中一部分已经逐渐被其取代。

除此以外，深度学习技术不仅拥有各种各样的优点，而且正在一些超乎人们意料的领域中逐渐地被广泛应用。虽然深度学习网络模型的结构与人类大脑的结构有很多不同之处，但是从神经网络能够在计算机上展现出极高性能这一点看，它为我们通过人工方式创造出具有生命特征智能这一梦寐以求的技术带来了曙光。

总之，深度学习还蕴藏着巨大的潜力，其创造的成果必将不断地为人类世界带来极大的冲击。关于其具体的应用案例，将在第 1.2 节中进行讲解。

1.2　深度学习的应用

本节将对还在持续发展中的深度学习技术的应用案例进行介绍。

1.2.1　图像识别

深度学习技术中颇具代表性的应用之一是图像识别。虽然在深度学习出现前，研究人员就已经实现了判断图像中所显示内容的技术，但是近年来以深度学习为代表的人工智能技术带来了新的突破。图 1.3 中展示的就是通过图像识别对物体进行识别的示例。

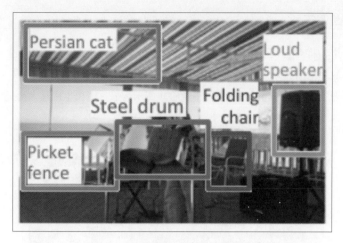

图1.3　基于深度学习的物体识别示例

引自参考文献 [1]

　　从图 1.3 中可以看到，钢鼓和椅子等各种物体处于被识别出来的状态。深度学习模型能自动提取特征值，因此可以实现类似这样高精度的物体识别处理。最初，我们并不清楚为何这样的深度学习要优于早期的机器学习方法，但是最近其理论支撑正在逐步得到验证。另外，这类图像识别应用通常会使用卷积神经网络。

　　对图像进行识别并分类的技术也被灵活运用于云服务和手机中照片的自动分类与整理，以及网页图片的搜索中。或许，我们当中会有很多人惊讶于保存在相册中的照片被准确地进行分类。而人脸识别技术则已经广泛应用于手机的解锁和防盗中。我们的手机是否已经采用人脸识别这类触手可及的技术了呢?

　　此外，图像识别技术还有望在医疗领域得到更为广泛和深入的应用。通过将图像识别技术导入医疗系统，就有可能查出病灶的位置和实现在线诊断等应用。在这类技术中，特别是在查找病灶的图像识别技术方面取得了丰硕的成果。例如，日本国立癌症中心将图像识别技术应用于早期的胃癌检测（参考文献 [2]）。早期的胃癌不仅病况复杂，而且呈多样性趋势，即使是专家也很难进行准确的判断。为了解决这一问题，研究人员通过基于深度学习的图像识别技术确立了高精度的检测方法。另外，通过灵活地运用庞大的医疗数据，人工智能在医疗领域的应用还潜藏着巨大的可能性。

　　综上所述，基于深度学习的图像识别已经在不同领域中得到广泛运用，而且正在不断地改变我们的工作和生活方式。

1.2.2　图像生成

接下来，将对自动生成图像的案例进行讲解。这里要讲解的是自动生成现实中并不存在的图像的技术。图像生成需要使用到 VAE（变分自编码器）和 GAN（生成式对抗网络）等深度学习的派生技术。图 1.4 所示为通过图像生成技术生成人脸图像的示例。

图1.4　人脸图像生成的示例

引自参考文献 [3]

从图 1.4 中可以看到，计算机自动生成了极具鲜明特征且表情自然的脸部图像，这是通过一种名为 DCGAN 的技术生成的人脸图像。

除此以外，如果让神经网络学习梵高的绘画风格，还可以通过这一技术绘制出现实世界中并不存在且具有梵高画风的图画。此外，还研究了为只有线条的图画或黑白照片自动上色的技术，以及从"白鸟飞翔"文字信息中自动生成白鸟飞翔图像等这类根据文字生成图像的技术。

通过这类技术，实际上已经出现了基于人工智能的商标设计、基于人工智能生成虚拟人物脸部图像并将其作为无版权的素材使用等服务。同样的技术还可以应用于视频中，如生成尚未拍摄的视频内容、替换视频中的物体或改变人物的动作等操作，这些将逐步成为现实。

另外，还出现了生成虚假的视频和声音，如伪造政要人物发言的视频，这类视频作为性质恶劣的虚假新闻已经成了令人头痛的问题。这些热点话题意味着，尽管人工智能技术的突破为虚拟现实创造出新的前沿科技，但是判断数字数据与真实事物间是否相互关联也将变得极为困难。

对于图像生成中常用的 VAE 和 GAN 技术，我们将在后续章节中进行讲解。

1.2.3 异常检测

所谓异常检测，是指一种使用大量的测量值进行机器学习，并检测复杂的模式中是否存在异常的技术。这一技术已经灵活运用于各行各业，如用于检测欺诈性交易、工厂检测设备故障和监视设备等场景中。

图 1.5 是使用 GAN 的异常检测示例。其中，对两个拥有卷积层的 Generator 和 Discriminator 模型进行训练，并对正常的图像和异常的图像进行映射。

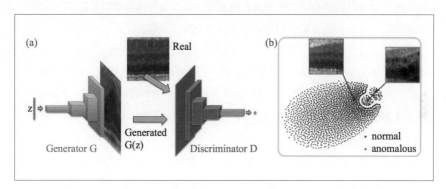

图 1.5　使用 GAN 的异常检测示例

引自参考文献 [4]

机器学习大致可以分为监督学习、无监督学习和强化学习 3 种，异常检测主要使用的是监督学习和无监督学习。监督学习的工作原理是从历史数据中找出模式，以概率的形式确认未知数据是否为异常数据。如果积累了足够多的历史数据，使用监督学习是非常高效的。然而，类似于工厂的设备异常等并不经常发生的情况，往往并没有积累足够的历史数据，使用无监督学习是比较合适的。

实际上，在制造业中，异常检测常用于监视机器设备的运作情况是否存在异常，以及通过检查图像检测异常产品等场景中。此外，在非制造业中，如在金融领域中检测欺诈交易时会使用异常检测。实际上，三井住友等金融集团曾宣布已经在欺诈检测算法中采用了深度学习技术，并且开发出一种较以前的系统更为精准地检测交易欺诈的机制。

综上所述，异常检测在人工智能方面也是与工业紧密相连的应用技术。今后研究人员将会在众多细分的领域中继续探索和应用这一技术。

1.2.4　自然语言处理

所谓自然语言，是指中文和英语等日常使用的语言。自然语言处理（Natural Language Processing，NLP）是指在计算机上对自然语言进行处理的技术。毫无悬念，在这一领域中人工智能技术的应用也相当活跃。其中，特别常用的人工智能技术是在后续的章节中会讲解的 RNN（循环神经网络）。

自然语言处理主要用于对文章的理解和自动生成中。自动识别垃圾邮件等信息的垃圾邮件过滤器就是自动文章理解的应用之一。垃圾邮件过滤器可以使用机器学习的方式对文章进行自动分类，并判断该邮件是否为垃圾邮件。

此外，通过分析文章并将其自动转换为特定任务，类似 Siri 或 Google Home 等语音助手软件就会自动完成处理。在某种程度上，对问题语句的解读也成了可能。2018 年，Google 公司开发的名为 BERT 的模型在阅读理解能力测试中就取得了超越人类的成绩。

从上述案例可以看出，基于自然语言处理的自动文章理解在经过长期研究后，已经取得了卓有成效的进步。

关于文章的生成，其中的一个用途是提取长篇文章中的要点作为自动生成文章摘要之用。此外，运用文章生成技术的聊天引擎，在客户服务、医疗、用作法律咨询柜台或聊天工具等方面发挥了自身的优势。

自然语言处理在机器翻译领域也发挥着很大的作用。近年来，特别引人注目的技术之一是 Google 公司于 2016 年实现的 Google 翻译。公布初期，将英语翻译成日语时有很多语句是生硬的，但是后来随着自然语言处理技术的发展，译文变得通顺且有章法了。

除此以外，还有很多不同的领域在运用自然语言处理技术，机器与人类之间的交流已经逐渐变得顺畅。

1.2.5　强化学习

强化学习是一种对在环境中采取最易得到回报的行动进行学习的机器学习技术。其雏形在 20 世纪 90 年代以前就已经出现，而且从最开始就被应用于自动控制等场景中。强化学习中包括 Q 学习和 SARSA 的方法，结合了深度学习技术的深度强化学习，使很多以往计算机无法完成的任务变成了可能。

例如下围棋，DeepMind 公司开发的 AlphaGo 就是一个具有代表性的示例。AlphaGo 涉足围棋领域，曾打败了世界顶级的九段围棋棋手李世石。AlphaGo 以颠覆性的一手妙棋震惊了围棋世界，自此以后越来越多的人类棋手开始向人工智能棋手学习，很多新的棋谱也就此诞生。

在象棋领域，人工智能也在不断提高性能。即使是专业棋手，也已经很难战胜技术顶尖的人工智能棋手。与此同时，使用人工智能研究象棋的棋手也越来越多，象棋领域正在发生翻天覆地的变化。

此外，让人工智能参与到电子游戏对战的研究也正在推进。使用深度学习能使视频信息的处理变得更为简单，因此将其与强化学习相结合，就可以开发出比人类玩家更技高一等的人工智能游戏玩家。

图 1.6 展示的是使用这类深度强化学习对打砖块和射击等游戏进行对战的示例。

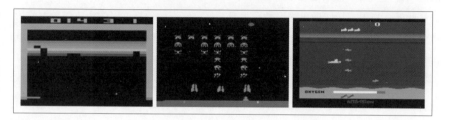

图 1.6　基于深度强化学习的各种游戏对战画面

引自参考文献 [5]

人工智能可以通过对游戏画面的视频及成功和失败时所对应的回报进行学习，就像人类一样通过学习逐渐提升技能。另外，游戏中的角色控制也运用到深度强化学习。通常所说的非玩家角色（NPC）会变得越来越聪明，有时甚至可能会让人产生是在与人类玩家对战的错觉。

关于强化学习的商业应用，DeepMind 公司的数据中心节电案例是非常具有代表性的。有关报告显示，在这一案例中通过运用深度强化学习技术，冷却设备可以根据数据中心设备的运作状态和气候变化等条件进行自动调整以使系统运行达到最优化，从而将冷却设备的消耗电力削减了 40% 以上（参考文献 [6]）。在金融和广告投放等领域，以实现利益最大化的研究也开始运用强化学习技术。

从很早以前开始，强化学习在机器人控制方面的研究就已经在进行中。即使工程师不对机器人所有的动作进行编码，只要使用强化学习，就可以使机器人自主地对正确的行为进行学习。虽然以前存在学习时间较长的问题，但是得益于硬件的发展和大量优秀算法的涌现，如今机器人可以以更为实用的学习速度学习最佳行为。

正由于强化学习在没有监督数据的情况下也能让神经网络自主地学习最佳的行为模式，因此，它潜藏着可以在不同领域中取代人类劳动的可能性。

1.2.6　其他应用案例

接下来，将介绍前面没有列举的各种深度学习应用案例。

例如，食品行业中已经在销售通过人工智能技术自动调配成分，且能满足大多数顾客口味的点心和饮料等食品。此外，根据顾客的购买记录分析顾客的喜好，并根据顾客喜好推荐食品等技术也已经在研究开发中。

深度学习技术在天气预报方面也可发挥积极的作用，提升天气预报的准确率。例如，使用深度学习技术，可以通过原始数据及云的颜色或形状等数据对天气进行预测。或许，以后也可以通过拿着手机扫一扫天空中云的方式预测局部地区的天气动向。此外，当人工智能做出错误的预报时，这一错误的预报可以作为监督数据使用，以提高今后的预报精度。通过基于模型的预测结果持续不断地对自身进行改善，就可以持续不断地提升预报的准确率。

在化工领域，深度学习技术已经开始用于高分子化合物的设计中。由于高分子化合物的形状非常复杂，因此要合成符合预期的化合物是非常困难的事情。但是理化学研究所[①]和东京大学的团队就使用深度学习技术设计出了实际的高分子化合物，并成功地合成了符合预期特性的化合物（参考文献［7］）。今后，如果这类基于人工智能的高分子化合物设计技术能够不断进步，必将会给医疗和农业等不同领域带来技术革新。

体育领域也正在逐步导入深度学习技术。例如，棒球比赛中积累了庞大的投球策略和跑垒等数据，如果棒球队能够有效地对这些数据加以分析，那么就可以逐渐掌握更为有利的比赛策略。如今，不仅仅是棒球，足球、高尔夫球、篮球、体操等各种体育项目都在积极地导入基于人工智能的对战策略和训练计划。因为从体育项目庞大的不确定因素中寻找出最佳答案正是人工智能技术的强项。

诸如此类，在人工智能时代，人类可以听取人工智能的建议，获取最佳答案的提示。在这一方面，或许人工智能可以成为伟大的教练也未可知。此外，人工智能也开始在体育界扮演裁判员的角色。特别是在花样滑冰和花样游泳这类被认为只能由人类评分的比赛项目中，也正在研究开发基于人工智能的裁判系统。如果能够成功建立这种系统，应该可以做出更加公正的裁判。

综上所述，深度学习已经开始运用在人们社会生活的不同领域中。相信人们今后会在更多的领域摸索出深度学习的应用方法。

---

① 日本唯一的自然科学综合研究所，研究领域涵盖物理、化学、工程、计算机科学、生物学、医学等多种学科。

1.3　本书所涉及的技术

接下来，将对本书中所涉及的深度学习技术进行概要性讲解。本书中将要讲解的技术可分为 RNN 和生成模型两大类。这里所说的"模型"是指使用数学公式表示的定量规则，是在机器学习领域中经常使用的术语。

1.3.1　RNN

在这个世界中，存在着许多具有连续性变化特性的数值。例如，海平面的高度、球体在空中所处的位置、温度、物价等，数值很大程度上取决于上一时刻的值，这类数据不会无缘无故就突然发生变化。由这类具有连续性的数值所构成的数据称为"时间序列数据"。我们的大脑会在下意识中处理这类时间序列数据，并对下一时刻将要发生的事情进行预测，再根据这类预测决定下一步的行动。

此外，像单词排列这类数据虽然不会随着时间发生变化，但单词的排列顺序是具有连续性的，因此文章也属于时间序列数据的一种。

循环神经网络（Recurrent Neural Network，RNN）就是擅长处理这类时间序列数据的神经网络。RNN 可以捕获随着时间变化的数据趋势、周期及跨时间的关联性，在神经网络的内部将数据顺着时间方向进行传播。由于 RNN 可以基于经过了所有时间段的反向传播进行学习，因此训练有素的 RNN 可以精准地预测下一时刻的数值。

在本书中，我们将对简单的 RNN 模型及内部结构更为复杂的 LSTM 模型和 GRU 模型进行讲解，它们的概要分别如下。

- RNN：在普通的神经网络中引入时间方向的连接，会在第 4 章中进行讲解。
- LSTM：是一种内部具有"门"和"记忆单元"结构的性能更为优异的 RNN 模型，会在第 5 章中进行讲解。
- GRU：在 LSTM 模型中去掉了记忆单元，因此其结构相对简单，会在第 6 章中进行讲解。

另外，我们将使用数学公式和代码从零开始编程实现深度学习模型，同时也会进行简单时间序列的预测及简单文本的生成操作。如果能够运用第 2 章中将要讲解的偏微分和连锁律，读者就可以实际感受到，即使是十分复杂的模型，也可以通过编写代码的方式实现。

1.3.2 生成模型

人类的大脑可以基于过去的经验所得到的庞大模式数据生成新的模式。这些可以是想法等概念，也可以是绘画等创作。通过灵活运用深度学习技术，这类模式的自动生成已经逐渐成为了可能。

生成模型（Generative Model）是对训练数据进行学习并生成与训练数据相似的新数据。深度学习技术的用途并不局限于预测和识别。使用生成模型，可以基于过去许多模式数据生成新的模式数据。

在本书中，我们将对生成模型中的 VAE 和 GAN 这两种网络模型进行讲解。它们的概要分别如下。

- VAE：将数据的特征压缩到名为隐藏变量的少数变量中，并对其进行复原。会在第 7 章中进行讲解。
- GAN：让生成伪造数据的 Generator 和鉴别伪造数据的 Discriminator 这两个网络通过相互竞争的方式实现学习，从而生成类似真实数据的伪造数据。会在第 8 章中进行讲解。

另外，我们将使用数学公式和代码从零开始构建深度学习模型的代码，同时也会对 VAE 中的隐藏变量进行可视化处理和控制，以及对基于 GAN 生成图像的过程进行观察。希望读者通过阅读本书能够掌握生成模型的工作原理，并在不依赖其他神经网络编程框架的情况下完成编程实现。

小　结

本章从整体上对人工智能和深度学习进行概述，然后列举了一些深度学习技术的应用案例。此外，还介绍了本书中所涉及技术的概要。

能够在计算机上重现类似人类智能的价值是无法估量的。实际上，在极小范围内深度学习已经发挥出逼近人类大脑的优异性能。这项技术不仅逐年应用到更为广泛的领域，而且拓展出很多不同的衍生技术。

在本书中，我们将从基础知识开始，循序渐进地对深度学习的进阶版 RNN 和生成模型的构建方法进行讲解。从现在开始，学习深度学习技术绝对不会是一件徒劳无功的事情，那么，就让我们一起进入深度学习的世界展翅遨游吧。

第 **2** 章

学习前的准备

为了能够顺利地完成对本书的阅读，在本章中，我们将对下列内容进行学习。

- Anaconda 的安装
- Jupyter Notebook 的使用方法
- Google Colaboratory 的使用方法
- Python 编程语言
- 深度学习中所必备的数学知识

关于开发环境，只需要准备 Anaconda 或 Google Colaboratory 即可。如果读者已经具备上述知识，可以直接跳过本章，继续阅读后续的内容。

2.1 　 Anaconda 环境的搭建

Anaconda 是已经事先包含了各种用于数值计算及机器学习外部软件包的 Python 发行版本。使用这个安装包可以非常简单地对深度学习的运行环境进行设置。

本节将对 Anaconda+Jupyter Notebook 环境的设置方法进行讲解，可以选择 Anaconda（或 2.2 节将要讲解的 Google Colaboratory）作为开发环境。

2.1.1　Anaconda 的下载

Anaconda 提供了可运行于 Windows、macOS、Linux 操作系统的不同版本。打开下面的网址，将显示下载用的按钮，单击 Python 3.7 version 下方的 Download 按钮进行下载即可，如图 2.1 所示。它会自动识别操作系统的种类及 64 位与 32 位的区别。Anaconda 的下载

https://www.anaconda.com/distribution/

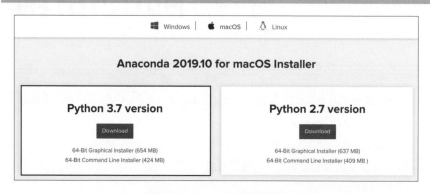

图 2.1　Anaconda 的下载页面

然后，在 Windows 操作系统下会自动下载 .exe 文件；在 macOS 操作系统下会自动下载 .pkg 文件；在 Linux 操作系统下会自动下载 shell 脚本文件。

2.1.2　Anaconda 的安装

在 Windows 操作系统与 macOS 操作系统中，执行下载完毕的文件后，可以像普通的应用软件一样进行安装。按照安装程序中所提示的默认设置进行安装即可。

如果是 Linux 操作系统，则需要启动终端程序并切换至下载文件所在的目录，再执行 shell 脚本文件。下面是在 64 位 Ubuntu 操作系统中安装的例子。

```
$ bash ./Anaconda3-版本号-Linux-x86_64.sh
```

执行上述命令后，就会启动交互式安装程序界面，按照安装程序的提示进行安装即可。安装完成后，为了慎重起见，建议将下面的路径导出为环境变量。

```
$ export PATH=/home/用户名/anaconda3/bin:$PATH
```

接下来，确认路径是否已成功地被导出。如果系统不报错，应该会显示类似下面的版本信息。

```
$ conda -V
conda 4.4.10
```

至此，我们就完成了所需软件的安装。Anaconda 安装程序除了会安装 Python 相关的文件以外，还会同时安装被称为 Anaconda Navigator 的启动程序。

2.1.3 Jupyter Notebook 的启动

接下来，启动 Jupyter Notebook 软件。如果是 Windows 操作系统，可以在"开始"菜单中执行 Anaconda 3 → Anaconda Navigator 命令。如果是 macOS 操作系统，可以从"应用程序"文件夹中启动 Anaconda-Navigator.app。Anaconda Navigator 的界面如图 2.2 所示。

图 2.2 Anaconda Navigator 的界面

启动 Anaconda Navigator 程序后，查找 Jupyter Notebook 下的 Launch 按钮。某些情况下可能不会显示 Launch 按钮，而是显示 Install 按钮，此时单击 Install 按钮并安装 Jupyter Notebook，这样就会显示出 Launch 按钮。

单击 Launch 按钮后，网页浏览器会自动启动并显示相应的界面，如图 2.3 所示。

图 2.3　Jupyter Notebook 的操作界面

在这个被称为命令面板的页面中可以像在 Windows 的资源管理器和 macOS 的 Finder 中一样，进行文件夹的移动和文件的创建等操作。默认情况下，程序会显示每个用户的 home 目录中的内容。

如果是在 Linux 操作系统下启动 Jupyter Notebook，则需要在终端中执行下列命令启动 Anaconda Navigator 程序。

```
$ anaconda-navigator
```

我们并不知道在不同的 Linux 发行版与 GUI 软件包的组合中是否都能成功启动，因此最好能够记住直接启动 Jupyter Notebook 的命令。下面这个命令也同样适用于远程启动 Jupyter Notebook 软件的场合。

```
$ jupyter notebook
```

2.1.4　Jupyter Notebook 的使用方法

因为 Jupyter Notebook 程序是在浏览器上运行的，所以它的操作方法无论在哪个操作系统平台上都是一样的。接下来，我们将对在 Jupyter Notebook 软件中执行简单 Python 程序的操作步骤进行讲解。

　　首先，我们需要创建一个 Notebook。单击位于命令面板右上方的 New 按钮，在展开的列表中选择 Python 3 选项，如图 2.4 所示。

图 2.4　执行生成 Notebook 的命令

　　然后就会生成一个 Notebook（如图 2.5 所示），并显示一个新的标签页面。而这个 Notebook 实际上是一个带有 .ipynb 扩展名的文件，且会显示在命令面板的相应文件夹中。

图 2.5　Notebook 的界面

　　在 Notebook 的界面上方有菜单栏及工具栏，用户可以在这里进行各种各样的操作。例如，生成一个 Notebook 后，Notebook 的文件名称默认为 Untitled，此时可以通过执行菜单栏中的 File → Rename 命令对名称进行修改（如将 Notebook 的名称更改为 first_notebook 等自己喜欢的名称）。

　　输入 Python 程序是在界面中被称为单元格的位置进行的。我们可以尝试着在其中输入下面的代码，然后按 Shift+Enter 组合键（macOS 下按 Shift+Return 组合键）。

↓ 程序的执行

```
print("Hello World")
```

```
Hello World
```

　　代码执行完毕，将在单元格的下方显示其执行的结果，如图 2.6 所示。这就表示我们已经在 Jupyter Notebook 软件中成功执行代码。此外，如果单元格已经位于最下方，新的单元格会被自动添加到其下方。

图 2.6　代码的执行结果

　　但是，如果按 Ctrl+Enter 组合键执行代码，即使单元格在最下方，新的单元格也不会被添加到下方。这种情况下，被选择的就是相同的单元格。

　　接下来，我们试着对图表进行操作。将下面的程序输入新的单元格，与刚才的操作一样，按 Shift+Enter 组合键，可以看到图表显示在单元格的下方。

↓ 图表的显示

```
%matplotlib inline

import numpy as np
import matplotlib.pyplot as plt

x = np.linspace(-np.pi, np.pi)
plt.plot(x, np.cos(x))
plt.plot(x, np.sin(x))
plt.show()
```

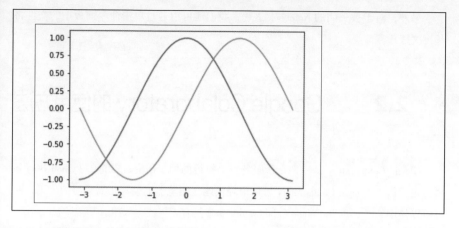

上面的程序中使用了数值计算模块 NumPy 和用于显示图表的 matplotlib 模块，从 import 开始的两行代码就是用来导入这两个模块的。如果事先将这样的 import 语句在 Notebook 中执行过一次，在此后的单元格中也是可以共用的，不需要再次执行。变量值的定义也是同样的道理。

此外，关于 NumPy、matplotlib 及其他模块的使用方法，我们将在后面的章节中进行更详细的讲解。

2.1.5 Jupyter Notebook 的关闭

由于 Notebook 是由 Jupyter Notebook 服务器模块作为一个进程被启动的，因此即使关闭了显示 Notebook 的浏览器界面，这个进程也不会被关闭。如果要关闭 Notebook，需要在菜单栏中执行 File → Close and Halt 命令。关闭标签页面的同时也就关闭了进程。如果不小心将 Web 浏览器的标签页面关闭了，可以在命令面板的 Running 标签页中对进程进行终止操作，如图 2.7 所示。

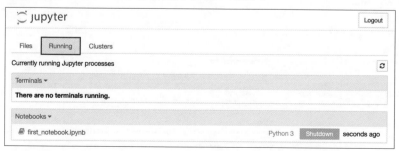

图 2.7　Jupyter 命令面板的 Running 标签页

另外，对于被关闭的 Notebook 进程，我们还可以通过单击命令面板中的文件将其再次打开。

2.2　Google Colaboratory 的使用方法

Google Colaboratory 是一种在云服务器上执行的用于研究、教育的 Python 执行环境。由于借助 Google Colaboratory 可以很轻松地在浏览器上编写机器学习的代码，而且可以使用 GPU，因此 Google Colaboratory 非常具有人气。

此外，与 Anaconda+Jupyter Notebook 不同，它只需要用户持有 Google 账号，无须进行下载操作，即使在智能手机上也可以运行代码。

2.2.1　Google Colaboratory 的准备

使用 Google Colaboratory 需要一个 Google 账号。如果没有，可以在下列网站中进行注册。
Google 账号的注册

https://myaccount.google.com/

取得 Google 账号后，访问下列 Google Colaboratory 网站。
Google Colaboratory

https://colab.research.google.com/

这里可能会显示选择文件的窗口，在其中单击【取消】按钮，然后会显示出导入界面，如图 2.8 所示。

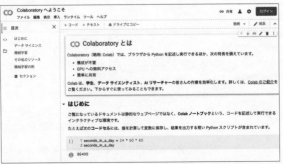

图 2.8　Google Colaboratory 的导入界面

至此，我们就完成了 Google Colaboratory 的准备工作。

2.2.2 Colab Notebook 的使用方法

Google Colaboratory 是一种在 Jupyter Notebook 软件的基础上创建的执行环境，因此 Notebook 的使用方法与在 Anaconda+Jupyter Notebook 中是基本相同的。

首先，我们需要创建 Notebook。在 Google Colaboratory 中的"文件"菜单栏中选择 Python 3 的新 Notebook 选项，如图 2.9 所示。

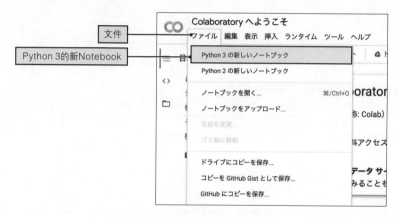

图 2.9 Colab Notebook 的创建

如果没有登录 Google 账号，在这里会要求进行登录。选择该选项后，就创建了 Notebook 并显示出新的界面，如图 2.10 所示。这一扩展名为 .ipynb 的 Notebook 文件会被保存在 Google 云盘的 Colab Notebooks 文件夹中。

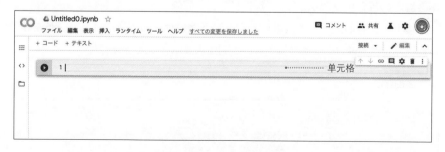

图 2.10 Notebook 的界面

在 Notebook 的界面上方有菜单栏等，用户可以在这里进行各种各样的操作。例如，生成一个 Notebook 后，Notebook 的文件名称默认为 Untitled0.ipynb，此时可以通过执行菜单栏中的"文件"→"修改名称"命令对名称进行修改（如将 Notebook 的名称修改为 first_notebook.ipynb 等自己喜欢的名称）。

　　输入 Python 程序是在界面中被称为单元格的位置进行的。我们可以尝试着在其中输入下面的代码，然后按 Shift+Enter 组合键（macOS 下按 Shift+Return 组合键）。

▼ 程序的执行

```
print("Hello World")
................................................................................................
Hello World
```

　　代码执行完后，将在单元格的下方显示其执行的结果，如图 2.11 所示。这就表示我们已经在 Colab Notebook 中成功执行了 Python 代码。如果单元格已经位于最下方，新的单元格会被自动添加到其下方。

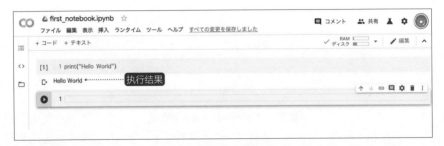

图 2.11　代码的执行结果

　　但是，如果按 Ctrl+Enter 组合键执行代码，即使单元格在最下方，新的单元格也不会被添加到下方。这种情况下，被选择的是相同的单元格。

　　接下来，我们试着对图表进行操作。将下面的程序输入新的单元格，与刚才的操作一样，按 Shift+Enter 组合键，可以看到图表显示在单元格的下方。

▼ 图表的显示

```
import numpy as np
import matplotlib.pyplot as plt

x = np.linspace(-np.pi, np.pi)
plt.plot(x, np.cos(x))
plt.plot(x, np.sin(x))
plt.show()
```

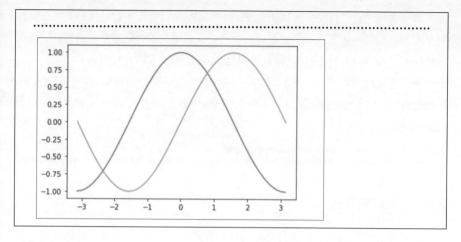

与 Anaconda+Jupyter Notebook 的环境不同，这里并不需要输入 %matplotlib inline 语句。

2.2.3 GPU 的使用方法

在 Google Colaboratory 中可以免费使用 GPU。GPU 本来是专门用于图形、图像处理的运算装置，它具有比 CPU 更优异的并行计算能力，并且擅长进行矩阵运算，因此常被用于深度学习中。在大规模计算中，GPU 在速度方面的优势尤为明显。

在菜单栏中执行"编辑"→"Notebook 的设置"命令，并在"硬件加速器"中对 GPU 进行设置（如图 2.12 所示），就可以对其进行使用了。

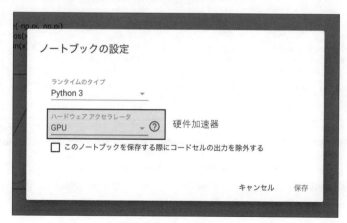

图 2.12 GPU 的使用

在本书中，我们会使用数值计算模块 NumPy 进行矩阵运算，但是如果使用 GPU，则需要使用 CuPy 模块。由于 CuPy 原本就已经安装在 Google Colaboratory 中，因此并不需要单独对它进行安装。虽然 CuPy 和 NumPy 可以高度兼容，但是有一部分代码是不能共用的。从下一章起，在后面所有的代码中只需要修改开头的部分，就可以执行 CuPy 的处理。用户可以随意使用 CPU 或 GPU 尝试执行代码。

此外需要注意，在 Google Colaboratory 中使用 GPU 是有时间限制的。有关 GPU 的使用时间限制，可以参考下列网站中详细的资源限制信息。

Google Colaboratory FAQ

https://research.google.com/colaboratory/faq.html

2.2.4　文件的管理

本书中允许下载的代码文件都是 .ipynb 格式的。如果是 .ipynb 格式的文件，可以将其上传到 Google 云盘，并执行"文件"→"打开 Notebook"命令，在显示的"Google 云盘"标签页中打开 Notebook，如图 2.13 所示。

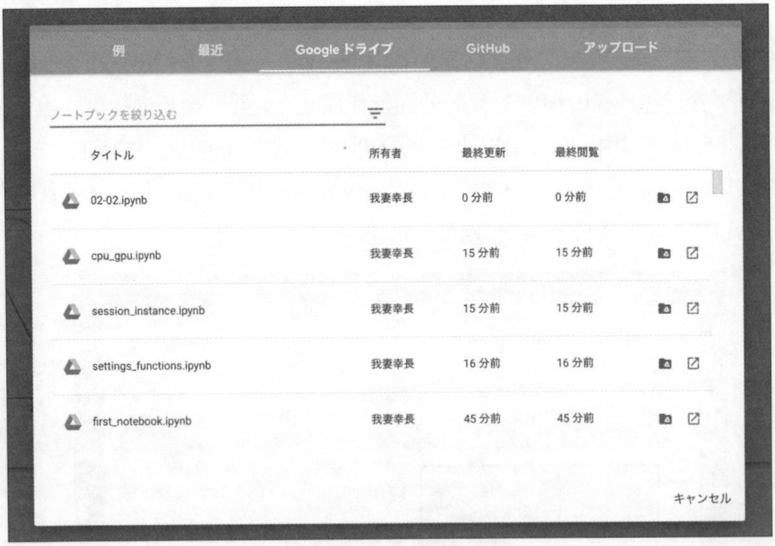

图 2.13　打开 Notebook

此外，本书中的一部分代码需要读取外部文件。如果想从 Notebook 访问外部文件，需要执行菜单栏中的"文件"→"上传"命令将文件上传，如图 2.14 所示。

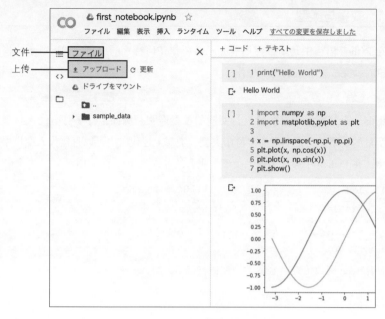

文件

上传

图 2.14　外部文件的上传

当然，还可以在 Notebook 中挂载 Google 云盘，使用 Google 云盘中配置的外部文件。除了对这类文件处理外，它还囊括了各种各样的功能，感兴趣的读者可以尝试进行操作。

2.3　Python 基础

在本节中，为了解读本书中介绍的程序，我们将对 Python 的语法进行讲解。由于这里是以读者具有面向对象语言经验为前提的，因此会省略对编程基础知识相关内容的讲解。如果是编程新手，建议先学习其他书籍，等具备一定基础后，再学习本书后续的内容。

另外，我们只会对深度学习中常用代码的语言元素进行讲解。如果想要了解 Python 语言规范的详细内容，可以参考 Python 的官方文档和 Python 的相关书籍等。

2.3.1 变量与类型

在 Python 语言中，变量使用前并不需要作任何特别的声明。如下所示，将值代入变量时就完成了变量的声明操作。

```
a = 123
```

Python 语言不需要对变量进行明确的类型声明。例如，将字符串代入整型变量中，变量的类型就会自动变为字符串类型。类似上述代码中可以直接代入变量中的数据类型，在 Python 中被称为嵌入类型。主要的嵌入类型有以下几种。

```
a = 123              # 整型（int）
b = 123.456          # 浮点型（float）
c = "Hello World!"   # 字符串（str）
d = True             # 布尔型（bool）
e = [1, 2, 3]        # 列表（list）
```

使用 type 函数可以对变量的类型进行确认。

↓ 显示 type 函数的执行结果

```
a = 123
print(type(a))
```
....
```
<class 'int'>
```

需要注意的是，# 符号表示的是注释，同一行内位于其后的内容不会被当作代码执行。

bool 型的值可以当作数值（True 被当作 1，False 被当作 0）来使用。在下面的示例中，对 True 和 False 进行加法运算，得到的结果是 0 和 1 的和，也就是 1。

↓ bool 值的运算

```
a = True; b = False
print(a+b)
```
....
```
1
```

在 Python 中，使用上述代码中的分号（;）对代码进行断行，可以在一行代码中写入多个命令语句。

此外，还可以用指数形式表示浮点类型的值。如下面的代码所示，可以使用 e 声明小数。

```
1.2e5                    # 1.2×10的5次幂，即120000
1.2e-5                   # 1.2×10的-5次幂，即0.000012
```

2.3.2 运算符

Python 语言中对运算符的规定与其他编程语言并没有太大的区别。

↓ 使用各种不同的运算符

```
a = 3; b = 4

c = a + b                # 加法运算
print(c)

d = a < b                # 比较（相比是大还是小）
print(d)

e = 3 < 4 and 4 < 5      # 逻辑与运算
print(e)
```

```
7
True
True
```

Python 中所使用的主要运算符见表 2.1。

表 2.1 Python 中的主要运算符

运算符	说　　明	
算术运算符	+	加法
	−	减法
	*	乘法
	/	除法（小数）
	//	除法（整数）
	%	求余
	**	幂运算

运算符	说　明	
比较运算符	<	小于
	>	大于
	<=	小于等于
	>=	大于等于
	==	相等
	!=	不相等
逻辑运算符	and	与（两者都满足）
	or	或（任意一者满足）
	not	非（不满足）

　　+运算符也可以用于字符串对象的合并，以及后面会讲到的列表对象的合并。

↓ 字符串及列表的合并

```
a = "Hello" + "World"                    # 字符串间的合并
print(a)

b = [1, 2, 3] + [4, 5, 6]               # 列表间的合并
print(b)

......................................................

HelloWorld
[1, 2, 3, 4, 5, 6]
```

2.3.3　列表

　　列表类型是在处理多个数值的场合中使用的类型。列表的全体元素是用 [ ] 括起来的，每个元素使用逗号（,）进行分隔。Python 的列表可以用于保存任意类型的数值，也可以在列表中包含列表对象。

　　对列表中的元素可以进行添加和替换等操作。

↓ 列表的操作

```
a = [1, 2, 3, 4, 5]                      # 列表的创建
```

```
b = a[2]                          # 获取第3个元素
print(b)

a.append(6)                       # 向列表末尾添加元素
print(a)

a[2] = 7                          # 替换列表中的元素
print(a)
```

```
3
[1, 2, 3, 4, 5, 6]
[1, 2, 7, 4, 5, 6]
```

2.3.4　元组

　　元组对象与列表对象相同，可以用来同时集中处理多个数值，但是无法对元组中的元素进行添加、删除及替换的操作。元组对象的全体元素是用（）括起来的，每个元素之间使用逗号（,）进行分隔。

↓ 元组的操作

```
a = (1, 2, 3, 4, 5)               # 元组的创建

b = a[2]                          # 获取第3个元素
print(b)
```

```
3
```

　　即使是只包含一个元素的元组，在定义时也需要像下面这样在元素的后面加上英文半角逗号（,）。

```
(3,)
```

　　此外，列表和元组的元素还可以使用下面的方法对变量进行集中的赋值。

↓ 将列表及元组的元素分别代入变量中

```
a = [1, 2, 3]
a1, a2, a3 = a
```

```
print(a1, a2, a3)

b = (4, 5, 6)
b1, b2, b3 = b
print(b1, b2, b3)
```

```
1 2 3
4 5 6
```

2.3.5　字典

　　字典类型是将键名与数值组合起来进行保存的数据类型。下面是 Python 的字典类型使用示例，将字符串作为键名创建字典，并进行数值的获取、元素的替换及添加等操作。

↓ **字典的操作**

```
a = {"Apple":3, "Pineapple":4}          # 字典对象的创建

print(a["Apple"])                       # 获取键名为Apple的值

a["Pinapple"] = 6                       # 元素的替换
print(a["Pinapple"])

a["Melon"] = 3                          # 元素的添加
print(a)
```

```
3
6
{'Apple': 3, 'Pineapple': 4, 'Melon': 3}
```

2.3.6　if 语句

　　在 Python 中，条件判断是使用 if 语句来实现的。如果 if 的条件没有得到满足，就按照从上到下的顺序对 elif 语句的条件进行判断。如果所有的条件都不满足，就执行 else 语句内的程序代码。

在大多数编程语言中，条件语句和函数块都使用 { } 括起来表示，但在 Python 中则是通过缩进表示。也就是说，如果遇到没有缩进的行，就意味着这一行代码前的代码块执行结束。缩进符号通常使用 4 个半角的空格表示。

↓ if 语句的执行

```
a = 7
if a < 12:
    print("Good morning!")
elif a < 17:
    print("Good afternoon!")
elif a < 21:
    print("Good evening!")
else:
    print("Good night!")
```

```
Good morning!
```

2.3.7　for 语句

在 Python 中，要实现通过指定次数对程序进行循环操作，需要使用 for 语句。为了指定循环的范围，可以将列表或 range 函数与 in 运算符结合起来使用。range 函数的使用方法如下。

range（［起始编号，］终止编号［，步数］）

其中，被 [ ] 括起来的参数部分是可以省略的。例如，range(3) 表示的是 0~2 的范围。

↓ for 语句的执行

```
for a in [4, 7, 10]:                 # 使用列表的循环
    print(a)

for a in range(3):                   # 使用range 函数的循环
    print(a)
```

```
4
7
10
0
1
2
```

2.3.8　函数

在 Python 中，可以通过使用函数集中执行多行代码。函数的定义方法是：在 def 后面加上函数名称，并在（ ）中对函数的参数进行定义。return 语句后面的数值将作为函数的返回值。

↓ 函数的定义与执行

```
def add(a, b):                    # 函数的定义
    c = a + b
    return c

print(add(3, 4))                  # 函数的执行
..............................................................
7
```

在 Python 中通过添加星号（ * ）到元组中，可以实现对带有多个参数的函数进行一次性的参数传递。

↓ 使用元组传递参数

```
def add(a, b ,c):
    d = a + b + c                 # 函数的定义
    print(d)

e = (1, 2, 3)
add(*e)                           # 一次性传递多个参数
..............................................................
6
```

2.3.9 变量的作用域

在函数内部定义的变量属于局部变量，在函数外部定义的变量属于全局变量。局部变量只能在对其进行定义的函数内部被访问，全局变量则允许从程序的任意位置对其进行访问。

↓ **全局变量与局部变量**

```
a = 123                              # 全局变量

def showNum():
    b = 456                          # 局部变量
    print(a, b)

showNum()
.........................................................................
123     456
```

在 Python 中，对函数内部的全局变量进行赋值操作会导致全局变量被当作局部变量来处理。在下面的示例中，虽然在函数内部对全局变量 a 进行了数值的代入操作，但是全局变量 a 的数值并没有变化。

↓ **函数内部对全局变量代入数值**

```
a = 123

def setLocal():
    a = 456                          # a被当作局部变量进行处理
    print("Local:", a)

setLocal()
print("Global:", a)
.........................................................................
Local: 456
Global: 123
```

如果想要对全局变量的数值进行更改，必须使用 global 关键字明确指定该变量不是局部变量。

↓ 使用 global 关键字

```
a = 123

def setGlobal():
    global a
    a = 456
    print("Global:", a)

setGlobal()
print("Global:", a)


Global: 456
Global: 456
```

2.3.10 类

在 Python 中，也可以使用面向对象方法进行编程。所谓面向对象编程，是指通过对象之间的相互作用实现对系统行为进行控制的一种编程思想。在面向对象编程中定义了类和实例这两种概念。具体来讲，类相当于设计图，而实例则是指对象的实体。使用同一个类可以生成多个实例。

在 Python 中对类进行定义需要用到 class 关键字。使用类定义可以将多个方法集中到一处。方法类似函数，定义时开头使用 def 关键字。

在下面的示例中，Calc 类的内部定义并实现了 __init__ 方法、add 方法、multiply 方法等类成员方法。

↓ 类的定义

```
class Calc:
    def __init__(self, a):
        self.a = a

    def add(self, b):
        print(self.a + b)

    def multiply(self, b):
        print(self.a * b)
```

其中，__init__ 是特殊的方法，也称为类的构造函数。在这个方法中可以对类的实例进行初始化操作。在上述类的示例中，self.a = a 语句的作用是将作为参数获取的值代入实例变量 a 中。在 Python 中，类成员方法具有使用 self 接收参数的特征。通过使用这个 self 关键字，可以对实例的变量进行访问。

add 方法和 multiply 方法则是将作为参数获取的数值与实例变量 a 进行运算。通过这样的方式，已被方法赋值的实例变量在同一个实例中的任意方法内部都可以进行访问。

使用上面示例中所定义的 Calc 类可以在成功创建其实例后对类的成员方法进行调用。在下面的示例中，使用 Calc(3) 语句生成新的实例，并将实例对象代入 calc 变量中。

↓ 类的操作

```
calc = Calc(3)                # 实例的创建
calc.add(4)                   # 方法的执行
calc.multiply(4)

...............................................................

7
12
```

初始化时指定的 3 被传递给实例，然后调用 add 方法和 multiply 方法，执行程序得到 4 + 3 和 4 × 3，计算结果被分别显示出来。

此外，Python 的类中还有继承的概念。通过对类进行继承操作，可以从现有的类中派生出新的类并对该类进行定义。在下面的示例中，通过对 Calc 类的继承创建新的 CalcPlus 类并进行了定义。

↓ 类的继承

```
class CalcPlus(Calc):         # 继承Calc类
    def subtract(self, b):
        print(self.a -b)

    def divide(self, b):
        print(self.a / b)
```

从上述示例中可以看到，新添加了 subtract 方法和 divide 方法。接下来，我们使用 CalcPlus 方法创建新的实例，并调用实例中的方法。

↓ 继承类的操作

```
calc_plus = CalcPlus(3)
calc_plus.add(4)
calc_plus.multiply(4)
calc_plus.subtract(4)
calc_plus.divide(4)
```

```
7
12
−1
0.75
```

如上所示，在作为祖先的 Calc 类中被定义的方法和在对其进行继承所创建的 CalcPlus 类中的方法，都可以通过同样的方式进行调用。通过使用这种对类进行继承的方式，可以将多个类中共用的部分统一集中到祖先类的代码中实现。

2.4　NumPy 与 matplotlib

本节将对 NumPy 和 matplotlib 的概要进行讲解。

NumPy 是 Python 的一个扩展模块，可以通过简洁的表达式高效地对数据进行操作，并对多维数组提供强大的支持。NumPy 内部是使用 C 语言编写的，因此其执行效率很高。在对深度学习进行编程实现的过程中，需要频繁地使用向量和矩阵等数据结构，NumPy 是一款非常实用的强大工具。

matplotlib 与 NumPy 一样，属于 Python 的外部模块，使用这一模块可以实现图表的绘制、图像的显示及制作简单的动画。本书中，我们将使用 matplotlib 模块进行数据的可视化处理。

由于 Anaconda 和 Google Colaboratory 本身都包含这些模块，因此无须单独进行安装，可直接导入运用。

此外，本书与前一本《写给新手的深度学习——用 Python 学习神经网络和反向传播》一书不同，我们只会着重对要点进行讲解。本节中未讲解的 NumPy 和 matplotlib 的功能，在本节之后的内容中也会出现，因此需要留意。

2.4.1 模块的导入

所谓模块，是指可以在 Python 程序中重复使用的脚本文件。在 Python 中，通过 import 关键字可以对指定的模块进行导入。NumPy 和 matplotlib 都是 Python 模块，在使用这些模块前需要在代码的开头加上下列命令。

```
%matplotlib inline

import numpy as np
import matplotlib.pyplot as plt
```

在上述命令中，可以使用 np 这个名称对 NumPy 模块进行访问和调用，使用 plt 这个名称对 matplotlib.pyplot 模块进行访问和调用。pyplot 支持图表的绘制。

此外，在 Anaconda 环境中内联显示 matplotlib 的图表，有时需要在开头加上 %matplotlib inline 语句。在后面章节中我们会省略 %matplotlib inline 语句，如果在 Anaconda 环境中执行代码也无法显示图表，建议在开头加上这一语句。

2.4.2 NumPy 数组

在深度学习的计算中经常会用到数组和向量，如果要对这类数据对象进行编程，需要使用到 NumPy 的数组对象。在本书中，我们统一用数组指代 NumPy 数组对象。NumPy 数组可以通过使用 array 函数来创建。

↓ NumPy 数组的创建

```
a = np.array([0, 1, 2, 3, 4, 5])
print(a)
```

```
[0 1 2 3 4 5]
```

类似上面这种需要在外部模块中包含函数的情况，是通过在模块名和函数名之间加上小数点（.）来实现的。

对于数组叠加在一起形成的二维数组也同样可以创建。生成二维数组，可以将列表的列表作为元素（二重列表）来创建。

↓ 二维数组的创建

```
b = np.array([[0, 1, 2], [3, 4, 5]])          # 传递列表的列表
print(b)
```
···
```
[[0 1 2]
 [3 4 5]]
```

用同样的方式还可以创建三维数组。三维数组是进一步对二维数组进行叠加，使用三重列表来创建的。

↓ 三维数组的创建

```
c = np.array([[[0, 1, 2], [3, 4, 5]], [[5, 4, 3], [2, 1, 0]]])
print(c)
```
···
```
[[[0  1  2]
  [3  4  5]]

 [[5  4  3]
  [2  1  0]]]
```

用同样的方式还可以继续创建更高维度的数组。

数组的形状（每个维度的元素数量）可以通过 shape 属性取得。

↓ shape 属性的确认

```
print(c.shape)
```
···
```
(2, 2, 3)
```

如上所示，数组的形状可以通过元组来获取。

此外，用于清点列表中元素数量的 len 函数如果用在数组对象上，会返回最开头维度元素的总数量。

↓ 使用 len 函数

```
d = [[1,2],[3,4],[5,6]]                    # (3, 2)
print(len(d))
print(len(np.array(d)))
```

```
3
3
```

2.4.3 生成数组的各种函数

除了 array 函数，在 NumPy 中还提供了其他几个用于创建数组的函数。在下面的代码中，分别展示了用于创建所有元素为 0（.0）的数组、所有元素为 1（.0）的数组、所有元素为随机数的数组等函数。

↓ 使用各种函数生成数组

```
print(np.zeros(10))
print(np.ones(10))
print(np.random.rand(10))
```

```
[ 0.  0.  0.  0.  0.  0.  0.  0.  0.  0.]
[ 1.  1.  1.  1.  1.  1.  1.  1.  1.  1.]
[ 0.81390548  0.75209638  0.71734419  0.57793517  0.79752031
  0.0864414   0.82203105  0.43120247  0.96350209  0.19624734]
```

其中，zeros 函数和 ones 函数中的参数也可以指定为元组对象。这种情况下，生成的数组就是元组形式的多维数组。

↓ 传递元组

```
print(np.zeros((2, 3)))
print(np.ones((2, 3)))
```

```
[[ 0.  0.  0.]
 [ 0.  0.  0.]]
[[ 1.  1.  1.]
 [ 1.  1.  1.]]
```

使用 linspace 函数可以创建在指定范围内以一定的间距排列元素的数组。linspace 函数的参数设置如下所示。

linspace（起始值，终止值，元素数量）

在下面的示例中，使用 linspace 函数生成元素值位于 0~1 范围内、元素数量为 11 个的数组。在这种情况下，元素值变化的步长为 0.1。

↓ 使用 linspace 函数

```
print(np.linspace(0, 1, 11))
```
....
```
[ 0.   0.1 0.2 0.3 0.4 0.5 0.6 0.7 0.8 0.9 1. ]
```

虽然 linspace 函数的第 3 个参数是可以省略的，但是如果省略，生成的数组中元素的个数就是 50 个。下面的代码是生成一个取值范围在 0~1 之间且变化间距相等的包含 50 个元素的数组。

↓ 省略第 3 个参数

```
print(np.linspace(0, 1))
```
....
```
[ 0.         0.02040816 0.04081633 0.06122449 0.08163265 0.10204082
  0.12244898 0.14285714 0.16326531 0.18367347 0.20408163 0.2244898
  0.24489796 0.26530612 0.28571429 0.30612245 0.32653061 0.34693878
  0.36734694 0.3877551  0.40816327 0.42857143 0.44897959 0.46938776
  0.48979592 0.51020408 0.53061224 0.55102041 0.57142857 0.59183673
  0.6122449  0.63265306 0.65306122 0.67346939 0.69387755 0.71428571
  0.73469388 0.75510204 0.7755102  0.79591837 0.81632653 0.83673469
  0.85714286 0.87755102 0.89795918 0.91836735 0.93877551 0.95918367
  0.97959184 1.        ]
```

类似 linspace 函数这样的功能，在绘制图表时表示横轴的取值等情况下经常会用到。

2.4.4　基于 reshape 的形状变换

使用 NumPy 数组的 reshape 方法可以对数组的形状进行变换。在下面的示例中，元素数量为 8 的一维数组将被变换为 2 行 4 列的二维数组。

↓ 使用 reshape 方法

```
a = np.array([0, 1, 2, 3, 4, 5, 6, 7])    # 维数组的创建
b = a.reshape(2, 4)                        # 变换为2行4列的二维数组
print(b)
```
··

```
[[0 1 2 3]
 [4 5 6 7]]
```

通过使用 reshape 方法，还可以实现类似下面这样将二维数组变换为三维数组的操作。由于元素数量仍然为 2×2×2=8，因此变换后的变化并不大。

↓ 变换为 (2, 2, 2) 的三维数组

```
c = b.reshape(2, 2, 2)
print(c)
```
··

```
[[[0 1]
  [2 3]]

 [[4 5]
  [6 7]]]
```

由上面的操作可知，只要元素的总数量是保持不变的，我们可以通过使用 reshape 方法将数组变换成任意的形状。

此外，如果将 reshape 方法的参数设置为 –1，无论是任何形状的数组都会被转换成一维数组。

↓ 变换为一维数组

```
e = d.reshape(-1)
print(e)
```
··

```
[0 1 2 3 4 5 6 7]
```

如果将多个参数中的其中一个参数设置为 -1，则对应维度的元素数量就会被自动计算出来。在下面的示例中，原本参数应当设置为 2 和 4，现被设置为 2 和 -1，NumPy 会自动地将元素的总数量 8 除以 2，得到结果 4。

↓ 自动计算元素的数量

```
f = e.reshape(2, -1)
print(f)
```

```
[[0 1 2 3]
 [4 5 6 7]]
```

2.4.5 数组运算

对数组与数组或数组与数值之间也可以通过使用运算符来实现运算。在下面的示例中，我们将进行数组与数值之间的计算。在这种情况下，将会在数组的各个元素与数值之间进行运算。

↓ 数组与数值间的运算

```
a = np.array([0, 1, 2, 3, 4, 5]).reshape(2, 3)    # 创建2行3列的数组
print(a)
print(a + 3)                                       # 对每个元素加3
print(a * 3)                                       # 对每个元素乘3
```

```
[[0 1 2]
 [3 4 5]]

[[3 4 5]
 [6 7 8]]

[[ 0  3  6]
 [ 9 12 15]]
```

下面是对数组与数组之间进行运算的示例。在这种情况下，将在两个数组对应元素之间进行计算。需要注意的一点是，如果用于计算的两个数组的形状不同，会导致程序运行错误。不过，如果能满足后面将要讲解的广播处理条件的话，即使是形状不同的数组也可以进行计算。

↓ 数组与数组之间的运算

```
b = np.array([5, 4, 3, 2, 1, 0]).reshape(2, 3)
print(b)
print(a + b)                      # 在不同数组之间进行加法运算
print(a * b)                      # 在不同数组之间进行乘法运算
```

```
[[5 4 3]
 [2 1 0]]

[[5 5 5]
 [5 5 5]]

[[0 4 6]
 [6 4 0]]
```

在 NumPy 中，如果能够满足特定的条件，即使是形状不同的数组也可以进行各种运算操作，这种机制称为广播。例如，如下所示的两个数组。

↓ 数组的示例

```
a = np.array([[1, 1],
              [1, 1]])            # 二维数组
b = np.array([1, 2])             # 一维数组
```

上面这两个数组的维度是不同的，但是使用广播机制就可以对它们进行运算操作。

↓ 广播

```
print(a + b)
```

```
[[2 3]
 [2 3]]
```

这种场合，数组 b 通过对一维数组进行纵轴方向上的扩展，最终就变成了对两个相同形状的二维数组进行运算操作。像这样在某个方向上对数组进行扩展使数组间形状一致，就可以使用广播机制对形状不同的数组进行运算操作。

2.4.6 访问元素

对二维数组的元素进行访问时，需要同时指定纵、横两个方向的索引值。此时，可以使用逗号（,）将索引值分隔排列在一起，也可以将索引值并排放入方括号（[ ]）中。

↓ 使用索引

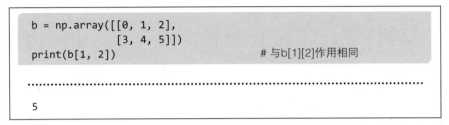

```
b = np.array([[0, 1, 2],
              [3, 4, 5]])
print(b[1, 2])                    # 与b[1][2]作用相同
```
....
```
5
```

在上面的示例中，对纵向的索引值为 1、横向的索引值为 2 的元素进行了读取操作。类似这样对多维数组的元素进行访问时，需要指定与维度相同数量的索引。

此外，使用 NumPy 的切片机制可以很方便地实现对数组中一部分元素进行自由读取和替换操作。例如，对于一维数组，可以使用类似下面的方法对其中的一部分元素进行访问操作。

数组名 [此索引之后 : 此索引之前]

切片机制就是通过使用冒号（ : ）指定对数组进行访问的范围。在下面的示例中，通过指定切片将一维数组的一部分元素提取出来。

↓ 使用切片

```
a = np.array([0, 1, 2, 3, 4, 5, 6, 7, 8, 9])
print(a[2:8])
```
....
```
[2 3 4 5 6 7]
```

上面代码用于将数组中索引值大于或等于 2 且小于 8 的元素提取出来，结果是一个一维数组。这个操作与访问数组的元素是不同的，提取后数组的维度与原有数组的维度是相同的。

此外，如果在 [ ] 中只使用冒号，就是指定对所有的元素进行提取操作。

↓ 指定所有元素

```
print(a[:])
```

....

```
[0 1 2 3 4 5 6 7 8 9]
```

对于二维数组，可以使用逗号隔开对每个维度所指定的范围。

↓ 指定范围

```
b = np.array([[0, 1, 2],
              [3, 4, 5],
              [6, 7, 8]])
print(b[:, 0:2])                    # 指定每个维度的范围
```

....

```
[[0 1]
 [3 4]
 [6 7]]
```

从上面的示例中可以看到，我们使用切片机制将数组 b 的所有行对应的左侧两列提取了出来。

即使是对维数更多的多维数组，也同样可以使用切片机制对数组的范围进行访问。

2.4.7　图表的绘制

接下来，将使用 NumPy 和 matplotlib 对正弦函数进行绘制。使用 NumPy 的 linspace 函数将 x 坐标的数据创建为数组对象，然后使用 NumPy 的 sin 函数求出其正弦值，并将结果作为 y 坐标。接着，使用 pyplot 的 plot 函数对 x 坐标、y 坐标进行绘制，并使用 show 函数将图表显示出来。再对轴的标签、图表的标题及图例进行绘制，并修改绘制过程中所使用线条的样式，让图表显得更加丰满。

```
x = np.linspace(0, 2*np.pi)
y_sin = np.sin(x)
y_cos = np.cos(x)

# 轴的标签
plt.xlabel("x value")
plt.ylabel("y value")

# 图表的标题
plt.title("sin/cos")

# 对绘制过程中所使用图例和线条的样式进行指定
plt.plot(x, y_sin, label="sin")
plt.plot(x, y_cos, label="cos", linestyle="dashed")
plt.legend()                            # 显示图例

plt.show()
```

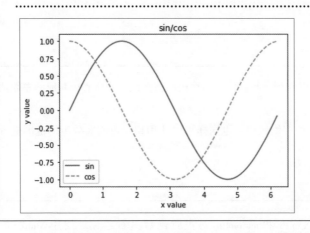

在这里，我们是使用曲线绘制图表。而使用 scatter 函数可以实现对散点图的绘制。

2.4.8　图像的显示

使用 pyplot 的 imshow 函数可以实现将数组转换为图像进行显示。

```
img = np.array([[0,  1,  2,  3],
                [4,  5,  6,  7],
                [8,  9, 10, 11],
                [12, 13,14, 15]])

plt.imshow(img, "gray")                 # 使用灰度值进行标识
plt.colorbar()                          # 显示颜色条
plt.show()
```

在上述代码中，0 显示为黑色、15 显示为白色，0~15 的数值则显示为中间色。

2.5　基础的数学知识

在本节中，我们将对深度学习中所必备的数学知识进行讲解。运用数学知识，可以通过简洁而优美的数学公式将深度学习中所必需的数据操作总结和表达出来。但是我们会省略对公式证明的讲解。如果读者想要了解有关公式证明更加详细的内容，建议参考其他网站或相关书籍。

2.5.1　向量

所谓向量，是指将标量排列在直线上的结构。本书的数学公式中，在小写英文字母的上方加上小箭头就表示是向量。下面是向量表达式的示例。

$$\vec{a} = \begin{pmatrix} 1 \\ 2 \\ 3 \end{pmatrix}$$

$$\vec{b} = (-2.3, 0.25, -1.2, 1.8, 0.41)$$

$$\vec{p} = \begin{pmatrix} p_1 \\ p_2 \\ \vdots \\ p_m \end{pmatrix}$$

$$\vec{q} = (q_1, q_2, \cdots, q_n)$$

向量中，既有像 $\vec{a}$、$\vec{p}$ 这样数值竖着排列的纵向量，也有类似 $\vec{b}$、$\vec{q}$ 这样数值横着排列的横向量。此外，正如我们在 $\vec{p}$、$\vec{q}$ 的表达式中所看到的那样，使用变量表示向量的元素时，下标的数字是一个。

2.5.2 矩阵

所谓矩阵，是指将标量排列在方格中形成的集合。例如，可以使用下面这样的形式来表达矩阵。

$$\begin{pmatrix} 0.12 & -0.34 & 1.3 & 0.81 \\ -1.4 & 0.25 & 0.69 & -0.41 \\ 0.25 & -1.5 & -0.15 & 1.1 \end{pmatrix}$$

在矩阵中，水平方向上排列的向量称为行，而在垂直方向上排列的向量则称为列。对于行有 m 个、列有 n 个的矩阵，使用 $m \times n$ 的形式表示。因此，对于上面的矩阵，就称为 3×4 的矩阵。此外，纵向量可以看作列数为 1 的矩阵，而横向量则可以看作行数为 1 的矩阵。

在本书的数学公式中，统一使用斜体、加粗的大写英文字母来表示矩阵（除去误差 E）。下面是矩阵表达式的示例。

$$A = \begin{pmatrix} 0 & 1 & 2 \\ 3 & 4 & 5 \end{pmatrix}$$

$$P = \begin{pmatrix} p_{11} & p_{12} & \cdots & p_{1n} \\ p_{21} & p_{22} & \cdots & p_{2n} \\ \vdots & \vdots & \ddots & \vdots \\ p_{m1} & p_{m2} & \cdots & p_{mn} \end{pmatrix}$$

矩阵 A 是 2×3 的矩阵，矩阵 P 则是 $m \times n$ 的矩阵。此外，正如在矩阵 P 中所看到的那样，使用变量表示矩阵的元素时，下标的数字有两个。

```
import numpy as np

a = np.array([[1, 2, 3],
              [4, 5, 6]])              # 创建列表2×3的矩阵
b = np.array([[0.21, 0.14],
              [-1.3, 0.81],
              [0.12, -2.1]])           # s创建列表3×2的矩阵
```

深度学习中所进行的运算，绝大部分都是矩阵之间的运算。

2.5.3 元素项的乘积

矩阵中每个元素项的乘积称为哈达玛积（Hadamard Product），表示对矩阵的每个元素进行乘法运算。

假设有下面的矩阵 A 和 B。

$$A = \begin{pmatrix} a_{11} & a_{12} & \cdots & a_{1n} \\ a_{21} & a_{22} & \cdots & a_{2n} \\ \vdots & \vdots & \ddots & \vdots \\ a_{m1} & a_{m2} & \cdots & a_{mn} \end{pmatrix}$$

$$B = \begin{pmatrix} b_{11} & b_{12} & \cdots & b_{1n} \\ b_{21} & b_{22} & \cdots & b_{2n} \\ \vdots & \vdots & \ddots & \vdots \\ b_{m1} & b_{m2} & \cdots & b_{mn} \end{pmatrix}$$

类似这样对矩阵的每个元素进行乘法运算的情况，可以使用运算符∘表示。

$$A \circ B = \begin{pmatrix} a_{11}b_{11} & a_{12}b_{12} & \cdots & a_{1n}b_{1n} \\ a_{21}b_{21} & a_{22}b_{22} & \cdots & a_{2n}b_{2n} \\ \vdots & \vdots & \ddots & \vdots \\ a_{m1}b_{m1} & a_{m2}a_{m2} & \cdots & a_{mn}b_{mn} \end{pmatrix}$$

要对矩阵中元素项的乘积进行计算，需要参与计算的数组大小完全相同。不过，通过使用 NumPy 的广播机制，即使数组的大小不同，也可以对矩阵的元素项乘积进行计算。

2.5.4 矩阵乘法

当我们提到矩阵积或矩阵乘法的时候，通常都意味着比元素项的乘积要稍微复杂一些的运算。如图 2.15 中展示的是一部分矩阵乘法的计算。

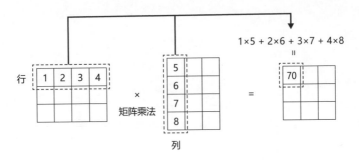

图 2.15 矩阵的乘积:第 1 行与第 1 列的各个元素乘积的总和

矩阵乘法是将前一个矩阵中每行的各个元素与后一个矩阵中每列的各个元素相乘,并对相乘的结果进行求和计算,最终的结果作为新矩阵的元素。在图 2.15 中,是对前一个矩阵的第 1 行和后一个矩阵中的第 1 列进行了运算。而在图 2.16 中,则是对左侧矩阵的第 1 行和右侧矩阵中的第 2 列进行了运算。

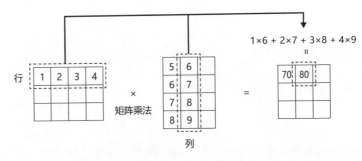

图 2.16 矩阵的乘积:第 1 行与第 2 列的各个元素乘积的总和

通过这种方式,对左侧矩阵中所有的行与右侧矩阵中所有的列进行组合运算,就可以生成一个新的矩阵。

接下来看一看矩阵乘法的具体示例。首先,我们将矩阵 A 和矩阵 B 设置为如下的形式。A 是 2×3 的矩阵,B 是 3×2 的矩阵。

$$A = \begin{pmatrix} a_{11} & a_{12} & a_{13} \\ a_{21} & a_{22} & a_{23} \end{pmatrix}$$

$$B = \begin{pmatrix} b_{11} & b_{12} \\ b_{21} & b_{22} \\ b_{31} & b_{32} \end{pmatrix}$$

那么,矩阵 A 与矩阵 B 的乘积可以表示为下列形式。

$$AB = \begin{pmatrix} a_{11} & a_{12} & a_{13} \\ a_{21} & a_{22} & a_{23} \end{pmatrix} \begin{pmatrix} b_{11} & b_{12} \\ b_{21} & b_{22} \\ b_{31} & b_{32} \end{pmatrix}$$

$$= \begin{pmatrix} a_{11}b_{11} + a_{12}b_{21} + a_{13}b_{31} & a_{11}b_{12} + a_{12}b_{22} + a_{13}b_{32} \\ a_{21}b_{11} + a_{22}b_{21} + a_{23}b_{31} & a_{21}b_{12} + a_{22}b_{22} + a_{23}b_{32} \end{pmatrix}$$

$$= \begin{pmatrix} \sum_{k=1}^{3} a_{1k}b_{k1} & \sum_{k=1}^{3} a_{1k}b_{k2} \\ \sum_{k=1}^{3} a_{2k}b_{k1} & \sum_{k=1}^{3} a_{2k}b_{k2} \end{pmatrix}$$

对矩阵 A 每行和矩阵 B 每列的各个元素进行乘法运算，并将乘法运算的结果作为新矩阵中各个元素的值。在上述的矩阵乘法表达式中，我们使用了求和符号 $\sum$，它在矩阵乘法的求和运算中经常会被使用到。在深度学习中，需要频繁地对乘积进行求和运算，因此矩阵乘法运算是必不可少的。

与常规的乘法不同，对于矩阵乘法，前一项的矩阵与后一项的矩阵是不能交换的。而且，为了能够进行矩阵的乘法运算，前一项矩阵的列数与后一项矩阵的行数必须一致。例如，前一项矩阵的列数为 3，则后一项矩阵的行数也必须为 3。

矩阵乘法中矩阵的行数和列数如图 2.17 所示。

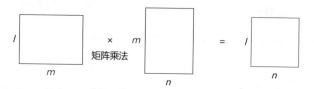

图 2.17　矩阵乘法中矩阵的行数与列数

$l \times m$ 矩阵与 $m \times n$ 矩阵的乘积是一个 $l \times n$ 的矩阵。前一个矩阵的行数与后一个矩阵的列数被作为新矩阵的行数和列数。

矩阵乘法可以用更为普遍的表达式来表示。下面列举的是 $l \times m$ 矩阵 A 与 $m \times n$ 矩阵 B 的矩阵乘积。

$$AB = \begin{pmatrix} a_{11} & a_{12} & \cdots & a_{1m} \\ a_{21} & a_{22} & \cdots & a_{2m} \\ \vdots & \vdots & \ddots & \vdots \\ a_{l1} & a_{l2} & \cdots & a_{lm} \end{pmatrix} \begin{pmatrix} b_{11} & b_{12} & \cdots & b_{1n} \\ b_{21} & b_{22} & \cdots & b_{2n} \\ \vdots & \vdots & \ddots & \vdots \\ b_{m1} & b_{m2} & \cdots & b_{mn} \end{pmatrix}$$

$$= \begin{pmatrix} \sum\limits_{k=1}^{m} a_{1k}b_{k1} & \sum\limits_{k=1}^{m} a_{1k}b_{k2} & \cdots & \sum\limits_{k=1}^{m} a_{1k}b_{kn} \\ \sum\limits_{k=1}^{m} a_{2k}b_{k1} & \sum\limits_{k=1}^{m} a_{2k}b_{k2} & \cdots & \sum\limits_{k=1}^{m} a_{2k}b_{kn} \\ \vdots & \vdots & \ddots & \vdots \\ \sum\limits_{k=1}^{m} a_{lk}b_{k1} & \sum\limits_{k=1}^{m} a_{lk}b_{k2} & \cdots & \sum\limits_{k=1}^{m} a_{lk}b_{kn} \end{pmatrix}$$

如果采取对矩阵中所有的行与列进行乘积运算的方式计算矩阵，是非常麻烦的事情。使用 NumPy 中的 dot 函数可以非常简单地完成矩阵的乘法运算。

↓ 使用 dot 函数进行矩阵的乘法运算

```
import numpy as np

a = np.array([[0, 1, 2],
              [1, 2, 3]])
b = np.array([[2, 1],
              [2, 1],
              [2, 1]])

print(np.dot(a, b))
```

```
[[ 6  3]
 [12  6]]
```

如果 a 的列数与 b 的行数不一致，执行时 NumPy 就会报错。

通过使用矩阵乘法，可以一次性地对大量的数据进行高速的运算处理。对于深度学习，矩阵乘法也是实现高速化运算的重要计算方法。

2.5.5　矩阵的转置

在对矩阵进行的操作中，矩阵转置是非常重要的操作之一。通过矩阵转置操作可以对矩阵的行和列进行切换。例如，对于矩阵 A 的转置矩阵，我们使用 A^T 来表示。

$$A = \begin{pmatrix} 1 & 2 & 3 \\ 4 & 5 & 6 \end{pmatrix}$$

$$A^T = \begin{pmatrix} 1 & 4 \\ 2 & 5 \\ 3 & 6 \end{pmatrix}$$

在 NumPy 中，只要在表示矩阵的数组名后面添加上 .T，就能对矩阵进行转置变换。

转置

```
import numpy as np

a = np.array([[1, 2, 3],
                          [4, 5, 6]])
print(a.T)
```
....
```
[[1 4]
 [2 5]
 [3 6]]
```

在矩阵乘法运算中，通常都要求前一项矩阵的列数与后一项矩阵的行数保持一致。然而，对于行数与列数不一致的矩阵，经过转置变换也可能满足矩阵乘法运算的要求。

2.5.6 微分

所谓微分，是指某个函数上的每个点的变化程度。相对于 x 的微小变化 Δx，函数 $f(x)$ 整体变化的比例可以用下面的公式来表示。

$$\frac{f(x+\Delta x)-f(x)}{\Delta x}$$

在这个公式中，当 Δx 的值无限逼近 0 的时候，就可以得到新的 $f'(x)$ 函数。

$$f'(x) = \lim_{\Delta x \to 0} \frac{f(x+\Delta x) - f(x)}{\Delta x}$$

这个时候，函数 $f'(x)$ 就称为 $f(x)$ 的导数。而从函数 $f(x)$ 得到函数 $f'(x)$ 的过程，就称为对函数 $f(x)$ 进行微分。导数也可以使用下面的形式来表示。

$$f'(x) = \frac{\mathrm{d}f(x)}{\mathrm{d}x} = \frac{\mathrm{d}}{\mathrm{d}x}f(x)$$

这种情况下，函数只有 x 这一个自变量，通常我们将这种对一个自变量的函数进行微分的计算称为常微分。

第 2 章　学习前的准备

53

在本书中，我们将 x 相对于 $f(x)$ 的变化所占的比例称为梯度。通过使用导数，我们可以对一元函数上某个点的梯度进行求解。函数 $f(x)$ 上的某个点 $(a, f(a))$ 的梯度就是 $f'(a)$。

在图 2.18 中，倾斜的虚线表示曲线上点 $(a, f(a))$ 的切线；这个切线的梯度就是 $f'(a)$，其与曲线在这个点上的梯度是相等的。

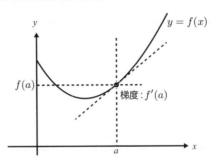

图 2.18　导数与梯度

很多函数都可以通过使用微分公式对导数进行非常简单的求解计算。接下来，我们将介绍几组微分方程的公式。

当任意的实数 r 被代入 $f(x) = x^r$ 中时，则下面的公式是成立的。

$$\frac{\mathrm{d}}{\mathrm{d}x} f(x) = \frac{\mathrm{d}}{\mathrm{d}x} x^r = rx^{r-1}$$

此外，当对函数的和 $f(x) + g(x)$ 进行微分时，可以对这两个函数分别进行微分，然后将结果相加。

$$\frac{\mathrm{d}}{\mathrm{d}x} \big(f(x) + g(x) \big) = \frac{\mathrm{d}}{\mathrm{d}x} f(x) + \frac{\mathrm{d}}{\mathrm{d}x} g(x)$$

对于函数的乘积 $f(x)g(x)$，则可以使用下面的公式进行微分计算。

$$\frac{\mathrm{d}}{\mathrm{d}x} \big(f(x)g(x) \big) = f(x)\frac{\mathrm{d}}{\mathrm{d}x} g(x) + g(x)\frac{\mathrm{d}}{\mathrm{d}x} f(x)$$

对于常量，可以直接提取到微分计算的外部。当 k 为任意实数时，则以下公式是成立的。

$$\frac{\mathrm{d}}{\mathrm{d}x} kf(x) = k\frac{\mathrm{d}}{\mathrm{d}x} f(x)$$

纳皮尔数 e 的幂即使进行微分计算也不会发生变化。这也是为什么使用纳皮尔数很方便的理由之一。

$$\frac{d}{dx}e^x = e^x$$

自然对数的导数，如下所示是 x 的倒数。

$$\frac{d}{dx}\log x = \frac{1}{x}$$

2.5.7　连锁律

在开始学习连锁律前，让我们先对复合函数进行讲解。所谓复合函数，就是像下面这样，将多个函数合并在一起的函数。

$$y = f(u)$$
$$u = g(x)$$

对于复合函数的微分，可以使用组成复合函数的各个函数导数的乘积来表示，这就是所谓的连锁律（Chain Rule）。连锁律可以用下面的公式来表示。

$$\frac{dy}{dx} = \frac{dy}{du}\frac{du}{dx}\qquad\qquad（2-1）$$

当 y 是 u 的函数，而 u 又是 x 的函数时，通过式（2-1）就可以使用 x 对 y 进行微分。

例如，让我们尝试对下面的函数进行微分。

$$y = (x^3 + 2x^2 + 3x + 4)^3$$

对于这个函数式，我们可以将 u 进行如下设定。

$$u = x^3 + 2x^2 + 3x + 4$$

这样一来，y 就可以用下面的等式进行表示。

$$y = u^3$$

此时，我们使用式（2-1）的连锁律公式就可以用 x 对 y 进行微分。

$$\begin{aligned}\frac{dy}{dx} &= \frac{dy}{du}\frac{du}{dx}\\ &= 3u^2(3x^2 + 4x + 3)\\ &= 3(x^3 + 2x^2 + 3x + 4)^2(3x^2 + 4x + 3)\end{aligned}$$

如上所示，对于复合函数，我们可以使用连锁律对其进行微分。

2.5.8 偏微分

在包含多个自变量的函数中，如果只对其中一个自变量进行微分，就称为偏微分。在偏微分中，其他的自变量被当作常数来处理。

例如，由两个自变量组成的函数 $f(x, y)$ 的偏微分可以表示为如下的公式。

$$\frac{\partial}{\partial x} f(x, y) = \lim_{\Delta x \to 0} \frac{f(x + \Delta x, y) - f(x, y)}{\Delta x}$$

我们只对 x 进行非常微小量 Δx 的变化，而 Δx 是无限趋近于 0 的。y 则不会发生微小的变化，因此进行偏微分计算时，我们将其视为常量进行处理。

假设现有下列包含自变量 x、y 的函数 $f(x, y)$。

$$f(x, y) = 3x^2 + 4xy + 5y^3$$

我们对这个函数进行偏微分。在进行偏微分时，将 y 作为常量，并使用微分公式对 x 进行微分。这样，我们就可以得到如下的公式。在偏微分中，通常不是使用 d，而是使用 ∂ 符号来表示。

$$\frac{\partial}{\partial x} f(x, y) = 6x + 4y$$

这种通过偏微分推导出来的函数称为偏导数。这种情况下，偏导数表示 y 值固定时，x 相对于 $f(x, y)$ 变化的比例。

如果对 $f(x, y)$ 的 y 进行偏微分，则可以得到如下的表达式。这种情况下，自变量 x 被作为常量处理。

$$\frac{\partial}{\partial y} f(x, y) = 4x + 15y^2$$

上面是当 x 的值固定不变时，y 的变化相对于 $f(x, y)$ 变化量的比例。通过对偏微分的运用，我们可以根据特定参数的微小变化对运算结果所造成的影响进行预测。

2.5.9 连锁律的扩展

假设现有如下的复合函数。

$$y = f(u_1, u_2, \cdots, u_n)$$
$$u_i = g_i(x_1, x_2, \cdots, x_m)$$

这里满足 $1 \leq i \leq n$。y 是 u_1，u_2，$\cdots$，u_n 的函数；u_i 则是 x_1，x_2，$\cdots$，x_m 的函数；g_i 是不同下标所对应的函数。

如果用 x_j 对这类复合函数 y 进行偏微分计算，可以使用如下所示的形式应用连锁律。这里满足 $1 \leqslant j \leqslant m$。

$$\frac{\partial y}{\partial x_j} = \sum_{i=1}^{n} \frac{\partial y}{\partial u_i} \frac{\partial u_i}{\partial x_j} \qquad （2-2）$$

下面让我们看一看式（2-2）在实际中是如何工作的。假设现有如下函数。

$$y = (x_1^2 + x_2 + 1)(x_2 - 1) + x_2 - 1 \qquad （2-3）$$

将式（2-3）的偏导数展开进行偏微分可得到如下所示的等式。

$$\frac{\partial y}{\partial x_1} = 2x_1 x_2 - 2x_1$$
$$\frac{\partial y}{\partial x_2} = x_1^2 + 2x_2 + 1 \qquad （2-4）$$

这里如果采用式（2-2）也可以得到相同的结果。假设 u_1 和 u_2 分别满足如下等式。

$$u_1 = x_1^2 + x_2 + 1$$
$$u_2 = x_2 - 1$$

此时，式（2-3）可表示为如下形式。

$$y = u_1 u_2 + u_2$$

这里我们运用式（2-2）。

$$\frac{\partial y}{\partial x_1} = \frac{\partial y}{\partial u_1} \frac{\partial u_1}{\partial x_1} + \frac{\partial y}{\partial u_2} \frac{\partial u_2}{\partial x_1}$$
$$= 2u_2 x_1$$
$$= 2x_1 x_2 - 2x_1$$

$$\frac{\partial y}{\partial x_2} = \frac{\partial y}{\partial u_1} \frac{\partial u_1}{\partial x_2} + \frac{\partial y}{\partial u_2} \frac{\partial u_2}{\partial x_2}$$
$$= u_2 + (u_1 + 1)$$
$$= x_1^2 + 2x_2 + 1$$

得到的结果与式（2-4）相同。由此可见，式（2-2）是正确的。

神经网络可以看成是由多个函数所组成的复合函数，因此采用这种方式应用连锁律就可以通过微分计算实现对数据的处理。

2.5.10 正态分布

正态分布（Normal Distribution）是一种如图 2.19 所示形状的数据分布。

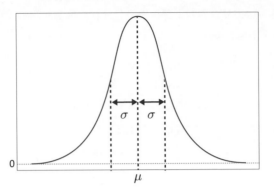

图 2.19　正态分布图

图 2.19 表示的是，对于横轴上的某个值，对应的纵轴上的值就表示这个值的频率或概率。其中，μ 为平均值，σ 为标准偏差，是用于衡量数据变化程度的一种尺度。

平均值 μ 和标准偏差 σ 可以分别使用下列公式来表示。其中，x_k 表示其各自的数据，n 则为数据的数量。

$$\mu = \frac{\sum_{k=1}^{n} x_k}{n}$$

$$\sigma = \sqrt{\frac{\sum_{k=1}^{n} (x_k - \mu)^2}{n}}$$

正态分布的曲线可以使用下面被称为概率密度函数的函数进行表示。

$$y = \frac{1}{\sqrt{2\pi\sigma^2}} \exp\left(-\frac{(x-\mu)^2}{2\sigma^2}\right)$$

这个公式虽然有点复杂，但是如果平均值为 0、标准偏差为 1，则可以得到下面这个比较简单的公式。

$$y = \frac{1}{\sqrt{2\pi}} \exp\left(-\frac{x^2}{2}\right)$$

使用 NumPy 可以非常简单地生成服从正态分布的数据分布。在下面的示例中，我们使用 NumPy 的 random.normal 函数自动生成服从正态分布的随机数，并用 matplotlib 的 hist 函数将其显示为直方图。

↓ 服从正态分布的随机数及其直方图

```
import numpy as np
import matplotlib.pyplot as plt

# 生成服从正态分布的随机数，平均值为50、标准偏差为10、数量为10000个
x = np.random.normal(50, 10, 10000)

# 直方图
plt.hist(x, bins=50)                    # 50为条线的根数
plt.show()
```

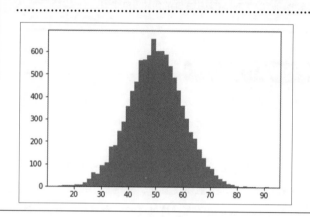

从运行结果中可以看到，生成的随机数是服从正态分布的。神经网络中包含大量会发生变化的参数，而这些参数的初始值通常都是采用服从正态分布的随机数进行初始化的。

小　结

本章我们对开发环境、Python 编程语言和基础数学知识等理解深度学习技术的前期准备内容进行了讲解。虽然 Python 语言具有比较独特的语法，但是对于有一定编程基础的人，会发现它的语法与其他编程语言相比并没有太大的差别。使用 NumPy 的数组结构可以为深度学习代码的编写提供很多便利的功能。使用 matplotlib 编写代码可以轻而易举地实现图表的绘制。

如果想要了解与 Python 语言相关的更详细的知识和技术，建议参考 Python 语言官方网站的帮助文档及其他 Python 语言相关的技术书籍。

Python 官方文档

https://www.python.org/doc/

此外，我们还学习了矩阵乘法、偏微分、连锁律等数学知识。通过学习这些知识，我们可以将深度学习中必要的操作总结为简单的数学公式。实际上，在本书的后续内容中，这些数学知识会有很大用处。

在本章中对有关数学知识的讲解，由于侧重加强读者对整体概念的把握，因此难免会存在一些欠周到的问题。如果希望完整地学习线性代数、微分及概率统计相关的数学知识，建议读者参考其他相关数学书籍。接下来，将基于本章的内容继续学习深度学习。

专栏　人工智能真的具有智能吗？

人工智能真的能具备与人类同等的智力吗？在这里，我们将对这一问题进行思考。在动物天然具备的智能中，人工智能所欠缺的大致有两方面，那就是其是否具有"自律性"和"通用性"。

关于自律性，当前人工智能的主要作用是人类设置特定的问题，并将其用于解决问题的工具。这种场合，人工智能不是自律，而是属于他律。与其相对的，动物所具有的智能则可以根据周围的各种情况进行综合判断并做出适当的反应。动物具有独立于环境，却又与环境相互作用的自律性。

关于通用性，仅在特定的条件下可以发挥高性能则是当前人工智能的现实情况。与既可以适应北极圈的生活又可以适应都市生活等具有广泛适应性的人类相比，这种条件对于人工智能而言仍然是遥不可及的。虽然也存在只能生存于鲸鱼消化管内的寄生虫，以及生活在深海的腔棘鱼这类存活于特定环境的动物，但是高度进化的动物智能则具有可以适应各种环境的通用性。例如，与我们人类的进化历程不同的章鱼等头足类动物，甚至时常会让我们感受到它们似乎真的是有"心"的。

那么，要使人工智能具备这类自律性和通用性，需要做些什么呢？首先可以想到的就是"内部世界"。如果是深度学习，它只具备正向传播、反向传播这种信息仅往一个方向流动的功能，而信息在我们人类的大脑中总是循环地，复杂地流动着。可以说，内部和外部有着不同的"世界"。如果在人工智能中再现这样的世界，那就需要摆脱"最优化参数使其最小化"的思维。

另外一个可以设想到的是"感情"。动物会为了获得更多的美味、美丽、舒适等积极的感情，尽量避免疼痛、丑陋、痛苦等消极的感情而做出行动。而人工智能生来就不具备这类感情。为了使人工智能具备自律性，需要一种行为准则，如果可以模仿这种类似感情的机制，那么它就应该可以成为行为准则。在强化学习中，是为了获得最大的报酬而选择行动的，这或许可以作为有效模仿感情的机制。

综上所述，笔者认为使人工智能具有"内部世界"和"感情"是一种将类似动物的智能赋予人工智能的方法。然而，将这样的结构作为网络构建是否会逼近智能的本质，或者是否会创造出比智能更加复杂甚至连人类都无法掌控的技术也未可知。

在这里，我们将介绍因《2001太空漫游》和《童年的终结》而著称的科幻小说家亚瑟·查尔斯·克拉克所定义的克拉克三大定律。

- 如果一位年高德劭的杰出科学家说某件事情是可能的，那他可能是正确的；但如果他说某件事情是不可能的，那他也许是非常错误的。
- 要找到某件事情是否可行的界限，唯一的途径是跨越这个界限，从不可能"跑到"可能中去。
- 任何非常先进的技术，初看都与魔法无异。

总的来说，我们似乎也只能遵循第2个定律。如果想要知道它是否真的不可能实现，就只能跨进那个领域才能知晓。此外，创造一个任何人都可以不带成见及刻板印象地参与进来并动手尝试的环境也是非常重要的。

对于科学而言，技术是对其验证；对于技术而言，科学是其根据。也许有一天会在某处生长出真正的人工智能之芽，在某处开始运用人工智能能够诞生出令人喜出望外的循环体系。

当然，这也伴随着伦理方面的问题。与此相关的内容，我们将在另外的知识栏中进行说明。

读书笔记

第 3 章

深度学习的基础知识

作为学习 RNN 和生成模型的前期准备，本章将对深度学习的基础知识进行讲解。理解正向传播和反向传播的原理，并编程实现神经网络中的网络层。

此外，已经学习了深度学习相关基础知识的读者可以直接跳过本章，继续学习后面的内容。

3.1　深度学习概述

本章我们将对深度学习的相关知识进行讲解。

3.1.1　什么是深度学习

深度学习是指使用了由多个网络层所组成神经网络的机器学习技术。神经网络通常是以图 3.1 所示的神经元为基本单位构建而成的。

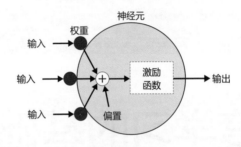

图 3.1　神经元内部的处理

单个神经元可以拥有多个输入，对每个输入都需要乘以权重后再进行合并；经过激励函数进行处理后再输出。

通过将这样的多个神经元连接起来并进行网络化，就可以构建出如图 3.2 所示的神经网络。

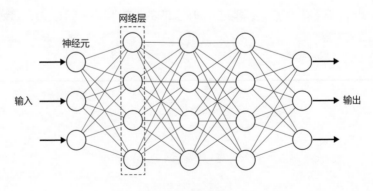

图 3.2　神经网络

整个神经网络中包含输入和输出，可以通过调整参数（权重和偏置等）减少输出数据与正确答案之间的误差的方式进行学习。

我们将逐层地回溯传播误差并对权重和偏置进行更新的算法称为反向传播算法或误差反向传播算法。图 3.3 是反向传播算法示意图。

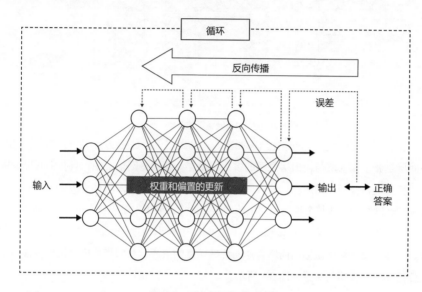

图 3.3　反向传播算法示意图

反向传播通过在神经网络中对数据进行反馈以调整网络各层的参数。通过反复调整神经网络中的各项参数，网络将逐步地进行学习，并实现正确的预测。

此外，基于多层神经网络的学习则称为深度学习（深层学习）。至于究竟多少层的网络才能称为深度学习，并没有明确的定义，只要是基于多层重叠的神经网络学习，我们一般都称其为深度学习。

基本上，神经网络的网络层越多，就越能提升网络的表现力，与此同时，学习也将变得更加困难。

3.1.2　网络的分层与层数

如图 3.4 所示，在神经网络中可以将网络层分类为输入层、中间层（隐藏层）和输出层。

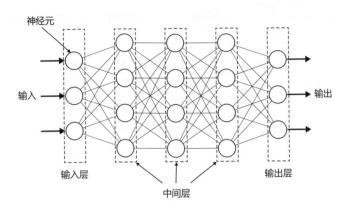

神经元

输入

输出

输入层

中间层

输出层

图 3.4　网络层的分类

　　输入层负责接收神经网络中所有的输入，输出层负责对神经网络进行整体的输出。中间层是介于输入层与输出层之间的多个网络层。在这些网络层中，只有中间层和输出层负责进行神经元的运算，输入层只负责将其接收到的输入信息传递给中间层。通常在神经网络中，从某个神经元产生的输出会被连接到下一层中所有神经元的输入上。

　　在神经网络中，对于从传递输入信息到产生输出的过程，我们将其称为正向传播。与其相反，对于从输出向输入逆向传递信息的过程，我们将其称为反向传播。正向传播和反向传播的关系如图 3.5 所示。

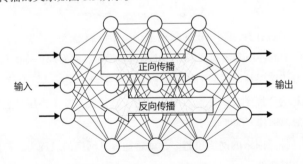

正向传播

反向传播

输入

输出

图 3.5　正向传播与反向传播

　　关于网络层之间的位置关系问题，在本书中为了避免造成混乱，我们将更靠近网络输入的网络层称为"上层网络"；而将更靠近网络输出的网络层称为"下层网络"。

　　此外，关于网络层的计算方式，如图 3.5 中的神经网络，我们将按照 1 个输入层、3 个中间层、1 个输出层，共计 5 个网络层进行计算。然而，由于输入层中的神经元不会参与运算，因此也有不将输入层计入在内的计算方式。但是，在本书中我们会将输入层也一起计入在内。

3.1.3 梯度下降算法

在反向传播中，是使用梯度下降算法决定修正量的大小的。在反向传播中所使用的梯度下降算法可以用如图 3.6 所示的示意图来表示。

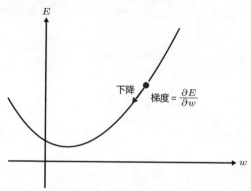

图 3.6 梯度下降算法

在图 3.6 中，横轴的 w 代表某个权重；纵轴的 E 代表误差；$\dfrac{\partial E}{\partial w}$ 是使用权重 w 对误差 E 进行偏微分后得到的结果，表示的是这一曲线的斜率（梯度）。误差是根据权重的值进行变化的。而在实际应用中，我们是无法得知这个曲线的确切形状的，只能根据曲线的斜率（梯度）对权重一点点地进行变动。如果我们对网络中所有权重进行的变动能让这条曲线下降，就能够使误差逐渐减小。

要对神经网络中所有的权重和偏置进行更新，首先必须要做的一件事情就是对所有的权重和偏置计算其所对应误差的梯度。如果是使用最简单的随机梯度下降算法（Stochastic Gradient Descent，SGD），在梯度下降算法中对权重和偏置的更新操作可以通过使用下列偏微分的公式进行表示。

$$w \leftarrow w - \eta \frac{\partial E}{\partial w}$$

$$b \leftarrow b - \eta \frac{\partial E}{\partial b}$$

其中，w 表示权重；b 表示偏置；E 表示误差；箭头表示对参数的更新。此外，η 是被称为学习系数的常数，决定学习的速度。$\dfrac{\partial E}{\partial w}$ 和 $\dfrac{\partial E}{\partial b}$ 则代表梯度，要对其进行求解，需要用到一些数学方面的技巧。

在神经网络中计算得到全部的梯度后，就要根据上述公式对所有的权重和偏置进行更新处理。

3.1.4 epoch 与批次

完成一次对所有训练（学习）数据的学习称为一轮 epoch。在一轮 epoch 中，要彻底使用完全部的学习数据。在本书中将一对输入和正确答案称为样本，而这些样本的集合称为批次（batch）。一次学习中使用一个批次。也就是说，一轮 epoch 中所使用的训练数据可以分割成多个批次进行学习。

训练数据与批次的关系示意图如图 3.7 所示。

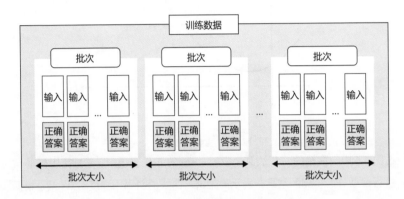

图 3.7　训练数据与批次的关系示意图

批次大小是指一个批次中所包含样本的数量。由于是将批次内所有的样本都使用完后再对权重和偏置进行更新操作，因此，批次大小也可以说是对权重和偏置进行修正处理的间隔。在整个学习过程中，批次大小基本上都是固定的。

学习方法包括一次性使用所有训练数据的批次学习、以每个样本为单位进行学习的在线学习等。在本书中，我们将训练数据分割为小规模的批次，主要使用以批次为单位进行学习的小批次学习。

假设我们的训练数据中样本数量为 1000 个，将这 1000 个样本全部使用完就是一轮 epoch。在使用小批次学习的情况下，我们可以将批次大小设置为 50 个，那么每轮 epoch 中就要进行 20 次更新操作。

从实际运用经验上看，批次大小对学习时间和性能的影响是众所周知的。但是，要选择设置合理的批次大小却是极为困难的一件事情。通常情况下，我们都会将批次大小设置在 10~100 范围内。

3.2　全连接层的正向传播

普通的神经网络中所使用的网络层称为全连接层。接下来，将结合数学公式和代码对全连接层中正向传播的执行原理和实现方法进行讲解。

3.2.1　正向传播的公式

下面我们将使用数学公式表示正向传播。首先考虑对如图 3.8 所示的两个网络层间进行连接。

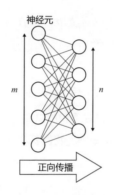

图 3.8　两层间的连接

从图 3.8 中可以看到，所有位于上层网络的神经元都各自被连接到所有位于下层网络的神经元上。换句话说，就是所有位于下层网络的神经元都各自被所有位于上层网络的神经元所连接着。

再来看位于下层的网络。传递到下层神经元的各个输入都需要乘以权重。由于权重的数量与输入的数量相等，因此，如果我们将上层网络的神经元数量设置为 m，那么下层网络的每个神经元就需要保存 m 个权重。如果将下层网络的神经元数量设置为 n，那么在下层网络中就存在共计 $m \times n$ 个权重。

对于这类权重，假设我们将从位于上层网络的第 1 个神经元传递到位于下层网络的第 2 个神经元输入的权重用 w_{12} 表示，那么在这里就需要对每组位于上层网络的所有神经元与位于下层网络的所有神经元的组合单独设置权重。对于这个问题，矩阵可以发挥其作用。

使用类似下面的 $m \times n$ 矩阵 $\boldsymbol{W}$，就能够保存所有下层网络的权重。

$$\boldsymbol{W} = \begin{pmatrix} w_{11} & w_{12} & \cdots & w_{1n} \\ w_{21} & w_{22} & \cdots & w_{2n} \\ \vdots & \vdots & \ddots & \vdots \\ w_{m1} & w_{m2} & \cdots & w_{mn} \end{pmatrix}$$

我们可以将下层网络的输入（等于上层网络的输出）通过向量 $\vec{x}$ 来表示。由于在上层网络中存在着 m 个神经元，因此向量的元素数量就为 m。上层网络的输出就会等于下层网络的输入。

$$\vec{x} = (x_1, x_2, \cdots, x_m)$$

偏置也可以用向量来表示。由于偏置的数量与下层网络神经元的数量是相等的，而下层网络神经元的数量为 n 个，因此偏置 $\vec{b}$ 就可以使用下面的公式来表示。

$$\vec{b} = (b_1, b_2, \cdots, b_n)$$

此外，下层网络输出的数量又与神经元的数量 n 相等，因此可以像下列这样通过向量 $\vec{y}$ 对下层网络的输出进行表示。

$$\vec{y} = (y_1, y_2, \cdots, y_n)$$

在这里，我们需要对输入和权重乘积的总和进行计算，使用矩阵乘法进行一次性求解。如果将 $\vec{x}$ 设置为 $1 \times m$ 的矩阵，我们就可以用下面的矩阵乘法公式一次性计算输入与权重乘积的总和。

$$\vec{x}\boldsymbol{W} = (x_1, x_2, \cdots, x_m) \begin{pmatrix} w_{11} & w_{12} & \cdots & w_{1n} \\ w_{21} & w_{22} & \cdots & w_{2n} \\ \vdots & \vdots & \ddots & \vdots \\ w_{m1} & w_{m2} & \cdots & w_{mn} \end{pmatrix}$$
$$= \left(\sum_{k=1}^{m} x_k w_{k1}, \sum_{k=1}^{m} x_k w_{k2}, \cdots, \sum_{k=1}^{m} x_k w_{kn} \right)$$

如果使用 $\vec{u}$ 表示此向量与偏置 $\vec{b}$ 相加的结果，那么对于 $\vec{u}$ 就可以通过下列的公式进行求解。

$$\vec{u} = \vec{x}\boldsymbol{W} + \vec{b}$$
$$= (x_1, x_2, \cdots, x_m) \begin{pmatrix} w_{11} & w_{12} & \cdots & w_{1n} \\ w_{21} & w_{22} & \cdots & w_{2n} \\ \vdots & \vdots & \ddots & \vdots \\ w_{m1} & w_{m2} & \cdots & w_{mn} \end{pmatrix} + (b_1, b_2, \cdots, b_n) \qquad (3\text{-}1)$$
$$= \left(\sum_{k=1}^{m} x_k w_{k1} + b_1, \sum_{k=1}^{m} x_k w_{k2} + b_2, \cdots, \sum_{k=1}^{m} x_k w_{kn} + b_n \right)$$

其中，$\vec{u}$ 的各个元素表示输入数据与权重乘积的总和再与偏置相加所得出的结果。

接下来，将向量 $\vec{u}$ 的各个元素输入激励函数中进行处理，就能得到用于表示下层网络输出的向量 $\vec{y}$。

$$
\begin{aligned}
\vec{y} &= (y_1, y_2, \cdots, y_n) \\
&= f(\vec{u}) \\
&= f(\vec{x}\boldsymbol{W} + \vec{b}) \\
&= \left(f\left(\sum_{k=1}^{m} x_k w_{k1} + b_1 \right), f\left(\sum_{k=1}^{m} x_k w_{k2} + b_2 \right), \cdots, f\left(\sum_{k=1}^{m} x_k w_{kn} + b_n \right) \right)
\end{aligned}
\tag{3-2}
$$

3.2.2　用矩阵表示正向传播

在 3.2.1 小节中，我们通过将输入、输出作为向量，使用数学公式表示了正向传播。接下来，将扩展正向传播的数学公式，并加入对行批次处理的支持。这种情况下，输入、输出就会变成矩阵。矩阵中的每行则表示批次内的各个样本。

假设 $\boldsymbol{X}$ 表示输入数据的矩阵，$\boldsymbol{W}$ 表示输出数据的矩阵，那么每个矩阵可以用下列的形式表示。

$$
\boldsymbol{X} =
\begin{pmatrix}
x_{11} & x_{12} & \cdots & x_{1m} \\
x_{21} & x_{22} & \cdots & x_{2m} \\
\vdots & \vdots & \ddots & \vdots \\
x_{h1} & x_{h2} & \cdots & x_{hm}
\end{pmatrix}
$$

$$
\boldsymbol{Y} =
\begin{pmatrix}
y_{11} & y_{12} & \cdots & y_{1n} \\
y_{21} & y_{22} & \cdots & y_{2n} \\
\vdots & \vdots & \ddots & \vdots \\
y_{h1} & y_{h2} & \cdots & y_{hn}
\end{pmatrix}
$$

这里的 h 代表批次大小。

此外，由于偏置是在批次内取所有相同的值，因此可以将向量在纵向上延伸的矩阵用下列形式表示。

$$
\boldsymbol{B} =
\begin{pmatrix}
b_1 & b_2 & \cdots & b_n \\
b_1 & b_2 & \cdots & b_n \\
\vdots & \vdots & \ddots & \vdots \\
b_1 & b_2 & \cdots & b_n
\end{pmatrix}
$$

使用这些矩阵就可以将正向传播的公式按如下方式进行扩展。

$$U = XW + B$$
$$Y = f(U)$$

（3-3）

接下来，看一看这些公式中的各个元素。

$U = XW + B$

$$= \begin{pmatrix} x_{11} & x_{12} & \cdots & x_{1m} \\ x_{21} & x_{22} & \cdots & x_{2m} \\ \vdots & \vdots & \ddots & \vdots \\ x_{h1} & x_{h2} & \cdots & x_{hm} \end{pmatrix} \begin{pmatrix} w_{11} & w_{12} & \cdots & w_{1n} \\ w_{21} & w_{22} & \cdots & w_{2n} \\ \vdots & \vdots & \ddots & \vdots \\ w_{m1} & w_{m2} & \cdots & w_{mn} \end{pmatrix} + \begin{pmatrix} b_1 & b_2 & \cdots & b_n \\ b_1 & b_2 & \cdots & b_n \\ \vdots & \vdots & \ddots & \vdots \\ b_1 & b_2 & \cdots & b_n \end{pmatrix}$$

$$= \begin{pmatrix} \sum_{k=1}^{m} x_{1k} w_{k1} + b_1 & \sum_{k=1}^{m} x_{1k} w_{k2} + b_2 & \cdots & \sum_{k=1}^{m} x_{1k} w_{kn} + b_n \\ \sum_{k=1}^{m} x_{2k} w_{k1} + b_1 & \sum_{k=1}^{m} x_{2k} w_{k2} + b_2 & \cdots & \sum_{k=1}^{m} x_{2k} w_{kn} + b_n \\ \vdots & \vdots & \ddots & \vdots \\ \sum_{k=1}^{m} x_{hk} w_{k1} + b_1 & \sum_{k=1}^{m} x_{hk} w_{k2} + b_2 & \cdots & \sum_{k=1}^{m} x_{hk} w_{kn} + b_n \end{pmatrix}$$

$Y = f(U)$

$$= \begin{pmatrix} f(u_{11}) & f(u_{12}) & \cdots & f(u_{1n}) \\ f(u_{21}) & f(u_{22}) & \cdots & f(u_{2n}) \\ \vdots & \vdots & \ddots & \vdots \\ f(u_{h1}) & f(u_{h2}) & \cdots & f(u_{hn}) \end{pmatrix}$$

根据式（3-1）和式（3-2），为了进行批次处理，上述公式将矩阵往纵向上进行了扩展，并使用矩阵的公式进行了正向传播。只要能使用矩阵进行正向传播，后面我们就可以用简单的代码实现。

3.2.3　正向传播的编程实现

式（3-3）可以通过使用 NumPy 的 dot 函数编写如下的实例代码来实现。

```
# x: 输入的矩阵；w: 权重矩阵；b: 偏置向量
u = np.dot(x, w) + b
# y: 输出的矩阵；f: 激励函数
y = f(u)
```

偏置 b 虽然是向量，但是它会在纵向上使用广播机制，因此本质上是作为矩阵进行运算的。

至此，我们就完成了将正向传播的数学公式编写成代码的操作。

3.3 全连接层的反向传播

接下来，将结合数学公式和代码对全连接层中反向传播的执行原理和实现方法进行讲解。

3.3.1 反向传播的公式

使用反向传播对各个参数的梯度进行计算。首先，我们将从下列正向传播的公式开始进行讲解。

$$U = XW + B$$
$$Y = f(U)$$

接下来，关注下列公式中 U 的各个元素。

$$u = \sum_{k=1}^{m} x_k w_k + b$$
$$y = f(u)$$

（3-4）

式（3-4）中省略了标明网络层内各个神经元的下标及识别批次内样本的下标。

下面我们将对权重的梯度，也就是基于误差权重的偏微分进行计算。使用连锁律，下列关系是成立的。

$$\frac{\partial E}{\partial w_i} = \frac{\partial E}{\partial u}\frac{\partial u}{\partial w_i}$$

（3-5）

这里 w_i 是式（3-4）中的权重，所以 $1 \leqslant i \leqslant m$。而等号右边的 $\frac{\partial E}{\partial u}$ 则可以使用 δ 来表示。

$$\delta = \frac{\partial E}{\partial u}$$

（3-6）

$$= \frac{\partial E}{\partial y}\frac{\partial y}{\partial u}$$

如上所示，使用连锁律，δ 可以分解为 $\frac{\partial E}{\partial y}$ 和 $\frac{\partial y}{\partial u}$。如果是在输出层，$\frac{\partial E}{\partial y}$ 可以通过误差函数的 y 进行偏微分计算得出；如果是在中间层，则可以通过下层的传播得出。

此外，$\frac{\partial y}{\partial u}$ 可以通过激励函数进行偏微分计算得出。

而式（3-5）中的 $\dfrac{\partial u}{\partial w_i}$ 可以像下列公式一样通过偏微分计算得出。

$$
\begin{aligned}
\frac{\partial u}{\partial w_i} &= \frac{\partial\left(\displaystyle\sum_{k=1}^{m} x_k w_k + b\right)}{\partial w_i} \\
&= \frac{\partial}{\partial w_i}\left(x_1 w_1 + x_2 w_2 + \cdots + x_i w_i + \cdots + x_m w_m + b\right) \\
&= x_i
\end{aligned}
\tag{3-7}
$$

那么，通过式（3-5）~式（3-7）的计算，权重的梯度就可以使用下列公式来表示。

$$
\begin{aligned}
\delta &= \frac{\partial E}{\partial u} \\
&= \frac{\partial E}{\partial y}\frac{\partial y}{\partial u} \\
\frac{\partial E}{\partial w_i} &= x_i \delta
\end{aligned}
$$

下面对偏置的梯度进行计算。如果使用 b 对 u 进行偏微分计算，得到的结果会是 1，然后可以与上述公式一样求取结果。

$$
\frac{\partial E}{\partial b} = \delta
$$

最后，我们将对 x_i 的梯度进行计算。由于 x_i 会对网络层内所有的神经元产生影响，因此需要将连锁律在网络层的所有神经元中扩展。

而输入的梯度是将神经元数量作为 n，按如下公式进行计算。

$$
\begin{aligned}
\frac{\partial E}{\partial x_i} &= \sum_{k=1}^{n} \frac{\partial E}{\partial u_k}\frac{\partial u_k}{\partial x_i} \\
&= \sum_{k=1}^{n} w_{ik}\delta_k
\end{aligned}
$$

这里下标 k 表示网络层内的各个神经元。

输入的梯度与上一个网络层中输出的梯度相等，在求取 δ 时使用。

3.3.2 用矩阵表示反向传播

我们将下列每个元素的反向传播公式扩展为矩阵。

$$\frac{\partial E}{\partial w_i} = x_i \delta$$

$$\frac{\partial E}{\partial b} = \delta \qquad\qquad (3-8)$$

$$\frac{\partial E}{\partial x_i} = \sum_{k=1}^{n} w_{ik} \delta_k$$

首先，使用矩阵表示权重的梯度。权重的梯度需要以批次为单位进行计算。如果所有批次的误差为 E，则权重的梯度可以使用下列公式进行计算。

$$\frac{\partial E}{\partial w_i} = \sum_{k=1}^{h} \frac{\partial E}{\partial E_k} \frac{\partial E_k}{\partial w_i} \qquad\qquad (3-9)$$

其中，h 表示批次大小；E_k 表示每个样本的误差。

此外，如下列公式所示，每个样本的误差总和是批次的误差。

$$E = \sum_{k=1}^{h} E_k$$

如果式（3-9）中的 $\frac{\partial E}{\partial E_k} = 1$，那么某个批次中权重的梯度就可以用下列公式表示。

$$\frac{\partial E}{\partial w_i} = \sum_{k=1}^{h} \frac{\partial E_k}{\partial w_i}$$

某个批次的梯度除了像上面这样基于每个样本的梯度总和来求取，还可以使用矩阵运算一次性计算得出。

如下所示，可以通过矩阵 X 转置后的结果与 δ 的矩阵 Δ 相乘计算批次内的总和。这里的 Δ 和表示微小变化的 Δ 是不同的，需要注意。

$$\frac{\partial E}{\partial W} = X^{\mathrm{T}} \Delta$$

$$= \begin{pmatrix} x_{11} & x_{21} & \cdots & x_{h1} \\ x_{12} & x_{22} & \cdots & x_{h2} \\ \vdots & \vdots & \ddots & \vdots \\ x_{1m} & x_{2m} & \cdots & x_{hm} \end{pmatrix} \begin{pmatrix} \delta_{11} & \delta_{12} & \cdots & \delta_{1n} \\ \delta_{21} & \delta_{22} & \cdots & \delta_{2n} \\ \vdots & \vdots & \ddots & \vdots \\ \delta_{h1} & \delta_{h2} & \cdots & \delta_{hn} \end{pmatrix}$$

$$= \begin{pmatrix} \sum_{k=1}^{h} x_{k1}\delta_{k1} & \sum_{k=1}^{h} x_{k1}\delta_{k2} & \cdots & \sum_{k=1}^{h} x_{k1}\delta_{kn} \\ \sum_{k=1}^{h} x_{k2}\delta_{k1} & \sum_{k=1}^{h} x_{k2}\delta_{k2} & \cdots & \sum_{k=1}^{h} x_{k2}\delta_{kn} \\ \vdots & \vdots & \ddots & \vdots \\ \sum_{k=1}^{h} x_{km}\delta_{k1} & \sum_{k=1}^{h} x_{km}\delta_{k2} & \cdots & \sum_{k=1}^{h} x_{km}\delta_{kn} \end{pmatrix}$$

矩阵 $\frac{\partial E}{\partial W}$ 的各个元素是式（3-8）中每个样本的梯度总和。

偏置的梯度也可以基于每个样本的梯度总和进行计算。由于偏置的梯度是取批次内所有相同的值，因此可以用下列将横向量往纵向扩展的矩阵来表示。

$$\frac{\partial E}{\partial \boldsymbol{B}} = \begin{pmatrix} \sum_{k=1}^{h}\delta_{k1} & \sum_{k=1}^{h}\delta_{k2} & \cdots & \sum_{k=1}^{h}\delta_{kn} \\ \vdots & \vdots & \ddots & \vdots \\ \sum_{k=1}^{h}\delta_{k1} & \sum_{k=1}^{h}\delta_{k2} & \cdots & \sum_{k=1}^{h}\delta_{kn} \end{pmatrix}$$

最后输入的梯度并不需要求取批次内的总和。但是需要对各个样本、各个输入进行权重与 δ 相乘的总和计算，可以使用 $\boldsymbol{\varDelta}$ 和 $\boldsymbol{W}^{\mathrm{T}}$ 的矩阵乘法求出。

$$\frac{\partial E}{\partial \boldsymbol{X}} = \boldsymbol{\varDelta} \boldsymbol{W}^{\mathrm{T}}$$

$$= \begin{pmatrix} \delta_{11} & \delta_{12} & \cdots & \delta_{1n} \\ \delta_{21} & \delta_{22} & \cdots & \delta_{2n} \\ \vdots & \vdots & \ddots & \vdots \\ \delta_{h1} & \delta_{h2} & \cdots & \delta_{hn} \end{pmatrix} \begin{pmatrix} w_{11} & w_{21} & \cdots & w_{m1} \\ w_{12} & w_{22} & \cdots & w_{m2} \\ \vdots & \vdots & \ddots & \vdots \\ w_{1n} & w_{2n} & \cdots & w_{mn} \end{pmatrix}$$

$$= \begin{pmatrix} \sum_{k=1}^{n}w_{1k}\delta_{1k} & \sum_{k=1}^{n}w_{2k}\delta_{1k} & \cdots & \sum_{k=1}^{n}w_{mk}\delta_{1k} \\ \sum_{k=1}^{n}w_{1k}\delta_{2k} & \sum_{k=1}^{n}w_{2k}\delta_{2k} & \cdots & \sum_{k=1}^{n}w_{mk}\delta_{2k} \\ \vdots & \vdots & \ddots & \vdots \\ \sum_{k=1}^{n}w_{1k}\delta_{hk} & \sum_{k=1}^{n}w_{2k}\delta_{hk} & \cdots & \sum_{k=1}^{n}w_{mk}\delta_{hk} \end{pmatrix}$$

从上述公式可以看到，各个元素就是取了网络层内神经元的总和。表示输入梯度的矩阵则是对上层的传播。

通过将元素扩展为矩阵，我们就完成了对反向传播的多个神经元和批次的处理。

3.3.3 反向传播的编程实现

接下来，将编程实现下列计算各个梯度的公式。

$$\frac{\partial E}{\partial \boldsymbol{W}} = \boldsymbol{X}^{\mathrm{T}}\boldsymbol{\varDelta}$$

$$\frac{\partial E}{\partial \boldsymbol{B}} = \cdots$$

$$\frac{\partial E}{\partial \boldsymbol{X}} = \boldsymbol{\varDelta}\boldsymbol{W}^{\mathrm{T}}$$

上面的公式可以使用 NumPy 的 dot 函数或 sum 函数通过简单的代码进行编程

实现。

```
# x: 输入的矩阵；w: 权重矩阵；delta: δ 矩阵
grad_w = np.dot(x.T, delta)          # w的梯度
grad_b = np.sum(delta, axis=0)       # b的梯度
grad_x = np.dot(delta, w.T)          # x的梯度
```

偏置的梯度可以通过在 axis=0，也就是纵向（批次内）上求和进行计算。虽然这种场合 grad_b 的行数是 1，但是可以根据需要使用广播机制将其扩展使用。

至此，我们就完成了将反向传播中所需的数学公式转换为代码实现的操作。

3.4 全连接层的编程实现

下面我们将全连接层作为 Python 的类进行编程实现。

3.4.1 共用类的编程实现

中间层和输出层将作为不同的类来实现。首先，将对作为它们共同部分的 BaseLayer 类进行定义。

↓ BaseLayer 类

```
# -- 全连接层的父类 --
class BaseLayer:
    def update(self, eta):
        self.w -= eta * self.grad_w
        self.b -= eta * self.grad_b
```

这里 BaseLayer 类只会实现 update 方法。虽然这一方法可以实现最优化算法，但是这里只对下列公式表示的 SGD（随机梯度下降算法）进行编程实现。

$$w \leftarrow w - \eta \frac{\partial E}{\partial w}$$
$$b \leftarrow b - \eta \frac{\partial E}{\partial b}$$

上述公式中学习系数 η 对应 update 方法中的 eta，带有 self. 的变量则是与其他方法或外部共享的变量。

此外，要编程实现 AdaGrad 和 Adam 等其他最优算法时，需要对这个 BaseLayer 类的代码进行修改。

3.4.2　中间层的编程实现

如下所示的是中间层的编程实现示例。其中包含用于初始化的 __init__ 方法、用于正向传播的 forward 方法，以及用于反向传播的 backward 方法。

↓ MiddleLayer 类

```
# -- 中间层 --
class MiddleLayer(BaseLayer):
    def __init__(self, n_upper, n):
        # He的初始值
        self.w = np.random.randn(n_upper, n) * np.sqrt(2/n_upper)
        self.b = np.zeros(n)

    def forward(self, x):
        self.x = x
        self.u = np.dot(x, self.w) + self.b
        self.y = np.where(self.u <= 0, 0, self.u)      # ReLU

    def backward(self, grad_y):
        delta = grad_y * np.where(self.u <= 0, 0, 1) # ReLU的微分

        self.grad_w = np.dot(self.x.T, delta)
        self.grad_b = np.sum(delta, axis=0)
        self.grad_x = np.dot(delta, self.w.T)
```

● __init__ 方法

n_upper 表示上层网络中神经元的数量，n 表示本层网络中神经元的数量。权重 self.w 的初始值中，平均值为 0；标准偏差使用的是下列公式表示的 "He 的初始值"。

$$\sigma = \sqrt{\frac{2}{m}}$$

其中，m 表示上层网络中神经元的数量。

使用 He 的初始值，当激励函数为 ReLU 时，即使网络层重叠较多，也被认为很难产生乖离（参考文献 [8]）。

● forward 方法

激励函数使用下列公式中表示的 ReLU。

$$y = \begin{cases} 0 & (u \leqslant 0) \\ u & (u > 0) \end{cases}$$

这个 ReLU 可以在 forward 方法中使用 where 函数实现。

● backward 方法

最开始计算的 delta 是基于下列公式得出的。

$$\delta = \frac{\partial E}{\partial y} \frac{\partial y}{\partial u}$$

式中右边是输出的梯度与激励函数进行偏微分后的（偏导数）乘积。在代码中，grad_y 参数对应输出的梯度。

激励函数 ReLU 的偏导数可以用下列公式表示。

$$\frac{\partial y}{\partial u} = \begin{cases} 0 & (u \leqslant 0) \\ 1 & (u > 0) \end{cases}$$

上述公式可以通过使用 where 函数的编程代码实现。

```
np.where(self.u <= 0, 0, 1)
```

使用 grad_y 参数和上述代码的乘积求取 delta，再用其计算各个梯度值。

3.4.3 输出层的编程实现

如下所示的是输出层的编程实现示例。与中间层相同，其包含用于初始化的 __init__ 方法、用于正向传播的 forward 方法，以及用于反向传播的 backward 方法。

↓ OutputLayer 类

```python
class OutputLayer(BaseLayer):
    def __init__(self, n_upper, n):
        # Xavier的初始值
        self.w = np.random.randn(n_upper, n) / np.sqrt(n_upper)
        self.b = np.zeros(n)

    def forward(self, x):
        self.x = x
        u = np.dot(x, self.w) + self.b
```

```
        # Softmax函数
        self.y = np.exp(u)/np.sum(np.exp(u), axis=1, keepdims=True)

    def backward(self, t):
        delta = self.y - t

        self.grad_w = np.dot(self.x.T, delta)
        self.grad_b = np.sum(delta, axis=0)
        self.grad_x = np.dot(delta, self.w.T)
```

● __init__ 方法

权重 self.w 的初始值中，标准偏差使用的是下列公式中所表示的 "Xavier 的初始值"。

$$\sigma = \sqrt{\frac{1}{m}}$$

其中，m 表示上层网络中神经元的数量。

当激励函数为左右对称时，Xavier 的初始值可以有效抑制数值中的乖离（参考文献 [9]）。

● forward 方法

激励函数使用的是下列公式中所表示的 Softmax 函数。

$$y_i = \frac{\exp(u_i)}{\displaystyle\sum_{k=1}^{n}\exp(u_k)}$$

其中，n 表示本层网络中神经元的数量，下标表示本层网络中神经元的索引。由于 Softmax 函数的输出 y_i 一定会大于 0，且求取网络层内所有神经元的总和为 1，因此常用来表示概率。

在代码中，Softmax 函数是通过 NumPy 的 sum 函数编程实现的，指定 axis=1 作为每个样本的总和，并指定 keepdims=True 保留数组的维度。

● backward 方法

基于输出的梯度和激励函数偏导数的乘积计算 delta，激励函数 Softmax 的偏导数可以用下列公式表示。

$$\frac{\partial y_i}{\partial u_k} = \begin{cases} y_i(1-y_i) & (i=k) \\ -y_i y_k & (i \neq k) \end{cases}$$

此外，由于这里考虑了多个类的分类问题，因此将下列交叉熵误差作为误差函数使用。

$$E = -\sum_{k=1}^{n} t_k \log(y_k)$$

其中，y_k 表示输出；t_k 表示与其对应的正确答案。

使用输出和正确答案可以通过下列公式求取 δ_i。

$$\begin{aligned} \delta_i &= \frac{\partial E}{\partial u_i} \\ &= \sum_{k=1}^{n} \frac{\partial E}{\partial y_k} \frac{\partial y_k}{\partial u_i} \\ &= \frac{\partial E}{\partial y_i} \frac{\partial y_i}{\partial u_i} + \sum_{k \neq i} \frac{\partial E}{\partial y_k} \frac{\partial y_k}{\partial u_i} \\ &= -t_i(1-y_i) + \sum_{k \neq i} t_k y_i \\ &= -t_i + y_i \sum_{k=1}^{n} t_k \\ &= y_i - t_i \end{aligned}$$

从结果来看，就是 $\delta_i = y_i - t_i$。使用 backward 方法是先求取这一结果，再对每个梯度进行计算。

至此，我们就完成了将各网络层作为类的编程实现。在 3.5 节中，将使用这些类实现简单的深度学习。

3.5　简单深度学习的编程实现

接下来，将构建简单的神经网络并对其进行训练，以使其可识别手写数字。在对完整的代码进行介绍前，将对训练用的手写数字图像和代码中的重点部分进行讲解。

3.5.1　手写数字图像的识别

用于机器学习的框架 scikit-learn 中配备了若干个专门用于学习的数据集，在这里将从中读取手写数字的图像数据集并对其进行显示。此外，可以用于深度学习的数据集将在 9.3 节进行讲解。

↓ **读取并显示手写数字数据集**

```python
import numpy as np
import matplotlib.pyplot as plt
from sklearn import datasets

n_img = 10                                          # 显示图像的数量
plt.figure(figsize=(10, 4))
for i in range(n_img):
    # 输入图像
    ax = plt.subplot(2, 5, i+1)
    plt.imshow(digits_data.data[i].reshape(8, 8), cmap="Greys_r")
    ax.get_xaxis().set_visible(False)      # 不显示坐标轴
    ax.get_yaxis().set_visible(False)
plt.show()

print("数据的形状:", digits_data.data.shape)
print("标签", digits_data.target[:n_img])
```

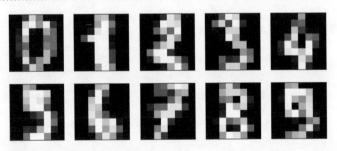

```
数据的形状: (1797, 64)
标签: [0 1 2 3 4 5 6 7 8 9]
```

虽然每幅图像 8×8 的尺寸比较小，但是上面的输出图像也完整地显示出了 0~9 的手写数字。在这一数据集中共包含 1797 张这类手写数字图像。此外，每幅图像和表示手写数字的标签共同组成一对数据。

3.5.2　数据的预处理

接下来，将输入数据和正确答案数据调整到适合进行深度学习的状态。

↓ 数据的预处理

```
from sklearn.model_selection import train_test_split

（中略）

# -- 输入数据 --
input_data = np.asarray(digits_data.data)
# 平均值为0、标准偏差为1
input_data = (input_data - np.average(input_data)) / \
             np.std(input_data)

# -- 正确答案数据 --
correct = np.asarray(digits_data.target)
correct_data = np.zeros((len(correct), n_out))
for i in range(len(correct)):
    correct_data[i, correct[i]] = 1          # 使用独热格式

# -- 划分为训练数据和测试数据 --
x_train, x_test, t_train, t_test = \
    train_test_split(input_data, correct_data)
```

之所以使用 asarray 函数对数据进行处理，是为了支持 GPU 的处理。由于 scikit-learn 的数据集并未提供对 GPU 的支持，因此，如果想要使用 GPU，在这里需要转换成 CuPy 的数组。输入数据设置为减去平均值再除以标准偏差，这里平均值为 0，标准偏差为 1。对于正确答案数据，如标签可以转换为如下所示的独热格式数据。

```
[0 0 1 0 … 0 0]
```

这种独热格式数据是只有一个为 1、其余均为 0 的格式。在代码中将表示标签的位置设置为 1，其余均设置为 0。

将输入数据及正确答案数据分割为训练数据和测试数据时，需要使用 scikit-learn 的 train_test_split 函数。train_test_split 函数的默认设置是随机选择 25% 的数据作为测试数据，其余部分则作为训练数据。

3.5.3 正向传播与反向传播

下面我们将各个网络层初始化，并将其保存到列表中，然后对正向传播和反向传播的函数及参数更新用的函数进行定义。

⤓ **各种函数的定义**

```
# —— 各个网络层的初始化 ——
layers = [MiddleLayer(img_size*img_size, n_mid),
          MiddleLayer(n_mid, n_mid),
          OutputLayer(n_mid, n_out)]

# —— 正向传播 ——
def forward_propagation(x):
    for layer in layers:
        layer.forward(x)
        x = layer.y
    return x

# —— 反向传播 ——
def backpropagation(t):
    grad_y = t
    for layer in reversed(layers):
        layer.backward(grad_y)
        grad_y = layer.grad_x
    return grad_y

# —— 参数的更新 ——
def update_params():
    for layer in layers:
        layer.update(eta)
```

将网络层保存到列表中，就可以通过 for 循环语句使用简短的代码表示正向传播、反向传播及参数的更新操作。其中反向传播是使用 reversed 函数反转循环的方向。

3.5.4 小批次处理的编程实现

下面我们将随机提取小批次数据，并执行正向传播、反向传播及参数的更新操作。

⤓ **小批次处理的实现代码**

```
n_batch = len(x_train) // batch_size        # 每个epoch的批次数量
for i in range(epochs):

    # —— 学习 ——
```

```
index_random = np.arange(len(x_train))
np.random.shuffle(index_random)            # 随机打乱索引的顺序
for j in range(n_batch):

    # 提取小批次
    mb_index = index_random[j*batch_size : (j+1)*batch_size]
    x_mb = x_train[mb_index, :]
    t_mb = t_train[mb_index, :]

    # 正向传播与反向传播
    forward_propagation(x_mb)
    backpropagation(t_mb)

    # 参数的更新
    update_params()
```

使用经过打乱处理后的索引，按批次数量随机地将输入数据和正确答案的组合提取出来，然后使用提取出来的小批次数据执行正向传播、反向传播和参数的更新操作。

3.6　完整的代码

下面是完整的代码。我们在下列代码中依次编程实现了输入数据和正确答案数据的准备、各个网络层的封装类、正向传播和反向传播的函数。

在完成每轮 epoch 后，对误差进行测算并显示。此外，程序还对学习结束后的误差变化情况和准确率进行了显示。

↓ 完整代码与执行结果

```
import numpy as np
# import cupy as np                  # 使用GPU的场合
import matplotlib.pyplot as plt
from sklearn import datasets
from sklearn.model_selection import train_test_split

# -- 各项设置参数 --
img_size = 8                         # 图像的高度和宽度
```

```
n_mid = 16                           # 中间层的神经元数量
n_out = 10
eta = 0.001                          # 学习系数
epochs = 51
batch_size = 32
interval = 5                         # 显示处理进度的间隔

digits_data = datasets.load_digits()

# -- 输入数据 --
input_data = np.asarray(digits_data.data)
# 平均值为0、标准偏差为1
input_data = (input_data - np.average(input_data)) / \
             np.std(input_data)

# -- 正确答案数据 --
correct = np.asarray(digits_data.target)
correct_data = np.zeros((len(correct), n_out))
for i in range(len(correct)):
    correct_data[i, correct[i]] = 1   # 独热格式

# -- 分割为训练数据和测试数据 --
x_train, x_test, t_train, t_test = \
    train_test_split(input_data, correct_data)

# -- 全连接层的父类 --
class BaseLayer:
    def update(self, eta):
        self.w -= eta * self.grad_w
        self.b -= eta * self.grad_b

# -- 中间层 --
class MiddleLayer(BaseLayer):
    def __init__(self, n_upper, n):
        # He的初始值
        self.w = np.random.randn(n_upper, n) * np.sqrt(2/n_upper)
        self.b = np.zeros(n)

    def forward(self, x):
        self.x = x
        self.u = np.dot(x, self.w) + self.b
        self.y = np.where(self.u <= 0, 0, self.u)      # ReLU

    def backward(self, grad_y):
        delta = grad_y * np.where(self.u <= 0, 0, 1)   # ReLU的微分

        self.grad_w = np.dot(self.x.T, delta)
        self.grad_b = np.sum(delta, axis=0)
```

```
            self.grad_x = np.dot(delta, self.w.T)

# —— 输出层 ——
class OutputLayer(BaseLayer):
    def __init__(self, n_upper, n):
        # Xavier的初始值
        self.w = np.random.randn(n_upper, n) / np.sqrt(n_upper)
        self.b = np.zeros(n)

    def forward(self, x):
        self.x = x
        u = np.dot(x, self.w) + self.b
        # Softmax函数
        self.y = np.exp(u)/np.sum(np.exp(u), axis=1, keepdims=True)

    def backward(self, t):
        delta = self.y - t

        self.grad_w = np.dot(self.x.T, delta)
        self.grad_b = np.sum(delta, axis=0)
        self.grad_x = np.dot(delta, self.w.T)

# —— 各个网络层的初始化 ——
layers = [MiddleLayer(img_size*img_size, n_mid),
          MiddleLayer(n_mid, n_mid),
          OutputLayer(n_mid, n_out)]

# —— 正向传播 ——
def forward_propagation(x):
    for layer in layers:
        layer.forward(x)
        x = layer.y
    return x

# —— 反向传播 ——
def backpropagation(t):
    grad_y = t
    for layer in reversed(layers):
        layer.backward(grad_y)
        grad_y = layer.grad_x
    return grad_y

# —— 参数的更新 ——
def update_params():
    for layer in layers:
        layer.update(eta)
```

```
# —— 误差的测定 ——
def get_error(x, t):
    y = forward_propagation(x)
    return -np.sum(t*np.log(y+1e-7)) / len(y)     # 交差熵误差

# —— 准确率的测定 ——
def get_accuracy(x, t):
    y = forward_propagation(x)
    count = np.sum(np.argmax(y, axis=1) == np.argmax(t, axis=1))
    return count / len(y)

# —— 误差的记录 ——
error_record_train = []
error_record_test = []

n_batch = len(x_train) // batch_size               # 每轮epoch的批次大小
for i in range(epochs):

    # —— 学习 ——
    index_random = np.arange(len(x_train))
    np.random.shuffle(index_random)                # 打乱索引的顺序
    for j in range(n_batch):

        # 提取小批次数据
        mb_index = index_random[j*batch_size : (j+1)*batch_size]
        x_mb = x_train[mb_index, :]
        t_mb = t_train[mb_index, :]

        # 正向传播与反向传播
        forward_propagation(x_mb)
        backpropagation(t_mb)

        # 参数的更新
        update_params()

    # —— 误差的测量和记录 ——
    error_train = get_error(x_train, t_train)
    error_record_train.append(error_train)
    error_test = get_error(x_test, t_test)
    error_record_test.append(error_test)

    # —— 显示处理进度 ——
    if i%interval == 0:
        print("Epoch:" + str(i+1) + "/" + str(epochs),
              "Error_train: " + str(error_train),
```

```
                "Error_test: " + str(error_test))

# —— 用图表显示误差的推移 ——
plt.plot(range(1, len(error_record_train)+1),
            error_record_train, label="Train")
plt.plot(range(1, len(error_record_test)+1),
            error_record_test, label="Test")
plt.legend()

plt.xlabel("Epochs")
plt.ylabel("Error")
plt.show()

# —— 准确率的测定 ——
acc_train = get_accuracy(x_train, t_train)
acc_test = get_accuracy(x_test, t_test)
print("Acc_train: "+str(acc_train*100)+"%",
    "Acc_test: "+str(acc_test*100)+"%")
```

Epoch:1/51 Error_train: 1.9557127362154942 Error_test: 1.9616639777925742
Epoch:6/51 Error_train: 0.39750477095347747 Error_test: 0.42065509406100304
Epoch:11/51 Error_train: 0.2021475922141341 Error_test: 0.22013263082508255
Epoch:16/51 Error_train: 0.13181373361488224 Error_test: 0.15281162881936228
Epoch:21/51 Error_train: 0.09269732209123134 Error_test: 0.1341925538949647
Epoch:26/51 Error_train: 0.07635904269031286 Error_test: 0.11677323985598488
Epoch:31/51 Error_train: 0.05918034677406521 Error_test: 0.10931637736021983
Epoch:36/51 Error_train: 0.049214310366199776 Error_test: 0.11052243366543074
Epoch:41/51 Error_train: 0.04221864065152065 Error_test: 0.10294432713221233
Epoch:46/51 Error_train: 0.03956570654913258 Error_test: 0.10686389891029768
Epoch:51/51 Error_train: 0.0313548118405126 Error_test: 0.09755177924967902

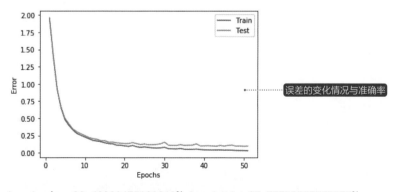

误差的变化情况与准确率

Acc_train: 99.62880475129919% Acc_test: 97.77777777777777%

```
```

从上述执行结果中可以看到，训练用数据和测试用数据的误差都呈现平滑的下降趋势。由于随机数的影响，虽然每次执行代码后的结果多少会有些变动，但是基本可以得到 95% 以上的准确率。

至此，我们已通过简单的深度学习模型为神经网络配备了对手写数字的识别功能。

小　结

本章我们使用数学公式表示了全连接层的正向传播和反向传播，并将其作为代码进行了编程实现。接着，将全连接层本身作为类来实现，从而实现了简单的深度学习。

在后面的章节中，我们将在这些基础上实现 RNN 和生成模型等扩展形式的深度学习技术。虽然可能会涉及一些复杂结构的网络层，但是将网络层作为类来实现这一点是相同的。

第 **4** 章

RNN

　　在本章中，我们将对专门用于处理时间序列数据的神经网络之———RNN（循环神经网络）进行讲解。首先，将对 RNN 技术从整体上进行介绍，然后结合数学公式，尝试编程实现一个简单的 RNN 网络模型。请在掌握 RNN 的基本工作原理基础上深入理解本章的 Python 代码。

4.1 RNN 概述

在本节中，我们将对 RNN（Recurrent Neural Network，循环神经网络）的相关知识进行讲解。

RNN 模型的结构如图 4.1 所示，其结构是中间层带有循环处理。

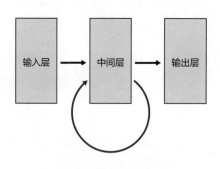

图 4.1　循环神经网络的示意图

在 RNN 中，中间层的输出在作为下一网络层输入的同时，又会被作为传递给中间层的输入。也就是说，中间层形成了一个环形回路。类似这样自身形成回路的结构称为"循环"。在 RNN 中，中间层会受到前一时刻中间层状态的影响，因此整个神经网络都会受到前一时刻网络状态的影响。也就是说，RNN 网络在进行预测的过程中可以利用过去的记忆。而且，RNN 就像自然语言一样，即使每次输入的数据长度不同，也同样可以处理。因此，对于声音、文章及视频等会随着时间变化的数据，也就是时间序列的数据都可以使用 RNN 进行处理。这类时间序列数据可以作为 RNN 的输入数据。

如果将 RNN 中的循环展开，可以得到如图 4.2 所示的结构图。

中间层通过时间序列连接在了一起，从某种意义上说，RNN 属于网络层次很深的一类神经网络。虽然 RNN 也可以通过反向传播实现学习，但是误差的传播方式与普通的神经网络有所不同。RNN 会将误差反馈到过去，某一时刻误差输出的梯度是由来自输出层的梯度与下一时刻反馈回来的输出的梯度之和组成的。这样一来，网络就可以通过对全部时刻的误差进行反馈计算梯度，对权重和偏置进行更新。

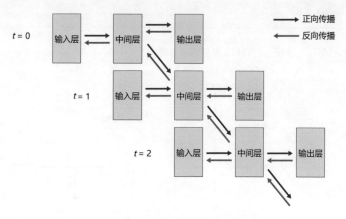

图 4.2　RNN 的正向传播与反向传播

虽然 RNN 是基于时间序列数据的深层次神经网络，但是，如果误差传播的网络层太多，就会导致梯度消失的问题出现。由于 RNN 是根据继承自前一时刻的数据对相同的权重进行反复乘法运算，因此这一问题比普通的神经网络更为突出。而普通的神经网络是没有循环处理的，且每层网络的权重都不相同，因此相较于 RNN 发生这一问题的可能性要低很多。正因如此，RNN 虽然可以保持住短期内的记忆，但很难保持长期的记忆。这类对数据的长期性记忆也称为长期依赖性。

下面让我们思考使用循环神经网络对文章进行处理的问题。当对"在我访问了意大利，流连于不同的城市，与各种各样的人相遇，获得许多宝贵的体验后，其中印象最为深刻的城市是（　　）。"这段文字中括号内的单词进行预测时，最开始出现的"意大利"这个词对整个预测结果的影响是非常大的。对于这类问题，要想提高预测精度，就必须使用具有长期依赖性的神经网络。

为了解决这类问题所引入的技术就是 LSTM、GRU 等带有门结构的 RNN 网络模型。在接下来的章节中，我们将对这些技术依次进行讲解。

4.2　RNN 网络层的正向传播

接下来，我们将结合数学公式和实际的代码，对 RNN 的原理及实现方法进行讲解。在这里，我们将与实现普通的神经网络一样，使用网络层实现 RNN 模型。首先，我们将对其中的正向传播部分进行讲解。

4.2.1 正向传播概述

RNN 网络层中的正向传播流程如图 4.3 所示。

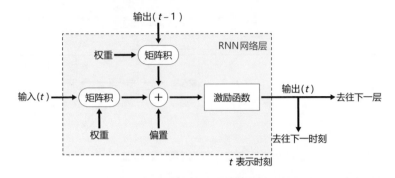

图 4.3　RNN 网络层中的正向传播流程

将当前时刻的输入与权重的矩阵乘积、前一时刻的输出与权重的矩阵乘积及偏置相加，然后通过激励函数处理得到的就是当前时刻的输出结果。当前时刻的输出会被传递给下一层网络和下一时刻。

前面在全连接层中，我们使用下列矩阵公式表示正向传播。

$$U = XW + B$$
$$Y = f(U)$$

而在 RNN 中，我们对上述公式进行扩展后，可以得到如下表示正向传播的公式。

$$U^{(t)} = X^{(t)}W + Y^{(t-1)}V + B$$
$$Y^{(t)} = f(U^{(t)}) \tag{4-1}$$

其中，$X^{(t)}$ 表示时刻 t 时的输入；W 是与其相乘的权重矩阵；$Y^{(t-1)}$ 是前一时刻 $t-1$ 时的输出；V 是与其相乘的权重矩阵；B 代表偏置；f 是激励函数。

虽然 V 与 W 是不同的权重矩阵，但它们是独立于时间的，在每一时刻都是共用的。此外，上述公式中的偏置 B 虽然是使用矩阵表示的，但在实际中使用的是向量。为了方便使用公式描述，将多行相同的向量并列组成矩阵。

4.2.2　正向传播的公式

接下来，让我们看一看式（4-1）中的具体项。首先是输入到激励函数前的值 $U^{(t)}$，矩阵中的各个元素表示为如下形式。

$$U^{(t)} = \begin{pmatrix} u_{11}^{(t)} & u_{12}^{(t)} & \cdots & u_{1n}^{(t)} \\ u_{21}^{(t)} & u_{22}^{(t)} & \cdots & u_{2n}^{(t)} \\ \vdots & \vdots & \ddots & \vdots \\ u_{h1}^{(t)} & u_{h2}^{(t)} & \cdots & u_{hn}^{(t)} \end{pmatrix}$$

上述矩阵中的每行表示批次内的每个样本，每列表示这个网络层中的每个神经元。例如，$u_{12}^{(t)}$ 表示批次内的第 1 个样本，网络层内的第 2 个神经元在时刻 t 的标量值。

式（4–1）中的每个元素可用下列公式表示。

$$U^{(t)} = X^{(t)}W + Y^{(t-1)}V + B$$

$$= \begin{pmatrix} x_{11}^{(t)} & x_{12}^{(t)} & \cdots & x_{1m}^{(t)} \\ x_{21}^{(t)} & x_{22}^{(t)} & \cdots & x_{2m}^{(t)} \\ \vdots & \vdots & \ddots & \vdots \\ x_{h1}^{(t)} & x_{h2}^{(t)} & \cdots & x_{hm}^{(t)} \end{pmatrix} \begin{pmatrix} w_{11} & w_{12} & \cdots & w_{1n} \\ w_{21} & w_{22} & \cdots & w_{2n} \\ \vdots & \vdots & \ddots & \vdots \\ w_{m1} & w_{m2} & \cdots & w_{mn} \end{pmatrix}$$

$$+ \begin{pmatrix} y_{11}^{(t-1)} & y_{12}^{(t-1)} & \cdots & y_{1n}^{(t-1)} \\ y_{21}^{(t-1)} & y_{22}^{(t-1)} & \cdots & y_{2n}^{(t-1)} \\ \vdots & \vdots & \ddots & \vdots \\ y_{h1}^{(t-1)} & y_{h2}^{(t-1)} & \cdots & y_{hn}^{(t-1)} \end{pmatrix} \begin{pmatrix} v_{11} & v_{12} & \cdots & v_{1n} \\ v_{21} & v_{22} & \cdots & v_{2n} \\ \vdots & \vdots & \ddots & \vdots \\ v_{n1} & v_{n2} & \cdots & v_{nn} \end{pmatrix}$$

$$+ \begin{pmatrix} b_1 & b_2 & \cdots & b_n \\ b_1 & b_2 & \cdots & b_n \\ \vdots & \vdots & \ddots & \vdots \\ b_1 & b_2 & \cdots & b_n \end{pmatrix}$$

其中，由于前一时刻的输出与当前时刻的输出数量相同，因此 V 是一个正方形矩阵。但 W 不一定是正方形矩阵。此外，B 在所有行中都是相同的，是将横向的向量进行纵向拉长得到的矩阵。

按照上述公式进行矩阵乘法运算得到如下形式的等式。

$$U^{(t)} = \begin{pmatrix} u_{11}^{(t)} & u_{12}^{(t)} & \cdots & u_{1n}^{(t)} \\ u_{21}^{(t)} & u_{22}^{(t)} & \cdots & u_{2n}^{(t)} \\ \vdots & \vdots & \ddots & \vdots \\ u_{h1}^{(t)} & u_{h2}^{(t)} & \cdots & u_{hn}^{(t)} \end{pmatrix}$$

$$= \begin{pmatrix} \sum_{k=1}^{m} x_{1k}^{(t)} w_{k1} + \sum_{k=1}^{n} y_{1k}^{(t-1)} v_{k1} + b_1 & \sum_{k=1}^{m} x_{1k}^{(t)} w_{k2} + \sum_{k=1}^{n} y_{1k}^{(t-1)} v_{k2} + b_2 & \cdots & \sum_{k=1}^{m} x_{1k}^{(t)} w_{kn} + \sum_{k=1}^{n} y_{1k}^{(t-1)} v_{kn} + b_n \\ \sum_{k=1}^{m} x_{2k}^{(t)} w_{k1} + \sum_{k=1}^{w} y_{2k}^{(t-1)} v_{k1} + b_1 & \sum_{k=1}^{m} x_{2k}^{(t)} w_{k2} + \sum_{k=1}^{w} y_{2k}^{(t-1)} v_{k2} + b_2 & \cdots & \sum_{k=1}^{m} x_{2k}^{(t)} w_{kn} + \sum_{k=1}^{n} y_{2k}^{(t-1)} v_{kn} + b_n \\ \vdots & \vdots & \ddots & \vdots \\ \sum_{k=1}^{m} x_{hk}^{(t)} w_{k1} + \sum_{k=1}^{n} y_{hk}^{(t-1)} v_{k1} + b_1 & \sum_{k=1}^{m} x_{hk}^{(t)} w_{k2} + \sum_{k=1}^{n} y_{hk}^{(t-1)} v_{k2} + b_2 & \cdots & \sum_{k=1}^{m} x_{hk}^{(t)} w_{kn} + \sum_{k=1}^{n} y_{hk}^{(t-1)} v_{kn} + b_n \end{pmatrix}$$

（4–2）

如上所示，每个元素的总和是使用 $\sum$ 符号表示的。将上述等式代入激励函数 f 后，可以得到如下等式。

$$
\begin{aligned}
\boldsymbol{Y}^{(t)} &= f\left(\boldsymbol{U}^{(t)}\right) \\
&= \begin{pmatrix}
f\left(u_{11}^{(t)}\right) & f\left(u_{12}^{(t)}\right) & \cdots & f\left(u_{1n}^{(t)}\right) \\
f\left(u_{21}^{(t)}\right) & f\left(u_{22}^{(t)}\right) & \cdots & f\left(u_{2n}^{(t)}\right) \\
\vdots & \vdots & \ddots & \vdots \\
f\left(u_{h1}^{(t)}\right) & f\left(u_{h2}^{(t)}\right) & \cdots & f\left(u_{hn}^{(t)}\right)
\end{pmatrix}
\end{aligned}
\tag{4-3}
$$

$\boldsymbol{U}$ 中的每个元素都将经过激励函数的处理。

4.2.3 正向传播的编程实现

下面对使用矩阵表示的正向传播公式进行编程实现。

$$
\begin{aligned}
\boldsymbol{U}^{(t)} &= \boldsymbol{X}^{(t)}\boldsymbol{W} + \boldsymbol{Y}^{(t-1)}\boldsymbol{V} + \boldsymbol{B} \\
\boldsymbol{Y}^{(t)} &= f(\boldsymbol{U}^{(t)})
\end{aligned}
$$

```
# x:输入；w:权重；y_prev:前一时刻的输出；v:权重；b:偏置；f:激励函数
u = np.dot(x, w) + np.dot(y_prev, v) + b
y = np.tanh(u)
```

在每一时刻，接收输入 x 和前一时刻的输出 y_prev，并将它们分别与 w、v 矩阵乘积，再与 b 相加得到 u。然后，使用激励函数 tanh 进行处理，并得到当前时刻的输出 y。

激励函数 tanh 是使用如下公式表示的函数。

$$
y = \frac{\exp(u) - \exp(-u)}{\exp(u) + \exp(-u)}
$$

虽然 y 是在 -1~1 之间变化，但函数所代表的是以 0 为中心的对称曲线。使用 tanh 函数的优点是不容易出现梯度消失问题，因此该函数是 RNN 中常用的激励函数。

4.3 RNN 网络层的反向传播

4.3.1 反向传播的公式

下面使用数学公式描述 RNN 网络层中的反向传播。首先，我们使用如下等式表示式（4-2）和式（4-3）矩阵中的每个元素。

$$u^{(t)} = \sum_{k=1}^{m} x_k^{(t)} w_k + \sum_{k=1}^{n} y_k^{(t-1)} v_k + b$$

$$y^{(t)} = f\left(u^{(t)}\right)$$

在上述等式中，我们省略了表示矩阵内位置的下标。

接下来，对与输入数据相乘权重 w_i 的梯度进行求解。这里我们使用了带每一时刻 $u^{(t)}$ 的微分连锁律。

$$\frac{\partial E}{\partial w_i} = \sum_{t=1}^{\tau} \frac{\partial E}{\partial u^{(t)}} \frac{\partial u^{(t)}}{\partial w_i} \qquad (4\text{-}4)$$

这里我们对 $\delta^{(t)}$ 进行如下设置。

$$\begin{aligned} \delta^{(t)} &= \frac{\partial E}{\partial u^{(t)}} \\ &= \frac{\partial E}{\partial y^{(t)}} \frac{\partial y^{(t)}}{\partial u^{(t)}} \end{aligned}$$

上述等式中的 $\dfrac{\partial E}{\partial y^{(t)}}$ 可以根据前一时刻和输出层反馈的传播求取，而 $\dfrac{\partial y^{(t)}}{\partial u^{(t)}}$ 则可以通过激励函数的偏微分求取。

此外，式（4-4）右边的 $\dfrac{\partial u^{(t)}}{\partial w_i}$ 可以通过如下公式进行计算。

$$\begin{aligned} \frac{\partial u^{(t)}}{\partial w_i} &= \frac{\partial \left(\sum\limits_{k=1}^{m} x_k^{(t)} w_k + b \right)}{\partial w_i} \\ &= \frac{\partial}{\partial w_i} \left(x_1^{(t)} w_1 + x_2^{(t)} w_2 + \cdots + x_i^{(t)} w_i + \cdots + x_m^{(t)} w_m + b \right) \\ &= x_i^{(t)} \end{aligned}$$

因此，我们可以将式（4-4）表示为如下形式。

$$\frac{\partial E}{\partial w_i} = \sum_{t=1}^{\tau} x_i^{(t)} \delta^{(t)} \qquad (4\text{-}5)$$

上述公式与全连接层的公式不同的是，对时间求和。

同理，与前一时刻的输出相乘权重的梯度可以通过如下公式进行计算。

$$\frac{\partial E}{\partial v_i} = \sum_{t=1}^{\tau} y_i^{(t-1)} \delta^{(t)} \qquad (4\text{-}6)$$

我们同样也可以通过对时间求和的形式表示偏置。

$$\frac{\partial E}{\partial b} = \sum_{t=1}^{\tau} \delta^{(t)} \qquad (4\text{-}7)$$

某一时刻输入 $x_i^{(t)}$ 的梯度，我们可以通过带每个神经元 $u_k^{(t)}$ 的微分连锁律来求解。

$$\begin{aligned}\frac{\partial E}{\partial x_i^{(t)}} &= \sum_{k=1}^{n} \frac{\partial E}{\partial u_k^{(t)}} \frac{\partial u_k^{(t)}}{\partial x_i^{(t)}} \\ &= \sum_{k=1}^{n} w_{ik} \delta_k^{(t)}\end{aligned} \qquad (4\text{-}8)$$

当 RNN 网络层上还存在其他网络层的时候，上述公式可用于计算对应网络层中的各个梯度。

与输入的梯度类似，前一时刻输出的梯度可以通过如下公式进行计算。

$$\begin{aligned}\frac{\partial E}{\partial y_i^{(t-1)}} &= \sum_{k=1}^{n} \frac{\partial E}{\partial u_k^{(t)}} \frac{\partial u_k^{(t)}}{\partial y_i^{(t-1)}} \\ &= \sum_{k=1}^{n} v_{ik} \delta_k^{(t)}\end{aligned} \qquad (4\text{-}9)$$

然后将结果向前一时刻进行传播，并作为那一时刻输出的梯度使用。

4.3.2 用矩阵表示反向传播

为了简化编程，下面我们将使用矩阵表示反向传播（采用矩阵表示各个梯度）。

首先是与输入相乘的权重矩阵 $\boldsymbol{W}$ 的梯度，可以通过如下方式进行转置和矩阵乘法计算每个批次内的总和，然后以对时间求和的方式来计算。

$$\begin{aligned}\frac{\partial E}{\partial \boldsymbol{W}} &= \sum_{t=1}^{\tau} \boldsymbol{X}^{(t)\mathrm{T}} \boldsymbol{\varDelta}^{(t)} \\ &= \sum_{t=1}^{\tau} \begin{pmatrix} x_{11}^{(t)} & x_{21}^{(t)} & \cdots & x_{h1}^{(t)} \\ x_{12}^{(t)} & x_{22}^{(t)} & \cdots & x_{h2}^{(t)} \\ \vdots & \vdots & \ddots & \vdots \\ x_{1m}^{(t)} & x_{2m}^{(t)} & \cdots & x_{hm}^{(t)} \end{pmatrix} \begin{pmatrix} \delta_{11}^{(t)} & \delta_{12}^{(t)} & \cdots & \delta_{1n}^{(t)} \\ \delta_{21}^{(t)} & \delta_{22}^{(t)} & \cdots & \delta_{2n}^{(t)} \\ \vdots & \vdots & \ddots & \vdots \\ \delta_{h1}^{(t)} & \delta_{h2}^{(t)} & \cdots & \delta_{hn}^{(t)} \end{pmatrix} \\ &= \begin{pmatrix} \sum_{t=1}^{\tau}\sum_{k=1}^{h} x_{k1}^{(t)}\delta_{k1}^{(t)} & \sum_{t=1}^{\tau}\sum_{k=1}^{h} x_{k1}^{(t)}\delta_{k2}^{(t)} & \cdots & \sum_{t=1}^{\tau}\sum_{k=1}^{h} x_{k1}^{(t)}\delta_{kn}^{(t)} \\ \sum_{t=1}^{\tau}\sum_{k=1}^{h} x_{k2}^{(t)}\delta_{k1}^{(t)} & \sum_{t=1}^{\tau}\sum_{k=1}^{h} x_{k2}^{(t)}\delta_{k2}^{(t)} & \cdots & \sum_{t=1}^{\tau}\sum_{k=1}^{h} x_{k2}^{(t)}\delta_{kn}^{(t)} \\ \vdots & \vdots & \ddots & \vdots \\ \sum_{t=1}^{\tau}\sum_{k=1}^{h} x_{km}^{(t)}\delta_{k1}^{(t)} & \sum_{t=1}^{\tau}\sum_{k=1}^{h} x_{km}^{(t)}\delta_{k2}^{(t)} & \cdots & \sum_{t=1}^{\tau}\sum_{k=1}^{h} x_{km}^{(t)}\delta_{kn}^{(t)} \end{pmatrix}\end{aligned}$$

其中，h 表示批次大小。矩阵中的每个元素是在批次内对时间求和的结果。式（4-5）支持批次处理。正如我们在深度学习基础知识章节中所讲解的，某个批次的梯度可以根据各个样本梯度的总和来计算。

接下来，计算与前一时刻输出相乘的权重矩阵 V 的梯度。同样地，我们也可以采取转置和矩阵乘法的方式在批次内进行求和，再对时间进行求和来计算。

$$
\begin{aligned}
\frac{\partial E}{\partial V} &= \sum_{t=1}^{\tau} Y^{(t-1)\mathrm{T}} \Delta^{(t)} \\
&= \sum_{t=1}^{\tau}
\begin{pmatrix}
y_{11}^{(t-1)} & y_{21}^{(t-1)} & \cdots & y_{h1}^{(t-1)} \\
y_{12}^{(t-1)} & y_{22}^{(t-1)} & \cdots & y_{h2}^{(t-1)} \\
\vdots & \vdots & \ddots & \vdots \\
y_{1n}^{(t-1)} & y_{2n}^{(t-1)} & \cdots & y_{hn}^{(t-1)}
\end{pmatrix}
\begin{pmatrix}
\delta_{11}^{(t)} & \delta_{12}^{(t)} & \cdots & \delta_{1n}^{(t)} \\
\delta_{21}^{(t)} & \delta_{22}^{(t)} & \cdots & \delta_{2n}^{(t)} \\
\vdots & \vdots & \ddots & \vdots \\
\delta_{h1}^{(t)} & \delta_{h2}^{(t)} & \cdots & \delta_{hn}^{(t)}
\end{pmatrix} \\
&=
\begin{pmatrix}
\sum_{t=1}^{\tau}\sum_{k=1}^{h} y_{k1}^{(t-1)}\delta_{k1}^{(t)} & \sum_{t=1}^{\tau}\sum_{k=1}^{h} y_{k1}^{(t-1)}\delta_{k2}^{(t)} & \cdots & \sum_{t=1}^{\tau}\sum_{k=1}^{h} y_{k1}^{(t-1)}\delta_{kn}^{(t)} \\
\sum_{t=1}^{\tau}\sum_{k=1}^{h} y_{k2}^{(t-1)}\delta_{k1}^{(t)} & \sum_{t=1}^{\tau}\sum_{k=1}^{h} y_{k2}^{(t-1)}\delta_{k2}^{(t)} & \cdots & \sum_{t=1}^{\tau}\sum_{k=1}^{h} y_{k2}^{(t-1)}\delta_{kn}^{(t)} \\
\vdots & \vdots & \ddots & \vdots \\
\sum_{t=1}^{\tau}\sum_{k=1}^{h} y_{kn}^{(t-1)}\delta_{k1}^{(t)} & \sum_{t=1}^{\tau}\sum_{k=1}^{h} y_{kn}^{(t-1)}\delta_{k2}^{(t)} & \cdots & \sum_{t=1}^{\tau}\sum_{k=1}^{h} y_{kn}^{(t-1)}\delta_{kn}^{(t)}
\end{pmatrix}
\end{aligned}
$$

从上述公式中可以看到，矩阵中的各个元素是在批次内对时间求和的结果。由此可见式（4-6）是支持批次处理的。

计算偏置的梯度。我们可以通过将 δ 在批次内对时间进行求和来计算。

$$
\frac{\partial E}{\partial B} =
\begin{pmatrix}
\sum_{t=1}^{\tau}\sum_{k=1}^{h} \delta_{k1}^{(t)} & \sum_{t=1}^{\tau}\sum_{k=1}^{h} \delta_{k2}^{(t)} & \cdots & \sum_{t=1}^{\tau}\sum_{k=1}^{h} \delta_{kn}^{(t)} \\
\vdots & \vdots & \ddots & \vdots \\
\sum_{t=1}^{\tau}\sum_{k=1}^{h} \delta_{k1}^{(t)} & \sum_{t=1}^{\tau}\sum_{k=1}^{h} \delta_{k2}^{(t)} & \cdots & \sum_{t=1}^{\tau}\sum_{k=1}^{h} \delta_{kn}^{(t)}
\end{pmatrix}
$$

上式中，偏置的梯度矩阵中所有的行都是相同的。

计算输入的梯度矩阵，可以通过将式（4-8）按照各个输入和样本进行排列来表示。这个可以通过将 $\delta^{(t)}$ 的矩阵 $\Delta^{(t)}$ 与转置后的 W 进行矩阵乘法运算来一次性计算得到。

$$
\begin{aligned}
\frac{\partial E}{\partial X^{(t)}} &= \Delta^{(t)} W^{\mathrm{T}} \\
&=
\begin{pmatrix}
\delta_{11}^{(t)} & \delta_{12}^{(t)} & \cdots & \delta_{1n}^{(t)} \\
\delta_{21}^{(t)} & \delta_{22}^{(t)} & \cdots & \delta_{2n}^{(t)} \\
\vdots & \vdots & \ddots & \vdots \\
\delta_{h1}^{(t)} & \delta_{h2}^{(t)} & \cdots & \delta_{hn}^{(t)}
\end{pmatrix}
\begin{pmatrix}
w_{11} & w_{21} & \cdots & w_{m1} \\
w_{12} & w_{22} & \cdots & w_{m2} \\
\vdots & \vdots & \ddots & \vdots \\
w_{1n} & w_{2n} & \cdots & w_{mn}
\end{pmatrix}
\end{aligned}
$$

$$
= \begin{pmatrix}
\sum_{k=1}^{n} w_{1k} \delta_{1k}^{(t)} & \sum_{k=1}^{n} w_{2k} \delta_{1k}^{(t)} & \cdots & \sum_{k=1}^{n} w_{mk} \delta_{1k}^{(t)} \\
\sum_{k=1}^{n} w_{1k} \delta_{2k}^{(t)} & \sum_{k=1}^{n} w_{2k} \delta_{2k}^{(t)} & \cdots & \sum_{k=1}^{n} w_{mk} \delta_{2k}^{(t)} \\
\vdots & \vdots & \ddots & \vdots \\
\sum_{k=1}^{n} w_{1k} \delta_{hk}^{(t)} & \sum_{k=1}^{n} w_{2k} \delta_{hk}^{(t)} & \cdots & \sum_{k=1}^{n} w_{mk} \delta_{hk}^{(t)}
\end{pmatrix}
$$

最后计算前一时刻输出的梯度，可以通过将式（4-9）按照各个输入和样本进行排列来表示。这个可以通过将 $\delta^{(t)}$ 的矩阵 $\boldsymbol{\varDelta}^{(t)}$ 与转置后的 $\boldsymbol{V}$ 进行矩阵乘法运算一次性计算得到。

$$
\frac{\partial E}{\partial \boldsymbol{Y}^{(t-1)}} = \boldsymbol{\varDelta}^{(t)} \boldsymbol{V}^{\mathrm{T}}
$$

$$
= \begin{pmatrix}
\delta_{11}^{(t)} & \delta_{12}^{(t)} & \cdots & \delta_{1n}^{(t)} \\
\delta_{21}^{(t)} & \delta_{22}^{(t)} & \cdots & \delta_{2n}^{(t)} \\
\vdots & \vdots & \ddots & \vdots \\
\delta_{h1}^{(t)} & \delta_{h2}^{(t)} & \cdots & \delta_{hn}^{(t)}
\end{pmatrix}
\begin{pmatrix}
v_{11} & v_{21} & \cdots & v_{n1} \\
v_{12} & v_{22} & \cdots & v_{n2} \\
\vdots & \vdots & \ddots & \vdots \\
v_{1n} & v_{2n} & \cdots & v_{nn}
\end{pmatrix}
$$

$$
= \begin{pmatrix}
\sum_{k=1}^{n} v_{1k} \delta_{1k}^{(t)} & \sum_{k=1}^{n} v_{2k} \delta_{1k}^{(t)} & \cdots & \sum_{k=1}^{n} v_{nk} \delta_{1k}^{(t)} \\
\sum_{k=1}^{n} v_{1k} \delta_{2k}^{(t)} & \sum_{k=1}^{n} v_{2k} \delta_{2k}^{(t)} & \cdots & \sum_{k=1}^{n} v_{nk} \delta_{2k}^{(t)} \\
\vdots & \vdots & \ddots & \vdots \\
\sum_{k=1}^{n} v_{1k} \delta_{hk}^{(t)} & \sum_{k=1}^{n} v_{2k} \delta_{hk}^{(t)} & \cdots & \sum_{k=1}^{n} v_{nk} \delta_{hk}^{(t)}
\end{pmatrix}
$$

至此，我们就实现了使用矩阵表示计算各个梯度的公式。

4.3.3　反向传播的编程实现

下面是使用矩阵表示各个梯度的公式。

$$
\frac{\partial E}{\partial \boldsymbol{W}} = \sum_{t=1}^{\tau} \boldsymbol{X}^{(t)\mathrm{T}} \boldsymbol{\varDelta}^{(t)}
$$

$$
\frac{\partial E}{\partial \boldsymbol{V}} = \sum_{t=1}^{\tau} \boldsymbol{Y}^{(t-1)\mathrm{T}} \boldsymbol{\varDelta}^{(t)}
$$

$$
\frac{\partial E}{\partial \boldsymbol{B}} = \cdots
$$

$$
\frac{\partial E}{\partial \boldsymbol{X}^{(t)}} = \boldsymbol{\varDelta}^{(t)} \boldsymbol{W}^{\mathrm{T}}
$$

$$
\frac{\partial E}{\partial \boldsymbol{Y}^{(t-1)}} = \boldsymbol{\varDelta}^{(t)} \boldsymbol{V}^{\mathrm{T}}
$$

$\dfrac{\partial E}{\partial B}$ 右边为前面我们列举过的公式。我们可以使用 NumPy 的 dot 函数和 sum 函数将上述公式实现为如下的代码。

```
# x: 输入；w:权重；y_prev:前一时刻的输出；v:权重；delta: δ 的矩阵
grad_w += np.dot(x.T, delta)            # w的梯度
grad_v += np.dot(y_prev.T, delta)       # v的梯度
grad_b += np.sum(delta, axis=0)         # b的梯度

grad_x = np.dot(delta, w.T)             # x的梯度
grad_y_prev = np.dot(delta, v.T)        # y_prev的梯度
```

W、V 和 B 的梯度是按照时间进行求和的，因此我们使用 += 运算符对其进行累加。$X^{(t)}$ 和 $Y^{(t-1)}$ 的梯度由于不需要按照时间进行求和计算，因此我们使用的是 = 运算符。

至此，我们就成功地将进行反向传播所需的数学公式转换成了代码实现形式。

4.4 　 RNN 网络层的编程实现

与全连接层的实现一样，我们将 RNN 网络层的实现也封装成 Python 类。

下面展示的是封装成 Python 类的简单 RNN 网络层的实现代码。

↓ SimpleRNNLayer 类

```
# -- RNN网络层 --
class SimpleRNNLayer:
    def __init__(self, n_upper, n):
        # 参数的初始值
        self.w = np.random.randn(n_upper, n) / np.sqrt(n_upper)
        self.v = np.random.randn(n, n) / np.sqrt(n)
        self.b = np.zeros(n)

    def forward(self, x, y_prev):          # y_prev: 前一时刻的输出
        u = np.dot(x, self.w) + np.dot(y_prev, self.v) + self.b
        self.y = np.tanh(u)                # 输出

    def backward(self, x, y, y_prev, grad_y):
        delta = grad_y * (1 - y**2)

        # 各个梯度
```

```python
            self.grad_w += np.dot(x.T, delta)
            self.grad_v += np.dot(y_prev.T, delta)
            self.grad_b += np.sum(delta, axis=0)

            self.grad_x = np.dot(delta, self.w.T)
            self.grad_y_prev = np.dot(delta, self.v.T)

    def reset_sum_grad(self):
        self.grad_w = np.zeros_like(self.w)
        self.grad_v = np.zeros_like(self.v)
        self.grad_b = np.zeros_like(self.b)

    def update(self, eta):
        self.w -= eta * self.grad_w
        self.v -= eta * self.grad_v
        self.b -= eta * self.grad_b
```

除了用于初始化的 __init__ 方法外，用于正向传播的 forward 方法、用于反向传播的 backward 方法、将累加的梯度重置为 0 的 reset_sum_grad 方法，以及用于更新参数的 update 方法都在上述代码中得到了实现。

在 __init__ 方法中，使用 Xavier 的初始值对各个权重进行了初始化，并将偏置设置为0。

forward 方法通过参数接收当前时刻的 x 和 y_prev，其内部处理是按照本章正向传播部分的讲解实现的。这个类方法的执行次数等于时间序列数据的数量。此外，y 值在同一时刻的 backward 调用中需要使用，因此我们将其保存到了类方法的外部。

backward 方法在参数中接收当前时刻的 x 和 y 等数据。然后对 delta 进行计算，其具体实现是按照如下公式编写的。

$$\delta^{(t)} = \frac{\partial E}{\partial u^{(t)}}$$
$$= \frac{\partial E}{\partial y^{(t)}} \frac{\partial y^{(t)}}{\partial u^{(t)}}$$

上式中的 $\frac{\partial E}{\partial y^{(t)}}$ 对应代码中的 grad_y。此外，$\frac{\partial y^{(t)}}{\partial u^{(t)}}$ 是通过激励函数 tanh 进行偏微分进行计算的，tanh 的导数如下所示。

$$\frac{\mathrm{d}y}{\mathrm{d}u} = 1 - y^2$$

因此，$\frac{\partial y^{(t)}}{\partial u^{(t)}}$ 可以通过（1-y**2）求取。在代码中，delta 的计算如下所示。

```
delta = grad_y * (1 - y**2)
```

在完成 delta 的计算后，我们再用其计算各个梯度。虽然 backward 方法的执行次数也与时间序列数据的数量相同，但是 self.grad_w、self.grad_v 及 self.grad_b 是类方法执行期间的累加。因此，在开始执行反向传播处理前，我们需要调用 reset_sum_grad 方法将累加的梯度全部重置为 0。

4.5　简单 RNN 的编程实现

下面我们将使用 RNN 网络层构建神经网络，然后使用带噪声的正弦曲线对网络进行训练，并尝试对时间序列的数据进行预测。在开始讲解完整的代码前，我们将先对用于训练的数据及代码中重点部分进行讲解。

4.5.1　训练数据的生成

↓ 显示带噪声的正弦曲线

```
import numpy as np
import matplotlib.pyplot as plt

sin_x = np.linspace(-2*np.pi, 2*np.pi)          # 从-2π到2π
# 使用随机数在sin函数中添加噪声
sin_y = np.sin(sin_x)  + 0.1*np.random.randn(len(sin_x))
plt.plot(sin_x, sin_y)
plt.show()
```

我们将 sin_y 的一部分数据作为输入的时间序列数据，并训练 RNN 模型对下一个数据进行预测。正弦曲线本身是一种简单的时间序列数据。例如，空气振动所产生的"声音"，我们就可以认为像正弦曲线一样。上面的代码在毫无杂音的声音中加入了噪声。如果神经网络模型能够成功地学习并掌握这种正弦曲线，那么就可以被应用到语音识别等处理中。此外，如果我们能够从混杂了噪声的正弦曲线中提取出真正的正弦曲线，就能实现消除噪声的处理。

由此可见，虽然这里我们所处理的数据对象是很简单的，但其在现实社会中可以发挥非常广泛的作用。

4.5.2 数据的预处理

下面我们将输入数据和正确答案数据整理成适合 RNN 模型处理的形式。将时间序列数据作为输入数据，并将位于其后的一个数据作为正确答案数据，以便模型根据时间序列数据对下一个数据进行预测。

↓ 整理数据

```
n_sample = len(sin_x)-n_time                         # 样本数量
input_data = np.zeros((n_sample, n_time, n_in))      # 输入
correct_data = np.zeros((n_sample, n_out))           # 正确答案
for i in range(0, n_sample):
    input_data[i] = sin_y[i:i+n_time].reshape(-1, 1)
    # 正确答案是输入数据后面的一个
    correct_data[i] = sin_y[i+n_time:i+n_time+1]
```

在上述代码中，n_time 表示时间序列数据的数量。

4.5.3 训练

接下来我们将对各个网络层进行初始化，并开始训练 RNN 模型。在 RNN 中执行反向传播处理时，需要对前面正向传播的输出等时间序列数据进行保存。为了节约所需占用的内存空间，我们将训练和预测处理分别放在不同的函数中实现。

下面展示的是用于训练的 train 函数，其中使用了 for 语句对 RNN 网络层的正向传播和反向传播根据时间序列的数量进行循环处理。由于是对时间进行回溯，因此反向传播的循环方向与正向传播的循环方向是相反的。

↓ train 函数

```
# —— 各个网络层的初始化 ——
rnn_layer = SimpleRNNLayer(n_in, n_mid)
output_layer = OutputLayer(n_mid, n_out)

# —— 训练 ——
def train(x_mb, t_mb):
    # 正向传播 RNN网络层
    y_rnn = np.zeros((len(x_mb), n_time+1, n_mid))
    y_prev = y_rnn[:, 0, :]
    for i in range(n_time):
        x = x_mb[:, i, :]
        rnn_layer.forward(x, y_prev)
        y = rnn_layer.y
        y_rnn[:, i+1, :] = y
        y_prev = y

    # 正向传播 输出层
    output_layer.forward(y)

    # 反向传播 输出层
    output_layer.backward(t_mb)
    grad_y = output_layer.grad_x

    # 反向传播 RNN网络层
    rnn_layer.reset_sum_grad()
    for i in reversed(range(n_time)):
        x = x_mb[:, i, :]
        y = y_rnn[:, i+1, :]
        y_prev = y_rnn[:, i, :]
        rnn_layer.backward(x, y, y_prev, grad_y)
        grad_y = rnn_layer.grad_y_prev

    # 参数的更新
    rnn_layer.update(eta)
    output_layer.update(eta)
```

在进行正向传播时传递给下一时刻的是输出 y，在进行反向传播时传递给前一时刻的是输出的梯度 grad_y。

此外，在进行正向传播时，RNN 网络层的输出 y 按照时间顺序被保存到了 y_rnn 中。而在进行反向传播时，传递给 backward 方法的是同一时刻的 y 及前一时刻的 y_prev。由此可见，在 RNN 网络层中进行反向传播时，我们需要使用到与当前时刻相关的各项数据。

4.5.4 预测

下面的代码是专门用于预测的 predict 函数。虽然其内部也实现了与 train 函数相同的正向传播处理，但是由于不需要对输出的值进行保存，因此实现代码相对简单。

↓ predict 函数

```python
def predict(x_mb):
    # 正向传播 RNN网络层
    y_prev = np.zeros((len(x_mb), n_mid))
    for i in range(n_time):
        x = x_mb[:, i, :]
        rnn_layer.forward(x, y_prev)
        y = rnn_layer.y
        y_prev = y

    # 正向传播 输出层
    output_layer.forward(y)
    return output_layer.y
```

这个 predict 函数在进行误差的测算和预测正弦曲线的下一数值时会被使用到。

4.5.5 曲线的生成

下面将使用训练好的模型自动生成曲线。在下列代码中，我们将预测结果依次保存到 predicted 变量中，而且输入的时间序列数据中使用的是最近一次预测的结果。也就是说，使用 RNN 模型对未来进行预测。

↓ 曲线的绘制

```python
predicted = input_data[0].reshape(-1).tolist()  # 起始的输入
for i in range(n_sample):
    # 输入是最近一次的时间序列数据
    x = np.array(predicted[-n_time:]).reshape(1, n_time, 1)
    y = predict(x)
    predicted.append(float(y[0, 0]))            # 将输出添加到predicted中

plt.plot(range(len(sin_y)), sin_y.tolist(), label="Correct")
plt.plot(range(len(predicted)), predicted, label="Predicted")
plt.legend()
plt.show()
```

虽然刚开始 predicted 中保存的是 input_data 中最初的数据，但是为了方便
matplotlib 调用，我们使用 tolist 类方法将其转换成了列表对象。此外，reshape(−1) 的
作用是将数组对象转换成一维数组。由于传递给 predict 函数的输入数据必须是对应
批次和时间序列的三维数组，因此我们使用 reshape(1,n_time,1) 语句进行变形。

我们的目的是实现对正弦曲线的预测，因此如果能够顺利完成训练，模型就一
定能实现对正弦曲线的绘制。

4.5.6　完整的代码

下面是完整的实现代码。其中包括用于生成训练数据、各个网络层的封装类、
用于训练和预测的函数、小批次处理及处理进度显示的实现代码。

在学习过程中，程序会按照一定的 epoch 间隔对误差和生成的曲线进行显示。

↓ 完整的代码及执行结果

```python
import numpy as np
# import cupy as np                      # 使用GPU的场合
import matplotlib.pyplot as plt

# —— 各项设置参数 ——
n_time = 10                              # 时间序列的数量
n_in = 1                                 # 输入层的神经元数量
n_mid = 20                               # 中间层的神经元数量
n_out = 1                                # 输出层的神经元数量

eta = 0.001                              # 学习系数
epochs = 51
batch_size = 8
interval = 5                             # 显示处理进度的间隔

# —— 生成训练数据集 ——
sin_x = np.linspace(-2*np.pi, 2*np.pi)              # 从−2π到2π
# 使用随机数向sin函数中添加噪声
sin_y = np.sin(sin_x)  + 0.1*np.random.randn(len(sin_x))

n_sample = len(sin_x)-n_time                         # 样本数量
input_data = np.zeros((n_sample, n_time, n_in))     # 输入
correct_data = np.zeros((n_sample, n_out))          # 正确答案
for i in range(0, n_sample):
    input_data[i] = sin_y[i:i+n_time].reshape(-1, 1)
    # 正确答案位于输入后的一位
```

```
        correct_data[i] = sin_y[i+n_time:i+n_time+1]

# -- RNN层 --
class SimpleRNNLayer:
    def __init__(self, n_upper, n):
        # 参数的初始值
        # Xavier的初始值
        self.w = np.random.randn(n_upper, n) / np.sqrt(n_upper)
        # Xavier的初始值
        self.v = np.random.randn(n, n) / np.sqrt(n)
        self.b = np.zeros(n)

    def forward(self, x, y_prev):          # y_prev: 前一时刻的输出
        u = np.dot(x, self.w) + np.dot(y_prev, self.v) + self.b
        self.y = np.tanh(u)                 # 输出

    def backward(self, x, y, y_prev, grad_y):
        delta = grad_y * (1 - y**2)

        # 各个梯度
        self.grad_w += np.dot(x.T, delta)
        self.grad_v += np.dot(y_prev.T, delta)
        self.grad_b += np.sum(delta, axis=0)

        self.grad_x = np.dot(delta, self.w.T)
        self.grad_y_prev = np.dot(delta, self.v.T)

    def reset_sum_grad(self):
        self.grad_w = np.zeros_like(self.w)
        self.grad_v = np.zeros_like(self.v)
        self.grad_b = np.zeros_like(self.b)

    def update(self, eta):
        self.w -= eta * self.grad_w
        self.v -= eta * self.grad_v
        self.b -= eta * self.grad_b

# -- 全连接 输出层 --
class OutputLayer:
    def __init__(self, n_upper, n):
        # Xavier的初始值
        self.w = np.random.randn(n_upper, n) / np.sqrt(n_upper)
        self.b = np.zeros(n)

    def forward(self, x):
        self.x = x
        u = np.dot(x, self.w) + self.b
```

```
            self.y = u        # 恒等函数

    def backward(self, t):
        delta = self.y - t

        self.grad_w = np.dot(self.x.T, delta)
        self.grad_b = np.sum(delta, axis=0)
        self.grad_x = np.dot(delta, self.w.T)

    def update(self, eta):
        self.w -= eta * self.grad_w
        self.b -= eta * self.grad_b

# -- 各个网络层的初始化 --
rnn_layer = SimpleRNNLayer(n_in, n_mid)
output_layer = OutputLayer(n_mid, n_out)

# -- 训练 --
def train(x_mb, t_mb):
    # 正向传播 RNN层
    y_rnn = np.zeros((len(x_mb), n_time+1, n_mid))
    y_prev = y_rnn[:, 0, :]
    for i in range(n_time):
        x = x_mb[:, i, :]
        rnn_layer.forward(x, y_prev)
        y = rnn_layer.y
        y_rnn[:, i+1, :] = y
        y_prev = y

    # 正向传播 输出层
    output_layer.forward(y)

    # 反向传播 输出层
    output_layer.backward(t_mb)
    grad_y = output_layer.grad_x

    # 反向传播 RNN层
    rnn_layer.reset_sum_grad()
    for i in reversed(range(n_time)):
        x = x_mb[:, i, :]
        y = y_rnn[:, i+1, :]
        y_prev = y_rnn[:, i, :]
        rnn_layer.backward(x, y, y_prev, grad_y)
        grad_y = rnn_layer.grad_y_prev

    # 参数的更新
    rnn_layer.update(eta)
```

```
            output_layer.update(eta)

# -- 预测 --
def predict(x_mb):
    # 正向传播 RNN层
    y_prev = np.zeros((len(x_mb), n_mid))
    for i in range(n_time):
        x = x_mb[:, i, :]
        rnn_layer.forward(x, y_prev)
        y = rnn_layer.y
        y_prev = y

    # 正向传播 输出层
    output_layer.forward(y)
    return output_layer.y

# -- 计算误差 --
def get_error(x, t):
    y = predict(x)
    return 1.0/2.0*np.sum(np.square(y - t))  # 误差平方和

error_record = []
n_batch = len(input_data) // batch_size        # 每个epoch的批次数量
for i in range(epochs):

    # -- 学习 --
    index_random = np.arange(len(input_data))
    np.random.shuffle(index_random)            # 将索引打乱
    for j in range(n_batch):

        # 取出小批次数据进行训练
        mb_index = index_random[j*batch_size : (j+1)*batch_size]
        x_mb = input_data[mb_index, :]
        t_mb = correct_data[mb_index, :]
        train(x_mb, t_mb)

    # -- 计算误差 --
    error = get_error(input_data, correct_data)
    error_record.append(error)

    # -- 显示处理进度 --
    if i%interval == 0:
        print("Epoch:"+str(i+1)+"/"+str(epochs),
              "Error:"+str(error))

        predicted = input_data[0].reshape(-1).tolist() # 起始的输入
        for i in range(n_sample):
```

```
        x = np.array(predicted[-n_time:]).reshape(1, n_time, 1)
        y = predict(x)
        predicted.append(float(y[0, 0]))      # 将输出添加到predicted中

    plt.plot(range(len(sin_y)), sin_y.tolist(), label="Correct")
    plt.plot(range(len(predicted)), predicted, label="Predicted")
    plt.legend()
    plt.show()

plt.plot(range(1, len(error_record)+1), error_record)
plt.xlabel("Epochs")
plt.ylabel("Error")
plt.show()
```

Epoch:1/51 Error:14.814158258376683

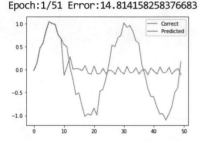

Epoch:6/51 Error:2.0758550131387743

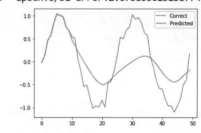

Epoch:11/51 Error:0.8591938014707227

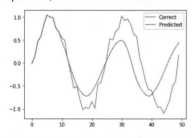

Epoch:16/51 Error:0.4930132957066291

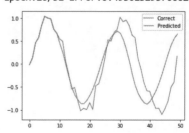

Epoch:21/51 Error:0.3772657862526574

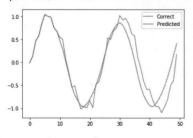

Epoch:26/51 Error:0.3359213605395774

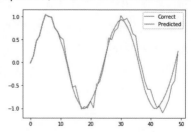

Epoch:31/51 Error:0.3166241913667853

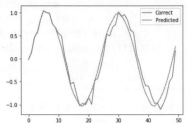

Epoch:36/51 Error:0.30547564083725187

Epoch:41/51 Error:0.29392734732084147

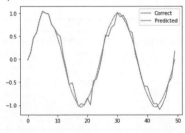

Epoch:46/51 Error:0.2854492534302304

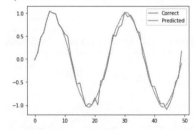

Epoch:51/51 Error:0.27835853792416787

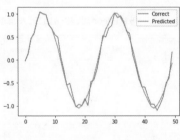

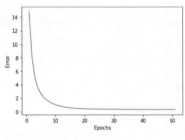

可以看到，RNN 模型所生成的曲线随着 epoch 数的增加，绘制的结果逐渐接近训练数据中的正弦曲线。此外，曲线之间的误差也在非常平滑地趋于减小。

至此，我们通过运用 RNN 模型在某种程度上实现了对未来的预测。在第 5 章中，我们将利用这一技术进一步实现文章的自动生成等处理。

4.6 学习二进制加法运算

接下来，我们通过另一个简单示例对 RNN 模型的功能进行进一步的确认。我们将训练 RNN 模型掌握二进制数加法运算的能力。

4.6.1 二进制加法运算

所谓二进制数，是指只使用 0 和 1 表示的数。例如，我们日常生活中所使用的十进制数 5 满足 $5=1 \times 2^2+0 \times 2^1+1 \times 2^0$，因此可以使用二进制数 101 来表示。

同理，十进制数 36 满足 $36 = 1 \times 2^5 +0 \times 2^4 +0 \times 2^3 +1 \times 2^2 +0 \times 2^1 +0 \times 2^0$，因此可以使用二进制数 100100 来表示。

下面展示的是二进制数加法运算的示例。为了方便比较，我们也列举了十进制数的加法运算。

二进制数：十进制数

00100111：39

+

00001100：12

=

00110011：51

二进制数加法与十进制数加法一样，存在"进位"机制，某一位数的计算结果会影响上一位数的计算结果。也就是说，某一时刻的计算结果会受到前一时刻计算结果的影响，这正是 RNN 所适合处理的问题。

这次，我们将使用所有时刻的输出数据，各个时刻的输出数据就是每位数的计算结果。此外，我们还将为每一时刻准备正确答案数据。我们准备了两个二进制数，从较小的位数开始配对成一组数据作为时间序列数据，输入到 RNN 模型中，正确答案通过另外的方式计算得出。具体的示例如下所示。

时刻：输入数据：正确答案

t=0 :[10]: [1]

t=1 :[10]: [1]

t=2 :[11]: [0]

t=3 :[01]: [0]

t=4 :[00]: [1]

t=5 :[10]: [1]

t=6 :[00]: [0]

t=7 :[00]: [0]

接下来，将使用这种数据对模型进行训练，并确认 RNN 最终是否能正确计算出加法运算的结果。

4.6.2 准备二进制数

下列代码将十进制数转换成二进制数，并保存到 binaries 数组变量中。实现这段代码后，就可以很方便地随时将十进制数转换成二进制数。n_time 用于指定时间序列数据的数量，在这里相当于二进制数的位数。

↓ 二进制数的生成

```
max_num = 2**n_time          #十进制数的上限
#用于保存二进制数的数组
binaries = np.zeros((max_num, n_time), dtype=int)
for i in range(max_num):
    num10 = i                    #十进制数
    for j in range(n_time):
        pow2 = 2 ** (n_time-1-j)     #2的幂运算
        binaries[i, j] = num10 // pow2
        num10 %= pow2
```

将十进制数除以 2 取余得到的是二进制数对应位上的值。然后，反复地将余数继续除以 2 取余就可以将十进制数完全转换为二进制数。

使用下面的代码可以对保存在 binaries 数组中的二进制数的内容进行确认。

↓ 生成的二进制数

```
print(binaries)
```

··

```
[[0 0 0 ... 0 0 0]
```

```
[0 0 0 ... 0 0 1]
[0 0 0 ... 0 1 0]
...
[1 1 1 ... 1 0 1]
[1 1 1 ... 1 1 0]
[1 1 1 ... 1 1 1]]
```

4.6.3 输出层

由于这次我们将使用输出层所有时刻的输出数据，因此输出层需要能够支持时间序列数据的输出。在下面的 RNNOutputLayer 类中，backward 方法从外部接收当前时刻 x、y 和 t 的值。此外，在 backward 方法中还将对权重的梯度 grad_w 和偏置的梯度 grad_b 进行累加。

↓ 输出层（RNNOutputLayer 类）

```python
# -- 全连接输出层 --
class RNNOutputLayer:
    def __init__(self, n_upper, n):
        self.w = np.random.randn(n_upper, n) /
                 np.sqrt(n_upper)      # Xavier的初始值
        self.b = np.zeros(n)

    def forward(self, x):
        self.x = x
        u = np.dot(x, self.w) + self.b
        self.y = 1/(1+np.exp(-u))      # Sigmoid函数

    def backward(self, x, y, t):
        delta = (y-t) * y * (1-y)

        self.grad_w += np.dot(x.T, delta)
        self.grad_b += np.sum(delta, axis=0)
        self.grad_x = np.dot(delta, self.w.T)

    def reset_sum_grad(self):
        self.grad_w = np.zeros_like(self.w)
        self.grad_b = np.zeros_like(self.b)

    def update(self, eta):
        self.w -= eta * self.grad_w
        self.b -= eta * self.grad_b
```

在激励函数中需要对当前位上的值在 0~1 范围内进行预测，因此使用 Sigmoid 函数，而误差函数使用的是误差平方和。此外，输入的梯度 grad_x 会被传播给作为上层的 RNN 网络层。

4.6.4　训练

下面将对各个网络层进行初始化，并开始训练 RNN 模型。在下列负责进行训练的 train 函数中，使用 for 语句循环执行 RNN 网络层的正向传播和反向传播，循环次数为时间序列数据的数量。与 4.6.3 小节不同的是，本次循环中同时包含了对 RNN 网络层的处理和对输出层的处理。

↓ train 函数

```python
# —— 各层网络的初始化 ——
rnn_layer = SimpleRNNLayer(n_in, n_mid)
output_layer = RNNOutputLayer(n_mid, n_out)

# —— 训练 ——
def train(x_mb, t_mb):
    # 用于保存各项输出的数组
    y_rnn = np.zeros((len(x_mb), n_time+1, n_mid))
    y_out = np.zeros((len(x_mb), n_time, n_out))

    # 正向传播
    y_prev = y_rnn[:, 0, :]
    for i in range(n_time):
        # RNN层
        x = x_mb[:, i, :]
        rnn_layer.forward(x, y_prev)
        y = rnn_layer.y
        y_rnn[:, i+1, :] = y
        y_prev = y

        # 输出层
        output_layer.forward(y)
        y_out[:, i, :] = output_layer.y

    # 反向传播
    output_layer.reset_sum_grad()
    rnn_layer.reset_sum_grad()
```

```
grad_y = 0
for i in reversed(range(n_time)):
    # 输出层
    x = y_rnn[:, i+1, :]
    y = y_out[:, i, :]
    t = t_mb[:, i, :]
    output_layer.backward(x, y, t)
    grad_x_out = output_layer.grad_x

    # RNN层
    x = x_mb[:, i, :]
    y = y_rnn[:, i+1, :]
    y_prev = y_rnn[:, i, :]
    rnn_layer.backward(x, y, y_prev, grad_y+grad_x_out)
    grad_y = rnn_layer.grad_y_prev

# 参数的更新
rnn_layer.update(eta)
output_layer.update(eta)

return y_out
```

在对 RNN 网络层进行反向传播时，会将 grad_y+grad_x_out 的值传递给 backward 方法。这个是传递给下一时刻 RNN 网络层中输出的梯度与传播给下层网络中输出的梯度的和值。从两条不同路径反馈过来的输出梯度在这里相加。

4.6.5 完整的代码

下面展示的是程序的完整代码。其中包括训练数据集的生成、各个网络层的封装类、训练函数、显示处理进度等不同模块的代码实现。为了简化代码，这里我们没有采用按批次进行学习的方式，而是以样本为单位进行学习。随机地选择两个二进制数作为输入数据，并将这两个数的和作为正确答案对 RNN 模型进行训练。

在学习过程中，程序会按一定的间隔显示误差和计算结果。

↓ 使用学习中的 RNN 实现二进制数加法运算

```
import numpy as np
# import cupy as np            # 使用GPU的场合
```

```python
import matplotlib.pyplot as plt

# -- 各项设置参数 --
n_time = 8                          # 时间序列数据的数量（二进制数的位数）
n_in = 2                            # 输入层的神经元数量
n_mid = 32                          # 中间层的神经元数量
n_out = 1                           # 输出层的神经元数量


eta = 0.01                          # 学习系数
n_learn = 5001                      # 学习次数
interval = 500                      # 显示进度的间隔

# -- 生成二进制数 --
max_num = 2**n_time                 # 十进制数的上限
binaries = np.zeros((max_num, n_time), dtype=int)    # 用于保存二进制数的数组
for i in range(max_num):
    num10 = i                       # 十进制数的数量
    for j in range(n_time):
        pow2 = 2 ** (n_time-1-j)                      # 2的幂运算
        binaries[i, j] = num10 // pow2
        num10 %= pow2
# print(binaries)

# -- RNN网络层 --
class SimpleRNNLayer:
    def __init__(self, n_upper, n):
        # 参数的初始值
        self.w = np.random.randn(n_upper, n) / np.sqrt(n_upper)
        # Xavier的初始值
        self.v = np.random.randn(n, n) / np.sqrt(n)        # Xavier的初始值
        self.b = np.zeros(n)

    def forward(self, x, y_prev):               # y_prev: 前一时刻的输出结果
        u = np.dot(x, self.w) + np.dot(y_prev, self.v) + self.b
        self.y = np.tanh(u)                     # 输出

    def backward(self, x, y, y_prev, grad_y):
        delta = grad_y * (1 - y**2)

        # 各个梯度
        self.grad_w += np.dot(x.T, delta)
        self.grad_v += np.dot(y_prev.T, delta)
        self.grad_b += np.sum(delta, axis=0)

        self.grad_x = np.dot(delta, self.w.T)
        self.grad_y_prev = np.dot(delta, self.v.T)
```

```
        def reset_sum_grad(self):
            self.grad_w = np.zeros_like(self.w)
            self.grad_v = np.zeros_like(self.v)
            self.grad_b = np.zeros_like(self.b)

        def update(self, eta):
            self.w -= eta * self.grad_w
            self.v -= eta * self.grad_v
            self.b -= eta * self.grad_b

# -- 全连接 输出层 --
class RNNOutputLayer:
    def __init__(self, n_upper, n):
        self.w = np.random.randn(n_upper, n) / \
                np.sqrt(n_upper)                        # Xavier的初始值
        self.b = np.zeros(n)

    def forward(self, x):
        self.x = x
        u = np.dot(x, self.w) + self.b
        self.y = 1/(1+np.exp(-u))                       # Sigmoid函数

    def backward(self, x, y, t):
        delta = (y-t) * y * (1-y)

        self.grad_w += np.dot(x.T, delta)
        self.grad_b += np.sum(delta, axis=0)
        self.grad_x = np.dot(delta, self.w.T)

    def reset_sum_grad(self):
        self.grad_w = np.zeros_like(self.w)
        self.grad_b = np.zeros_like(self.b)

    def update(self, eta):
        self.w -= eta * self.grad_w
        self.b -= eta * self.grad_b

# -- 各网络层的初始化 --
rnn_layer = SimpleRNNLayer(n_in, n_mid)
output_layer = RNNOutputLayer(n_mid, n_out)

# -- 训练 --
def train(x_mb, t_mb):
    # 用于保存各项输出数据的数组
    y_rnn = np.zeros((len(x_mb), n_time+1, n_mid))
    y_out = np.zeros((len(x_mb), n_time, n_out))
```

4

第 4 章　RNN

```python
        # 正向传播
        y_prev = y_rnn[:, 0, :]
        for i in range(n_time):
            # RNN网络层
            x = x_mb[:, i, :]
            rnn_layer.forward(x, y_prev)
            y = rnn_layer.y
            y_rnn[:, i+1, :] = y
            y_prev = y

            # 输出层
            output_layer.forward(y)
            y_out[:, i, :] = output_layer.y

        # 反向传播
        output_layer.reset_sum_grad()
        rnn_layer.reset_sum_grad()
        grad_y = 0
        for i in reversed(range(n_time)):
            # 输出层
            x = y_rnn[:, i+1, :]
            y = y_out[:, i, :]
            t = t_mb[:, i, :]
            output_layer.backward(x, y, t)
            grad_x_out = output_layer.grad_x

            # RNN层
            x = x_mb[:, i, :]
            y = y_rnn[:, i+1, :]
            y_prev = y_rnn[:, i, :]
            rnn_layer.backward(x, y, y_prev, grad_y+grad_x_out)
            grad_y = rnn_layer.grad_y_prev

        # 参数的更新
        rnn_layer.update(eta)
        output_layer.update(eta)

        return y_out

# -- 计算误差 --
def get_error(y, t):
    return 1.0/2.0*np.sum(np.square(y - t))          # 误差平方和

for i in range(n_learn):
    # -- 随机的十进制数 --
    num1 = np.random.randint(max_num//2)
```

```
        num2 = np.random.randint(max_num//2)

        # —— 准备输入数据 ——
        x1= binaries[num1]
        x2= binaries[num2]
        x_in = np.zeros((1, n_time, n_in))
        x_in[0, :, 0] = x1
        x_in[0, :, 1] = x2
        x_in  = np.flip(x_in, axis=1)         # 将低位数放到更早的时刻

        # —— 准备正确答案数据 ——
        t = binaries[num1+num2]
        t_in = t.reshape(1, n_time, n_out)
        t_in = np.flip(t_in, axis=1)

        # —— 训练 ——
        y_out = train(x_in, t_in)
        y = np.flip(y_out, axis=1).reshape(-1)

        # —— 计算误差 ——
        error = get_error(y_out, t_in)

        # —— 显示处理进度 ——
        if i%interval == 0:
            y2 = np.where(y<0.5, 0, 1)        # 二进制数的结果
            y10 = 0                           # 十进制数的结果
            for j in range(len(y)):
                pow2 = 2 ** (n_time-1-j)      # 2的幂运算
                y10 += y2[j] * pow2

            print("n_learn:", i)
            print("error:", error)
            print("output :", y2)
            print("correct:", t)

            c = "\(^_^)/ : " if (y2 == t).all() else "orz : "
            print(c + str(num1) + " + " + str(num2) + " = " + str(y10))
            print("—— —— —— —— —— —— —— —— —— —— —— —— —— —— ——")
```

....

```
n_learn: 0
error: 1.2416417574681637
output : [0 1 1 1 1 1 1 1]
correct: [1 0 0 0 1 1 0 0]
orz : 47 + 93 = 127
```

```
-- -- -- -- -- -- -- -- -- -- -- -- -- -- --
n_learn: 500
error: 0.9709590843072086
output : [1 1 0 0 0 1 1 0]
correct: [1 0 1 1 1 1 1 0]
orz : 120 + 70 = 198
-- -- -- -- -- -- -- -- -- -- -- -- -- -- --
n_learn: 1000
error: 0.8198208531327016
output : [0 1 1 1 1 0 1 0]
correct: [0 1 1 1 1 0 0 0]
orz : 41 + 79 = 122
-- -- -- -- -- -- -- -- -- -- -- -- -- -- --
n_learn: 1500
error: 0.8291888841558246
output : [1 0 0 0 0 1 0 1]
correct: [1 0 0 0 0 0 0 1]
orz : 39 + 90 = 133
-- -- -- -- -- -- -- -- -- -- -- -- -- -- --
n_learn: 2000
error: 0.5637099711586588
output : [0 0 0 1 1 0 1 0]
correct: [0 0 1 1 1 0 1 0]
orz : 17 + 41 = 26
-- -- -- -- -- -- -- -- -- -- -- -- -- -- --
n_learn: 2500
error: 0.25663921342502494
output : [1 0 0 1 0 1 0 0]
correct: [1 0 0 1 0 1 0 0]
\(^_^)/ : 26 + 122 = 148
-- -- -- -- -- -- -- -- -- -- -- -- -- -- --
n_learn: 3000
error: 0.16915948090412747
output : [1 1 0 1 1 0 1 1]
correct: [1 1 0 1 1 0 1 1]
\(^_^)/ : 111 + 108 = 219
-- -- -- -- -- -- -- -- -- -- -- -- -- -- --
n_learn: 3500
error: 0.05642000355367551
output : [1 1 0 0 1 1 1 0]
correct: [1 1 0 0 1 1 1 0]
\(^_^)/ : 87 + 119 = 206
-- -- -- -- -- -- -- -- -- -- -- -- -- -- --
n_learn: 4000
error: 0.058739770766792224
```

```
output : [1 0 1 0 0 0 1 1]
correct: [1 0 1 0 0 0 1 1]
\(^_^)/ : 57 + 106 = 163
-- -- -- -- -- -- -- -- -- -- -- -- -- --

n_learn: 4500
error: 0.03537878292733035
output : [0 1 0 1 1 1 0 0]
correct: [0 1 0 1 1 1 0 0]
\(^_^)/ : 18 + 74 = 92
-- -- -- -- -- -- -- -- -- -- -- -- -- --

n_learn: 5000
error: 0.04870671665372177
output : [1 0 0 0 0 1 0 1]
correct: [1 0 0 0 0 1 0 1]
\(^_^)/ : 91 + 42 = 133
-- -- -- -- -- -- -- -- -- -- -- -- -- --
```

在学习还未成功时，模型的计算结果会产生错误。一旦完成学习，RNN 就可以正确地计算出二进制数的和值。此外，误差也会随着减小。在计算二进制数和值的过程中，为了得到某一位的计算结果，需要使用前一时刻的计算结果。因此，能够正确完成计算就说明 RNN 模型正常地发挥了其功能。虽然这次使用了 RNN 模型所有时刻的输出结果，但是也可以根据具体情况选择只使用 RNN 模型最终时刻的输出结果。

4.7　RNN 中存在的问题

虽然在全连接层中不同网络层所使用的权重都是不同的，但是 RNN 在所有时刻共享的都是相同的权重。在进行反向传播处理时，为了计算前一时刻输出的梯度，需要使用这一共享权重的梯度，而反复使用相同权重的结果就可能导致梯度产生偏离。特别是当梯度趋近于 0 导致学习难以进展时，会导致所谓的梯度消失问题出现，而当梯度增加过大时，又会导致所谓的梯度爆炸问题出现。

对于梯度消失的问题，正是我们在第 5 章将要讲解的 LSTM 和 GRU 等模型中所引入的"门"概念能解决的。

对于梯度爆炸的问题，解决方案之一是采用梯度剪裁技术（参考文献［10］）。所谓梯度剪裁，就是通过对梯度的大小加以限制的方式抑制梯度爆炸的发生。梯度剪裁的具体实现方法是：当梯度的 $L2$ 范数（等于平方和的平方根）大于阈值时，使用下列公式对其进行调整。

$$梯度 \leftarrow \frac{阈值}{L2范数} \times 梯度$$

将阈值除以梯度的 $L2$ 范数，再乘以梯度得到的结果作为新的梯度。经过这一处理，就可以将梯度的变化从整体上控制在一定范围内。

小　结

在本章中，首先在对时间序列数据的正向传播和反向传播处理中所使用的数学公式进行了详细讲解的基础上，使用 Python 的类完成了 RNN 网络层的编程实现。然后使用这一封装类构建了一个简单的 RNN 模型，并对时间序列数据中的下一位置上可能出现的数据进行了预测。通过训练 RNN 模型对正弦曲线上下一位置的值进行预测，我们使用完成训练的 RNN 模型成功地绘制出与原始训练数据非常接近的曲线。

从第 5 章开始，我们将对在这一简单 RNN 模型基础上进一步发展形成的 LSTM 和 GRU 等网络模型的相关知识进行讲解。

专栏　人类大脑与深度学习的异同点

在某些领域中，深度学习技术是可以远远超越人类智力的。那么，这样的深度学习技术与人类大脑究竟有什么不同之处呢？在本专栏中，我们将对人类大脑与深度学习的共通点和不同点进行思考。

首先是针对反向传播的思考。在类似反向传播的现象是否也存在于人类大脑的探讨中有很多不同的看法。但是将非人工创造的大脑看作可以在正向传播与反向传播之间进行切换，对误差进行定义并将输入的梯度进行反馈的一种结构还是有些匪夷所思的。因此，将反向传播看作一种并非以人类大脑为模型，而是一种人工的算法，这会比较容易让人接受。只不过，研究者将反向传播作为参考，似乎已经研究出在神经科学角度上更为合乎逻辑的算法。

其次是关于网络层的结构。大多数用于深度学习技术的神经网络在纵向上具有很深的层次结构，某些特殊情况下甚至会需要使用超过 100 层的网络。人类大脑中，负责统一高度复杂的信息、意识、记忆等高级神经活动的大脑皮层，以及负责控制运动、评估感官信息等活动的小脑皮层都是层状结构。覆盖大脑

写给新手的深度学习 2

的大脑皮层共分为 6 层，覆盖小脑的小脑皮层则共分为 3 层。虽然与深度学习技术相比，大脑的网络层次要更少，但是大脑的同一层中包含了非常多的神经元。例如，大脑皮层尽管只有 6 层，但是整体的神经细胞可达 160 亿以上。

由于神经网络中对数据的处理需要将权重的数量与上一层神经元数量相乘，当网络层中的神经元数量过多时就会导致计算规模过于庞大，因此，在深度学习技术中并不是采用增加网络层内神经元数量的方式，而是采用增加网络层次的方式来提升性能。另外，大脑皮层的神经细胞只与相邻层的一部分神经细胞相连，因此不会发生深度学习技术中计算规模过大的问题。此外，大脑皮层是沿着球面延伸展开的，由于采用这种内部与远处区域之间连接的策略，因此在数量很少但很宽阔的层中包含了大量的神经细胞。

计算机中的神经网络就是以实际的神经细胞网络为模型的。尽管如此，深度学习技术却与大脑神似形非。深度学习技术的算法就是处于这样一个时而模仿大脑结构、时而又远离大脑结构的不断演化过程中。

第 **5** 章

LSTM

在本章中，我们将对 RNN 的改进技术 LSTM 的相关知识进行讲解。LSTM 模型中引入了被称为门和记忆单元的结构，因此对于梯度消失问题有更强的抑制能力，能够更有效地对数据中在时间上相隔较远的因果关系进行学习。

5.1 LSTM 概述

能够有效地克服 RNN 模型无法学习数据中所包含的长期性因果关系这一难题的就是 LSTM（Long Short-Term Memory）模型。正如其英文名称所暗示的，LSTM 能够对长期性记忆和短期性记忆同时进行保持。LSTM 属于 RNN 模型的一种，并引入了门和记忆单元等机制。正是由于引入了这些机制，才实现了可以根据需求将过去的记忆传递给下一时刻的功能。

5.1.1 LSTM 的结构

LSTM 的工作示意图如图 5.1 所示。

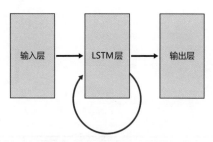

图 5.1　LSTM 的工作示意图

与普通的 RNN 模型一样，LSTM 也是基于递归结构实现的，但是其内部具有类似数字电路一样复杂的结构。LSTM 网络层的结构如图 5.2 所示。

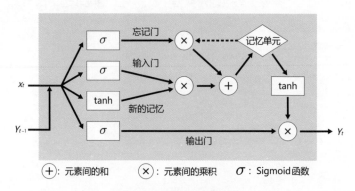

图 5.2　LSTM 网络层的结构

在图 5.2 中，X_t 表示当前时刻进入网络层的输入数据；Y_t 表示当前时刻的输出数据；Y_{t-1} 表示前一时刻的输出。箭头表示正向传播过程中数据的流向，如果考虑批次处理，就是矩阵。虚线表示上一时刻。图中有些位置箭头是合并的，这只是用于表示数据流动的路径，并不意味着在合并的位置上要进行运算。

显而易见，LSTM 要比简单的 RNN 网络层结构更为复杂，功能也更加强大。

LSTM 模块内部具有如下特征的结构。其中包括 1 个记忆单元和 3 个门结构。

● 记忆单元 (Memory Cell)：用于保持过去的记忆。

● 忘记门 (Forget Gate)：用于调整过去记忆残留的比例。

● 输入门 (Input Gate)：用于调整新记忆的添加比例。

● 输出门 (Output Gate)：用于调整记忆单元中的内容反映到输出数据中的比例。

打个比方，记忆单元可以看作类似"蓄水池"的装置，而 3 个门则相当于"闸门"。每个门就是用于调整记忆单元周边"水流"流量的装置。

除了 3 个门分别拥有各自独立的学习参数外，还有一条使用 tanh 作为激励函数的通道也具有其独立的学习参数。因此，需要学习的参数总共有 4 组。

下面让我们依次对这些结构进行分析。

5.1.2 记忆单元

首先，我们将对记忆单元进行讲解。这个单元正如其名，是专门用于保持过去的记忆的结构。让我们仔细观察一下记忆单元周围的动向。在图 5.3 中，我们对记忆单元的周边进行了高亮显示。

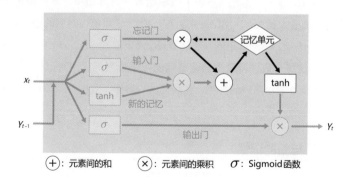

图 5.3 记忆单元的周边

对于记忆单元的操作，包括过去数据的提取、新的数据的添加及更新后数据的提取等操作，但是这些操作都与我们稍后将要讲解的几个门结构有关联。从记忆单元出来到输出之间要经过一个 tanh 激励函数，其作用是将流经数据的数值范围限制在 –1~1 之间。

5.1.3 忘记门

忘记门是用于对记忆单元中内容的保留程度进行调整的门。在图 5.4 中，我们对忘记门的周边进行了高亮显示。

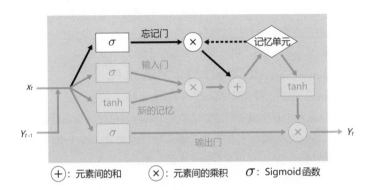

图 5.4 忘记门的周边

忘记门的路径中间会通过 Sigmoid 函数，将数据与记忆单元中所保存的过去数据以元素为单位进行乘法运算。由于 Sigmoid 函数的取值范围为 0~1，因此忘记门可以通过乘以 0~1 的比例对过去记忆的残留程度进行调整。

忘记门的激励函数中所执行的处理如下所示。

$$A_0^{(t)} = \sigma\left(X^{(t)}W_0 + Y^{(t-1)}V_0 + B_0\right)$$

其中，上标 (t) 表示 t 时刻；$A_0^{(t)}$ 表示激励函数的计算结果，其取值范围为 0~1；$X^{(t)}$ 表示当前时刻输入到 LSTM 网络层的数据；$Y^{(t-1)}$ 表示前一时刻的输出数据，它们分别与权重矩阵 W_0 和 V_0 进行矩阵乘法运算；B_0 代表偏置。W_0、V_0 和 B_0 分别表示要学习的参数，对这些参数进行适当的调整就能按照恰当的比例对记忆单元中的内容进行遗忘，而下标 0 表示路径的种类。在后面的内容中，我们都将使用上标 0 表示忘记门。

5.1.4 输入门与新的记忆

输入门是负责对前一时刻的输出数据在多大程度上被反映到记忆单元中进行调整的门。在图 5.5 中，我们对输入门的周边进行了高亮显示。

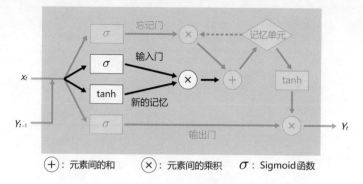

$\oplus$：元素间的和　　$\otimes$：元素间的乘积　　σ：Sigmoid 函数

图 5.5　输入门的周边

从图 5.5 中可以看到，在输入门的旁边还有一条使用 tanh 的通路，这个是需要添加到记忆单元中的新的记忆。在本书后续的内容中，我们将统一称其为"新的记忆"。新的记忆与输入门以元素为单位进行乘法运算。由于输入门中使用的是 Sigmoid 函数，因此就可以对添加到记忆单元中的新的记忆所占比例在 0~1 范围内进行调整。

输入门的激励函数中所执行的处理可以用下列公式表示。

$$A_1^{(t)} = \sigma\left(X^{(t)}W_1 + Y^{(t-1)}V_1 + B_1\right)$$

在后续内容中，我们将统一使用下标 1 表示输入门。

新的记忆所使用的激励函数可用下列公式表示。

$$A_2^{(t)} = \tanh\left(X^{(t)}W_2 + Y^{(t-1)}V_2 + B_2\right)$$

在后续内容中，我们将统一使用下标 2 表示新的记忆。由于使用的是 tanh 函数，因此 $A_2^{(t)}$ 的取值范围为 $-1\sim 1$。这一数据在经过输入门调整后，与忘记门的通路一起相加进入记忆单元。

通过对 W_1、V_1、B_1、W_2、V_2 和 B_2 进行适当的调整，就能实现将新的记忆按照恰当的比例添加到记忆单元中的处理。

5.1.5　输出门

输出门是负责对记忆单元反映到输出数据中的比例进行调整的门。在图 5.6 中，我们对输出门的周边进行了高亮显示。

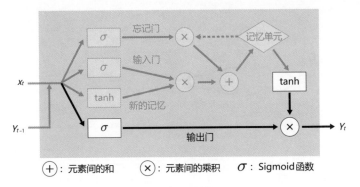

$\oplus$: 元素间的和 $\otimes$: 元素间的乘积 σ : Sigmoid 函数

图 5.6　输出门的周边

输出门的路径会经过 Sigmoid 函数，来自记忆单元的数据经过 tanh 处理后与其以元素为单元进行乘法运算。由于 Sigmoid 函数的取值范围为 0~1，因此通过输出门就可以对来自记忆单元的最新数据反映到输出中的比例在 0~1 范围内进行调整。

输出门的激励函数所执行的处理可以使用下列公式表示。

$$A_3^{(t)} = \sigma\left(X^{(t)}W_3 + Y^{(t-1)}V_3 + B_3\right)$$

在后续内容中，我们将统一使用下标 3 表示输出门。通过对 W_3、V_3 和 B_3 进行适当的调整，就能实现对激励单元的内容按照恰当的比例反映到输出数据中的处理。

5.2　LSTM 网络层的正向传播

从本节开始，我们将对 LSTM 的原理和实现方法的相关内容通过数学公式和实际的程序代码进行讲解。与简单的 RNN 模型类似，我们也将使用类编写 LSTM 网络层的代码。

5.2.1　正向传播公式

LSTM 的正向传播处理可以使用下列公式来表示。

$$
\begin{aligned}
U_g^{(t)} &= X^{(t)}W_g + Y^{(t-1)}V_g + B_g \\
A_g^{(t)} &= f_g\left(U_g^{(t)}\right) \\
C^{(t)} &= A_0^{(t)} \circ C^{(t-1)} + A_1^{(t)} \circ A_2^{(t)} \\
Y^{(t)} &= A_3^{(t)} \circ \tanh\left(C^{(t)}\right)
\end{aligned}
$$

（5-1）

上述公式中，$g=0$ 表示忘记门，$g=1$ 表示输入门，$g=2$ 表示新的记忆，$g=3$ 表示输出门；f_0、f_1 和 f_3 表示 Sigmoid 函数，f_2 表示 tanh 函数；∘ 表示元素之间的乘积运算符；$X^{(t)}$ 表示 t 时刻的输入数据；W_g 表示与其相乘的权重矩阵；$Y^{(t-1)}$ 表示前一时刻 $t-1$ 的输出数据；V_g 表示与其相乘的权重矩阵；B_g 表示偏置；$C^{(t)}$ 表示 t 时刻的记忆单元。

5.2.2 正向传播的编程实现

下面展示的是 LSTM 正向传播处理的实现代码。由于需要学习的参数共有 4 组，因此这里将按照如下方式对各项参数集中进行初始化处理。

```
# w:权重；v:权重；b:偏置；n_upper:上一层网络层的神经元数量
# n:此网络层的神经元数量
w = np.random.randn(4, n_upper, n) / np.sqrt(n_upper)    # Xavier的初始值
v = np.random.randn(4, n, n) / np.sqrt(n)
b = np.zeros((4, n))
```

与输入数据相乘的权重 w 是如下的数组。

$$4 \times n\_upper \times n$$

与前一时刻的输出数据相乘的权重 v 是如下的数组。

$$4 \times n \times n$$

以上这两个数组保存的都是 4 组相同大小的矩阵。这里的初始值中采用了 Xavier 的初始值。

偏置 b 是如下所示的数组。在批次方向上进行广播后再使用。

$$4 \times n \times n$$

下面使用这些参数，根据式（5–1）编写实现代码。

```
# x:输入数据；y_prev:前一时刻的输出数据
u = np.matmul(x, w) + np.matmul(y_prev, v) + b.reshape(4, 1, -1)

a0 = sigmoid(u[0])          # 忘记门
a1 = sigmoid(u[1])          # 输入门
a2 = np.tanh(u[2])          # 新的记忆
a3 = sigmoid(u[3])          # 输出门

c = a0*c_prev + a1*a2       # 记忆单元
y = a3 * np.tanh(c)         # 输出数据
```

在上述代码中，我们使用了 NumPy 的 matmul 函数执行矩阵乘法运算，该函数与 dot 函数类似。从图 5.7 中可以看到，matmul 函数的特点之一是可以一次性执行多个

矩阵乘法运算。

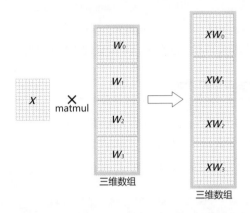

图 5.7　使用 matmul 函数进行多个矩阵乘法运算

代码中的 x 是矩阵，与 w 中所包含的每个矩阵进行矩阵乘法运算。变量 y_prev 和 v 执行的也是类似的处理。此外，偏置首先通过调用 reshape 函数对维度进行适配，然后利用广播机制进行加法运算。这样一来，同一批次内所有的样本都与相同的值进行了加法运算。

经过上述处理得到 u 后，再分别通过不同的路径将 u 的元素交由各自的激励函数进行处理，然后利用计算得出的 a0、a1、a2、a3 对记忆单元和输出结果进行计算。

以上就是 LSTM 中正向传播处理的具体实现。

5.3　LSTM 网络层的反向传播

在进行 LSTM 网络层的反向传播处理时，在整个时间段内都需要对以下梯度在各自的路径中进行计算。

- 与输入数据相乘权重的梯度：$\frac{\partial E}{\partial W_g}$。

- 与前一时刻输出数据相乘权重的梯度：$\frac{\partial E}{\partial V_g}$。

- 偏置的梯度：$\frac{\partial E}{\partial B_g}$。

上述梯度需要使用梯度下降法对参数进行更新。此外，在每一时刻中需要对下列梯度进行计算。

- 输入数据的梯度：$\dfrac{\partial E}{\partial \boldsymbol{X}^{(t)}}$。

- 前一时刻输出数据的梯度：$\dfrac{\partial E}{\partial \boldsymbol{Y}^{(t-1)}}$。

- 前一时刻记忆单元的梯度：$\dfrac{\partial E}{\partial \boldsymbol{C}^{(t-1)}}$。

如果在 LSTM 网络层上还有其他网络层，那么输入数据的梯度就需要传播给相应的网络层。前一时刻输出数据的梯度和前一时刻记忆单元的梯度将向前一时刻传播。

接下来，让我们对这些梯度分别进行计算。

5.3.1 反向传播公式

下面将对 LSTM 网络层中反向传播处理所使用的数学公式进行讲解。首先是式（5-1）中矩阵的各项元素可使用如下公式表示。

$$u_g^{(t)} = \sum_{k=1}^{l} x_k^{(t)} w_{g,k} + \sum_{k=1}^{m} y_k^{(t-1)} v_{g,k} + b_g$$
$$a_g^{(t)} = f_g\left(u_g^{(t)}\right)$$
$$c^{(t)} = a_0^{(t)} c^{(t-1)} + a_1^{(t)} a_2^{(t)}$$
$$y^{(t)} = a_3^{(t)} \tan\left(c^{(t)}\right)$$

在上述公式中，我们省略了表示矩阵内位置的下标。g 表示网络层内路径的下标。

下面对与输入数据相乘的权重 w_g 进行求解。在各个时刻中使用带 $u_g^{(t)}$ 的连锁律进行计算。

$$\frac{\partial E}{\partial w_{g,i}} = \sum_{t=1}^{\tau} \frac{\partial E}{\partial u_g^{(t)}} \frac{\partial u_g^{(t)}}{\partial w_{g,i}} \qquad (5\text{-}2)$$

式（5-2）中右边 $\sum$ 内的 $\dfrac{\partial u_g^{(t)}}{\partial w_{g,i}}$ 可以按如下方式进行求解。

$$\frac{\partial u_g^{(t)}}{\partial w_{g,i}} = x_i^{(t)}$$

如果我们引入如下等式。

$$\delta_g^{(t)} = \frac{\partial E}{\partial u_g^{(t)}}$$

那么式（5-2）可变形为如下形式。

$$\frac{\partial E}{\partial w_{g,i}} = \sum_{t=1}^{\tau} x_i^{(t)} \delta_g^{(t)}$$

同理，我们可以将 $y_i^{(t-1)}$ 和 b_g 分别表示为如下形式的等式。

$$\frac{\partial E}{\partial v_{g,i}} = \sum_{t=1}^{\tau} y_i^{(t-1)} \delta_g^{(t)}$$

$$\frac{\partial E}{\partial b_g} = \sum_{t=1}^{\tau} \delta_g^{(t)}$$

接下来是某一时刻输入数据的梯度。我们可以对网络层内所有的 $u_g^{(t)}$ 应用连锁律进行求解。

$$\frac{\partial E}{\partial x_i^{(t)}} = \sum_{g=0}^{3} \sum_{k=1}^{n} \frac{\partial E}{\partial u_{g,k}^{(t)}} \frac{\partial u_{g,k}^{(t)}}{\partial x_i^{(t)}}$$

$$= \sum_{g=0}^{3} \sum_{k=1}^{n} w_{g,i} \delta_{g,k}^{(t)}$$

其中，n 表示网络层内的神经元数量。

同理，前一时刻输出数据的梯度可以按如下方式进行求解。

$$\frac{\partial E}{\partial y_i^{(t-1)}} = \sum_{g=0}^{3} \sum_{k=1}^{n} \frac{\partial E}{\partial u_{g,k}^{(t)}} \frac{\partial u_{g,k}^{(t)}}{\partial y_i^{(t-1)}}$$

$$= \sum_{g=0}^{3} \sum_{k=1}^{n} v_{g,i} \delta_{g,k}^{(t)}$$

此外，前一时刻记忆单元的梯度可以通过对当前时刻的记忆单元 $c_i^{(t)}$ 和输出数据 $y^{(t)}$ 应用连锁律进行求解。

$$\frac{\partial E}{\partial c_i^{(t-1)}} = \frac{\partial E}{\partial c_i^{(t)}} \frac{\partial c_i^{(t)}}{\partial c_i^{(t-1)}} + \frac{\partial E}{\partial y^{(t)}} \frac{\partial y^{(t)}}{\partial c_i^{(t-1)}}$$

$$= \frac{\partial E}{\partial c_i^{(t)}} \frac{\partial c_i^{(t)}}{\partial c_i^{(t-1)}} + \frac{\partial E}{\partial y^{(t)}} \frac{\partial y^{(t)}}{\partial c_i^{(t)}} \frac{\partial c_i^{(t)}}{\partial c_i^{(t-1)}}$$

$$= \left(\frac{\partial E}{\partial c^{(t)}} + \frac{\partial E}{\partial y^{(t)}} \frac{\partial y^{(t)}}{\partial c^{(t)}} \right) \frac{\partial c^{(t)}}{\partial c_i^{(t-1)}}$$

$$= \left(\frac{\partial E}{\partial c^{(t)}} + \frac{\partial E}{\partial y^{(t)}} a_3 \left(1 - \tanh^2 \left(c^{(t)} \right) \right) \right) a_0^{(t)}$$

这里假设 $r^{(t)}$ 满足下列等式，$r^{(t)}$ 可以通过使用下一时刻传播过来的记忆单元的梯度和输出数据的梯度进行求解。

$$r^{(t)} = \left(\frac{\partial E}{\partial c^{(t)}} + \frac{\partial E}{\partial y^{(t)}} a_3 \left(1 - \tanh^2 \left(c^{(t)} \right) \right) \right)$$

稍后，我们将会用到 $r^{(t)}$。使用 $r^{(t)}$ 可以将前一时刻中记忆单元的梯度表示为如下形式。

$$\frac{\partial E}{\partial c_i^{(t-1)}} = r^{(t)} a_i^{(t)}$$

只要能求得 $\delta_g^{(t)}$，就能实现对各个梯度的计算。$\delta_g^{(t)}$ 可通过如下方式求解。

$$\begin{aligned}\delta_g^{(t)} &= \frac{\partial E}{\partial u_g^{(t)}} \\ &= \frac{\partial E}{\partial a_g^{(t)}} \frac{\partial a_g^{(t)}}{\partial u_g^{(t)}}\end{aligned}$$ （5-3）

式（5-3）右边的 $\dfrac{\partial a_g^{(t)}}{\partial u_g^{(t)}}$ 可以通过激励函数的偏微分进行求解，但是 $\dfrac{\partial E}{\partial a_g^{(t)}}$ 在每条通路中的计算方法都是不同的。

关于每条通路中的计算方法，我们将在接下来的内容中依次进行讲解。

5.3.2　忘记门

首先是对忘记门中 $\dfrac{\partial E}{\partial a_0^{(t)}}$ 的求解。应用带 $c_i^{(t)}$ 和 $y^{(t)}$ 的连锁律，并使用前面计算得到的 $r^{(t)}$。

$$\begin{aligned}\frac{\partial E}{\partial a_0^{(t)}} &= \frac{\partial E}{\partial c^{(t)}} \frac{\partial c^{(t)}}{\partial a_0^{(t)}} + \frac{\partial E}{\partial y^{(t)}} \frac{\partial y^{(t)}}{\partial a_0^{(t)}} \\ &= \frac{\partial E}{\partial c^{(t)}} \frac{\partial c^{(t)}}{\partial a_0^{(t)}} + \frac{\partial E}{\partial y^{(t)}} \frac{\partial y^{(t)}}{\partial c^{(t)}} \frac{\partial c^{(t)}}{\partial a_0^{(t)}} \\ &= \left(\frac{\partial E}{\partial c^{(t)}} + \frac{\partial E}{\partial y^{(t)}} \frac{\partial y^{(t)}}{\partial c^{(t)}} \right) \frac{\partial c^{(t)}}{\partial a_0^{(t)}} \\ &= \left(\frac{\partial E}{\partial c^{(t)}} + \frac{\partial E}{\partial y^{(t)}} a_3 \left(1 - \tanh^2\left(c^{(t)} \right) \right) \right) c^{(t-1)} \\ &= r^{(t)} c^{(t-1)}\end{aligned}$$

此外，这条通路上使用的激励函数是 Sigmoid 函数，因此 $\dfrac{\partial a_0^{(t)}}{\partial u_0^{(t)}}$ 为如下所示的 Sigmoid 函数的导数。

$$\frac{\partial a_0^{(t)}}{\partial u_0^{(t)}} = a_0^{(t)} \left(1 - a_0^{(t)} \right)$$

将上述等式代入式（5-3）中，我们就可以通过如下方式计算 $\delta_0^{(t)}$。

$$\delta_0^{(t)} = r^{(t)} c^{(t-1)} a_0^{(t)} \left(1 - a_0^{(t)} \right)$$

这样就实现了对忘记门中 $\delta_0^{(t)}$ 的求解。

5.3.3 输入门

我们可以采用与忘记门相同的方法计算输入门中的 $\dfrac{\partial E}{\partial a_1^{(t)}}$。

$$
\begin{aligned}
\frac{\partial E}{\partial a_1^{(t)}} &= \left(\frac{\partial E}{\partial c^{(t)}} + \frac{\partial E}{\partial y^{(t)}} \frac{\partial y^{(t)}}{\partial c^{(t)}} \right) \frac{\partial c^{(t)}}{\partial a_1^{(t)}} \\
&= \left(\frac{\partial E}{\partial c^{(t)}} + \frac{\partial E}{\partial y^{(t)}} a_3 \left(1 - \tanh^2\left(c^{(t)}\right) \right) \right) a_2^{(t)} \\
&= r^{(t)} a_2^{(t)}
\end{aligned}
$$

由于这条通道的激励函数是 Sigmoid 函数，因此 $\dfrac{\partial a_1^{(t)}}{\partial u_1^{(t)}}$ 为如下所示的 Sigmoid 函数的导数。

$$
\frac{\partial a_1^{(t)}}{\partial u_1^{(t)}} = a_1^{(t)} \left(1 - a_1^{(t)} \right)
$$

将上述等式代入式（5-3）中，我们就可以通过如下方式对 $\delta_1^{(t)}$ 进行求解。

$$
\delta_1^{(t)} = r^{(t)} a_2^{(t)} a_1^{(t)} \left(1 - a_1^{(t)} \right)
$$

5.3.4 新的记忆

我们可以采用与输入门相同的方法计算新的记忆中的 $\dfrac{\partial E}{\partial a_2^{(t)}}$。

$$
\begin{aligned}
\frac{\partial E}{\partial a_2^{(t)}} &= \left(\frac{\partial E}{\partial c^{(t)}} + \frac{\partial E}{\partial y^{(t)}} \frac{\partial y^{(t)}}{\partial c^{(t)}} \right) \frac{\partial c^{(t)}}{\partial a_2^{(t)}} \\
&= \left(\frac{\partial E}{\partial c^{(t)}} + \frac{\partial E}{\partial y^{(t)}} a_3 \left(1 - \tanh^2\left(c^{(t)}\right) \right) \right) a_1^{(t)} \\
&= r^t a_1^{(t)}
\end{aligned}
$$

由于这条通路的激励函数是 tanh 函数，因此 $\dfrac{\partial a_2^{(t)}}{\partial u_2^{(t)}}$ 为如下所示的 tanh 函数的导数。

$$
\frac{\partial a_2^{(t)}}{\partial u_2^{(t)}} = 1 - a_2^{(t)2}
$$

将上述等式代入式（5-3）中，我们就可以通过如下方式对 $\delta_2^{(t)}$ 进行求解。

$$
\delta_2^{(t)} = r^{(1)} a_1^{(t)} \left(1 - a_2^{(t)2} \right)
$$

5.3.5　输出门

在忘记门中对 $\dfrac{\partial E}{\partial a_3^{(t)}}$ 进行求解。应用带 $y^{(t)}$ 的连锁律，并使用前面求解得到的 $r^{(t)}$。

$$\frac{\partial E}{\partial a_3^{(t)}} = \frac{\partial E}{\partial y^{(t)}} \frac{\partial y^{(t)}}{\partial a_3^{(t)}}$$

$$= \frac{\partial E}{\partial y^{(t)}} \tanh\left(c^{(t)}\right)$$

由于这条通路上的激励函数是 Sigmoid 函数，因此 $\dfrac{\partial a_3^{(t)}}{\partial u_3^{(t)}}$ 为如下所示的 Sigmoid 函数的导数。

$$\frac{\partial a_3^{(t)}}{\partial u_3^{(t)}} = a_3^{(t)}\left(1 - a_3^{(t)}\right)$$

将上述等式代入式（5-3）中，我们就可以按照如下方式对 $\delta_3^{(t)}$ 进行求解。

$$\delta_3^{(t)} = \frac{\partial E}{\partial y^{(t)}} \tanh\left(c^{(t)}\right) a_3^{(t)}\left(1 - a_3^{(t)}\right)$$

5.3.6　使用矩阵表示

为了简化代码的编写，下面我们将使用矩阵形式实现反向传播处理。首先是使用矩阵 $\boldsymbol{R}^{(t)}$ 表示 $r^{(t)}$。

$$\boldsymbol{R}^{(t)} = \left(\frac{\partial E}{\partial \boldsymbol{C}^{(t)}} + \frac{\partial E}{\partial \boldsymbol{Y}^{(t)}} \circ \boldsymbol{A}_3 \circ \left(1 - \tanh^2\left(\boldsymbol{C}^{(t)}\right)\right) \right)$$

其中，$\tanh^2\left(\boldsymbol{C}^{(t)}\right)$ 以元素为单位进行平方运算。另外，上面公式中的"1–"看上去像是标量的减法运算，但实际上是使用元素全部为 1 的矩阵进行元素级别的减法运算。

接下来，我们将每个通路中 $\delta_g^{(t)}$ 的矩阵 $\boldsymbol{\Delta}_g^{(t)}$ 表示为如下形式。

$$\boldsymbol{\Delta}_0^{(t)} = \boldsymbol{R}^{(t)} \circ \boldsymbol{C}^{(t-1)} \circ \boldsymbol{A}_0^{(t)} \circ \left(1 - \boldsymbol{A}_0^{(t)}\right)$$

$$\boldsymbol{\Delta}_1^{(t)} = \boldsymbol{R}^{(t)} \circ \boldsymbol{A}_2^{(t)} \circ \boldsymbol{A}_1^{(t)} \circ \left(1 - \boldsymbol{A}_1^{(t)}\right)$$

$$\boldsymbol{\Delta}_2^{(t)} = \boldsymbol{R}^{(t)} \circ \boldsymbol{A}_1^{(t)} \circ \left(1 - \boldsymbol{A}_2^{(t)2}\right)$$

$$\boldsymbol{\Delta}_3^{(t)} = \frac{\partial E}{\partial \boldsymbol{Y}^{(t)}} \circ \tanh\left(\boldsymbol{C}^{(t)}\right) \circ \boldsymbol{A}_3^{(t)} \circ \left(1 - \boldsymbol{A}_3^{(t)}\right)$$

这里所有的平方运算表示的都是元素级别的平方运算。

使用上述公式，我们可以将各个权重的梯度表示为如下形式。

$$\frac{\partial E}{\partial W_g} = \sum_{t=1}^{\tau} X^{(t)\mathrm{T}} \Delta_g^{(t)}$$

$$\frac{\partial E}{\partial V_g} = \sum_{t=1}^{\tau} Y^{(t-1)\mathrm{T}} \Delta_g^{(t)}$$

上式中，$\sum$ 内部执行的是矩阵乘法运算，这样就可以很方便地支持批次处理。

接下来是使用矩阵表示偏置的梯度，每个元素在批次的内部进行求和运算。

$$\frac{\partial E}{\partial B_g} = \begin{pmatrix} \sum_{t=1}^{\tau}\sum_{k=1}^{h}\delta_{g,k1}^{(t)} & \sum_{t=1}^{\tau}\sum_{k=1}^{h}\delta_{g,k2}^{(t)} & \cdots & \sum_{t=1}^{\tau}\sum_{k=1}^{h}\delta_{g,kn}^{(t)} \\ \vdots & \vdots & \ddots & \vdots \\ \sum_{t=1}^{\tau}\sum_{k=1}^{h}\delta_{g,k1}^{(t)} & \sum_{t=1}^{\tau}\sum_{k=1}^{h}\delta_{g,k2}^{(t)} & \cdots & \sum_{t=1}^{\tau}\sum_{k=1}^{h}\delta_{g,kn}^{(t)} \end{pmatrix}$$

以上这个矩阵中所有的行都是相同的。

接下来是使用矩阵表示输入数据的梯度、前一时刻输出数据的梯度及前一时刻记忆单元的梯度。

$$\frac{\partial E}{\partial X^{(t)}} = \sum_{g=0}^{3} \Delta_g^{(t)} W_g^{\mathrm{T}}$$

$$\frac{\partial E}{\partial Y^{(t-1)}} = \sum_{g=0}^{3} \Delta_g^{(t)} V_g^{\mathrm{T}}$$

$$\frac{\partial E}{\partial C^{(t-1)}} = R^{(t)} \circ A_0^{(t)}$$

上式中，$\sum$ 内部执行的是矩阵乘法运算。这样一来，我们就能得到网络层内所有神经元的总和。

5.3.7 反向传播的编程实现

基于矩阵形式的公式，我们可以按照如下方式编写反向传播的实现代码。

```
# a0:忘记门；a1:输入门；a2:新的记忆；a3:输出门
# x:输入数据；y_prev:前一时刻的输出数据；c:记忆单元
# grad_y:输出数据的梯度；grad_c:记忆单元的梯度
# w, v:权重（包含4个矩阵的数组）
tanh_c = np.tanh(c)
r = grad_c + (grad_y*a3) * (1-tanh_c**2)

# 各项delta
delta_a0 = r * c_prev * a0 * (1-a0)
delta_a1 = r * a2 * a1 * (1-a1)
```

```
delta_a2 = r * a1 * (1 - a2**2)
delta_a3 = grad_y * tanh_c * a3 * (1 - a3)

deltas = np.stack((delta_a0, delta_a1, delta_a2, delta_a3))

# 各项参数的梯度
self.grad_w += np.matmul(x.T, deltas)
self.grad_v += np.matmul(y_prev.T, deltas)
self.grad_b += np.sum(deltas, axis=1)

# x的梯度
grad_x = np.matmul(deltas, self.w.transpose(0, 2, 1))
self. grad_x = np.sum(grad_x, axis=0)

# y_prev的梯度
grad_y_prev = np.matmul(deltas, self.v.transpose(0, 2, 1))
self. grad_y_prev = np.sum(grad_y_prev, axis=0)

# c_prev的梯度
self. grad_c_prev = r * a0
```

各项 delta 被 NumPy 的 stack 函数集中到了名为 delta 的数组变量中，这样是为了方便使用 matmul 函数一次性地执行矩阵运算。为了计算所有时刻各项参数的梯度总和，上述程序中使用了 += 运算符。

在进行输入数据的梯度运算时，需要将矩阵进行转置。由于 w 是内部包含多个矩阵的数组，因此程序使用了 transpose(0,2,1) 替换内部矩阵的坐标轴来实现转置。此外，程序中使用 sum(grad_x, axis=0) 语句计算所有通路的总和。

5.4　LSTM 层的编程实现

接下来，将以类的形式编写 LSTM 网络层的代码。

下面展示的是使用类形式封装 LSTM 网络层的实现代码。与简单的 RNN 网络层一样，下列代码中 forward 方法重复执行的次数与时间序列的数量相等，backward 方法的循环执行次数也是一样。

↓ LSTMLayer 类

```
class LSTMLayer:
    def __init__(self, n_upper, n):
        # 各项参数的初始值
        self.w = np.random.randn(4, n_upper, n) / np.sqrt(n_upper)
        self.v = np.random.randn(4, n, n) / np.sqrt(n)
        self.b = np.zeros((4, n))

    def forward(self, x, y_prev, c_prev):
        # y_prev,c_prev: 前一时刻的输出数据与记忆单元
        u = np.matmul(x, self.w) + np.matmul(y_prev, self.v) + \
            self.b.reshape(4, 1, -1)

        a0 = sigmoid(u[0])                      # 忘记门
        a1 = sigmoid(u[1])                      # 输入门
        a2 = np.tanh(u[2])                      # 新的记忆
        a3 = sigmoid(u[3])                      # 输出门
        self.gates = np.stack((a0, a1, a2, a3))
        self.c = a0*c_prev + a1*a2              # 记忆单元

        self.y = a3 * np.tanh(self.c)       # 输出数据

    def backward(self, x, y, c, y_prev, c_prev, gates,
                 grad_y, grad_c):
        a0, a1, a2, a3 = gates
        tanh_c = np.tanh(c)
        r = grad_c + (grad_y*a3) * (1-tanh_c**2)

        # 各项delta
        delta_a0 = r * c_prev * a0 * (1-a0)
        delta_a1 = r * a2 * a1 * (1-a1)
        delta_a2 = r * a1 * (1 - a2**2)
        delta_a3 = grad_y * tanh_c * a3 * (1 - a3)

        deltas = np.stack((delta_a0, delta_a1, delta_a2, delta_a3))

        # 各项参数的梯度
        self.grad_w += np.matmul(x.T, deltas)
        self.grad_v += np.matmul(y_prev.T, deltas)
        self.grad_b += np.sum(deltas, axis=1)

        # x的梯度
        grad_x = np.matmul(deltas, self.w.transpose(0, 2, 1))
        self.grad_x = np.sum(grad_x, axis=0)
```

5

写给新手的深度学习2

142

```
        # y_prev的梯度
        grad_y_prev = np.matmul(deltas, self.v.transpose(0, 2, 1))
        self.grad_y_prev = np.sum(grad_y_prev, axis=0)

        # c_prev的梯度
        self.grad_c_prev = r * a0

    def reset_sum_grad(self):
        self.grad_w = np.zeros_like(self.w)
        self.grad_v = np.zeros_like(self.v)
        self.grad_b = np.zeros_like(self.b)

    def update(self, eta):
        self.w -= eta * self.grad_w
        self.v -= eta * self.grad_v
        self.b -= eta * self.grad_b
```

上述代码中除了用于执行初始化处理的 __init__ 方法外，还包括执行正向传播处理的 forward 方法、反向传播的 backward 方法、将累计梯度清零的 reset_sum_grad 方法及用于更新参数的 update 方法。

关于 forward 方法的内部处理细节，在前面的章节中已经进行了讲解。不过，这里添加了如下代码，以方便从外部访问各条通路的数据值。

```
self.gates = np.stack((a0, a1, a2, a3))
```

此外，输出数据和记忆单元的值也可以从外部进行访问。这些值在执行同一时刻的 backward 方法时也需要使用，因此被保存到了外部。

虽然代码中 backward 方法是从参数中接收当前时刻的 x、y 和 c 等数据，但是其内部处理与前面章节中讲解的内容相同。

5.5 简单 LSTM 的编程实现

接下来，将使用 LSTM 网络层构建网络模型。与第 4 章一样，我们将使用带有噪声的正弦曲线对网络模型进行训练，并确认网络模型是否能正确地预测时间序列的数据。

在开始介绍完整的实现代码前，我们将对训练 LSTM 的相关知识进行讲解。

5 第 5 章 LSTM

5.5.1　LSTM 的训练

首先是定义用于训练的函数。与简单 RNN 模型类似，在执行正向传播的处理时，需要对反向传播中所需使用的输出等时间序列数据进行保存。

↓ train 函数

```python
# -- 各网络层的初始化 --
lstm_layer = LSTMLayer(n_in, n_mid)
output_layer = OutputLayer(n_mid, n_out)

# -- 训练函数 --
def train(x_mb, t_mb):
    # 正向传播 LSTM网络层
    y_rnn = np.zeros((len(x_mb), n_time+1, n_mid))
    c_rnn = np.zeros((len(x_mb), n_time+1, n_mid))
    gates_rnn = np.zeros((4, len(x_mb), n_time, n_mid))
    y_prev = y_rnn[:, 0, :]
    c_prev = c_rnn[:, 0, :]
    for i in range(n_time):
        x = x_mb[:, i, :]
        lstm_layer.forward(x, y_prev, c_prev)

        y = lstm_layer.y
        y_rnn[:, i+1, :] = y
        y_prev = y

        c = lstm_layer.c
        c_rnn[:, i+1, :] = c
        c_prev = c

        gates = lstm_layer.gates
        gates_rnn[:, :, i, :] = gates

    # 正向传播 输出层
    output_layer.forward(y)

    # 反向传播 输出层
    output_layer.backward(t_mb)
    grad_y = output_layer.grad_x
    grad_c = np.zeros_like(lstm_layer.c)

    # 反向传播 LSTM网络层
    lstm_layer.reset_sum_grad()
    for i in reversed(range(n_time)):
```

```
            x = x_mb[:, i, :]
            y = y_rnn[:, i+1, :]
            c = c_rnn[:, i+1, :]
            y_prev = y_rnn[:, i, :]
            c_prev = c_rnn[:, i, :]
            gates = gates_rnn[:, :, i, :]

            lstm_layer.backward(x, y, c, y_prev, c_prev,
                                gates, grad_y, grad_c)
            grad_y = lstm_layer.grad_y_prev
            grad_c = lstm_layer.grad_c_prev
    # 参数的更新
    lstm_layer.update(eta)
    output_layer.update(eta)
```

在正向传播中是将输出 y 和记忆单元 c 传递给下一时刻，在反向传播中则是将输出的梯度 grad_y 和记忆单元的梯度 grad_c 传递给前一时刻。

此外，在进行正向传播处理时是按照时间序列，将输出保存到 y_cnn 中，将记忆单元保存到 c_rnn 中，将各条通路中经过激励函数处理后的值保存到 gates_rnn 中。而在进行反向传播处理时，则是将这些各个时刻的值传递给 LSTM 网络层的 backward 方法。

5.5.2 完整的代码

下面展示的是完整的实现代码。其中包括训练数据的生成、各个网络层的封装类、训练和预测函数、小批次处理及显示处理进度的所有代码。

在学习的过程中，程序会按照一定的 epoch 间隔对误差进行显示，并绘制曲线。

↓ 完整的代码及执行结果

```
import numpy as np
# import cupy as np                    # 使用GPU的场合
import matplotlib.pyplot as plt

# -- 各项设置参数 --
n_time = 10                            # 时间序列数据的数量
n_in = 1                               # 输入层的神经元数量
n_mid = 20                             # 中间层的神经元数量
n_out = 1                              # 输出层的神经元数量
```

```
eta = 0.01                              # 学习系数
epochs = 101
batch_size = 8
interval = 10                           # 显示处理进度的间隔

def sigmoid(x):
    return 1/(1+np.exp(-x))

# -- 训练数据的生成 --
sin_x = np.linspace(-2*np.pi, 2*np.pi)          # 从-2π到2π
# 使用随机数向sin函数中添加噪声
sin_y = np.sin(sin_x) + 0.1*np.random.randn(len(sin_x))
n_sample = len(sin_x)-n_time                     # 样本数量
input_data = np.zeros((n_sample, n_time, n_in))  # 输入数据
correct_data = np.zeros((n_sample, n_out))       # 正确答案
for i in range(0, n_sample):
    input_data[i] = sin_y[i:i+n_time].reshape(-1, 1)
    # 正确答案位于输入数据的后一位
    correct_data[i] = sin_y[i+n_time:i+n_time+1]

# -- LSTM网络层 --
class LSTMLayer:
    def __init__(self, n_upper, n):
        # 各项参数的初始值
        self.w = np.random.randn(4, n_upper, n) / np.sqrt(n_upper)
        self.v = np.random.randn(4, n, n) / np.sqrt(n)
        self.b = np.zeros((4, n))

    # y_prev, c_prev: 前一时刻的输出数据与记忆单元
    def forward(self, x, y_prev, c_prev):
        u = np.matmul(x, self.w) + np.matmul(y_prev,
                    self.v) + self.b.reshape(4, 1, -1)

        a0 = sigmoid(u[0])              # 忘记门
        a1 = sigmoid(u[1])             # 输入门
        a2 = np.tanh(u[2])             # 新的记忆
        a3 = sigmoid(u[3])             # 输出门
        self.gates = np.stack((a0, a1, a2, a3))

        self.c = a0*c_prev + a1*a2     # 记忆单元
        self.y = a3 * np.tanh(self.c)  # 输出数据

    def backward(self, x, y, c, y_prev, c_prev, gates,
                grad_y, grad_c):
        a0, a1, a2, a3 = gates
        tanh_c = np.tanh(c)
        r = grad_c + (grad_y*a3) * (1-tanh_c**2)
```

5

写给新手的深度学习 2

```
        # 各项delta
        delta_a0 = r * c_prev * a0 * (1-a0)
        delta_a1 = r * a2 * a1 * (1-a1)
        delta_a2 = r * a1 * (1 - a2**2)
        delta_a3 = grad_y * tanh_c * a3 * (1 - a3)

        deltas = np.stack((delta_a0, delta_a1, delta_a2, delta_a3))

        # 各项参数的梯度
        self.grad_w += np.matmul(x.T, deltas)
        self.grad_v += np.matmul(y_prev.T, deltas)
        self.grad_b += np.sum(deltas, axis=1)

        # x的梯度
        grad_x = np.matmul(deltas, self.w.transpose(0, 2, 1))
        self.grad_x = np.sum(grad_x, axis=0)

        # y_prev的梯度
        grad_y_prev = np.matmul(deltas, self.v.transpose(0, 2, 1))
        self.grad_y_prev = np.sum(grad_y_prev, axis=0)

        # c_prev的梯度
        self.grad_c_prev = r * a0

    def reset_sum_grad(self):
        self.grad_w = np.zeros_like(self.w)
        self.grad_v = np.zeros_like(self.v)
        self.grad_b = np.zeros_like(self.b)

    def update(self, eta):
        self.w -= eta * self.grad_w
        self.v -= eta * self.grad_v
        self.b -= eta * self.grad_b

# -- 全连接 输出层 --
class OutputLayer:
    def __init__(self, n_upper, n):
        self.w = np.random.randn(n_upper, n) / \
                 np.sqrt(n_upper)    # Xavier的初始值
        self.b = np.zeros(n)

    def forward(self, x):
        self.x = x
        u = np.dot(x, self.w) + self.b
        self.y = u                    # 恒等函数

    def backward(self, t):
```

```
            delta = self.y - t

            self.grad_w = np.dot(self.x.T, delta)
            self.grad_b = np.sum(delta, axis=0)
            self.grad_x = np.dot(delta, self.w.T)

        def update(self, eta):
            self.w -= eta * self.grad_w
            self.b -= eta * self.grad_b

# -- 各网络层的初始化 --
lstm_layer = LSTMLayer(n_in, n_mid)
output_layer = OutputLayer(n_mid, n_out)

# -- 训练函数 --
def train(x_mb, t_mb):
    # 正向传播 LSTM网络层
    y_rnn = np.zeros((len(x_mb), n_time+1, n_mid))
    c_rnn = np.zeros((len(x_mb), n_time+1, n_mid))
    gates_rnn = np.zeros((4, len(x_mb), n_time, n_mid))
    y_prev = y_rnn[:, 0, :]
    c_prev = c_rnn[:, 0, :]
    for i in range(n_time):
        x = x_mb[:, i, :]
        lstm_layer.forward(x, y_prev, c_prev)

        y = lstm_layer.y
        y_rnn[:, i+1, :] = y
        y_prev = y

        c = lstm_layer.c
        c_rnn[:, i+1, :] = c
        c_prev = c

        gates = lstm_layer.gates
        gates_rnn[:, :, i, :] = gates

    # 正向传播 输出层
    output_layer.forward(y)

    # 反向传播 输出层
    output_layer.backward(t_mb)
    grad_y = output_layer.grad_x
    grad_c = np.zeros_like(lstm_layer.c)

    # 反向传播 LSTM网络层
```

写
给
新
手
的
深
度
学
习
2

```
        lstm_layer.reset_sum_grad()
        for i in reversed(range(n_time)):
            x = x_mb[:, i, :]
            y = y_rnn[:, i+1, :]
            c = c_rnn[:, i+1, :]
            y_prev = y_rnn[:, i, :]
            c_prev = c_rnn[:, i, :]
            gates = gates_rnn[:, :, i, :]

            lstm_layer.backward(x, y, c, y_prev, c_prev,
                                gates, grad_y, grad_c)
            grad_y = lstm_layer.grad_y_prev
            grad_c = lstm_layer.grad_c_prev

        # 参数的更新
        lstm_layer.update(eta)
        output_layer.update(eta)

# -- 预测 --
def predict(x_mb):
    # 正向传播 LSTM网络层
    y_prev = np.zeros((len(x_mb), n_mid))
    c_prev = np.zeros((len(x_mb), n_mid))
    for i in range(n_time):
        x = x_mb[:, i, :]
        lstm_layer.forward(x, y_prev, c_prev)
        y = lstm_layer.y
        y_prev = y
        c = lstm_layer.c
        c_prev = c

    # 正向传播 输出层
    output_layer.forward(y)
    return output_layer.y

# -- 计算误差 --
def get_error(x, t):
    y = predict(x)
    return 1.0/2.0*np.sum(np.square(y - t))     # 误差平方和


error_record = []
n_batch = len(input_data) // batch_size         # 每轮epoch的批次数量
for i in range(epochs):

    # -- 学习 --
    index_random = np.arange(len(input_data))
    np.random.shuffle(index_random)             # 对索引进行打乱处理
```

```
    for j in range(n_batch):

        # 取出小批次数据
        mb_index = index_random[j*batch_size : (j+1)*batch_size]
        x_mb = input_data[mb_index, :]
        t_mb = correct_data[mb_index, :]
        train(x_mb, t_mb)

    # -- 计算误差 --
    error = get_error(input_data, correct_data)
    error_record.append(error)

    # -- 显示进度 --
    if i%interval == 0:
        print("Epoch:"+str(i+1)+"/"+str(epochs), "Error:"+str(error))

        predicted = input_data[0].reshape(-1).tolist()   # 最初的输入
        for i in range(n_sample):
            x = np.array(predicted[-n_time:]).reshape(1, n_time, 1)
            y = predict(x)
            # 将输出添加到predicted中
            predicted.append(float(y[0, 0]))

        plt.plot(range(len(sin_y)), sin_y.tolist(), label="Correct")
        plt.plot(range(len(predicted)), predicted, label="Predicted")
        plt.legend()
        plt.show()

plt.plot(range(1, len(error_record)+1), error_record)
plt.xlabel("Epochs")
plt.ylabel("Error")
plt.show()
```

Epoch:1/101 Error:3.469222426146122   Epoch:11/101 Error:0.9557699295167906

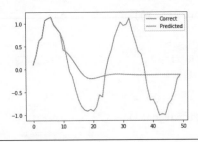 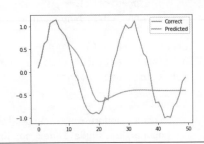

Epoch:21/101 Error:0.5517543966960345   Epoch:31/101 Error:0.41865809304522733

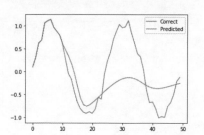 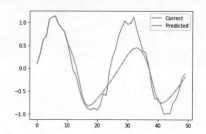

Epoch:41/101 Error:0.36573434497886326 Epoch:51/101 Error:0.3336785120296595

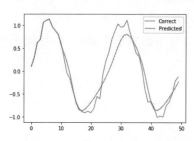 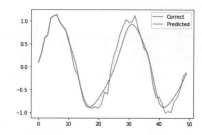

Epoch:61/101 Error:0.30914016173189585 Epoch:71/101 Error:0.2897422728888056

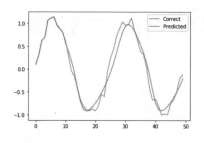 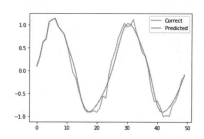

Epoch:81/101 Error:0.274530902574759   Epoch:91/101 Error:0.26212055465341133

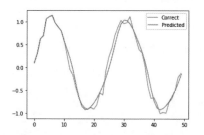 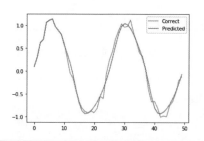

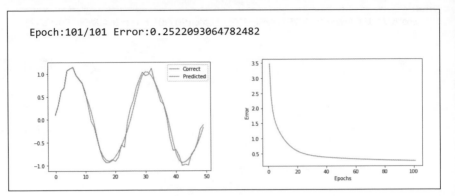

Epoch:101/101 Error:0.2522093064782482

从上述执行结果中可以看到，根据 LSTM 模型的预测所绘制的曲线，随着 epoch 次数的增加，与训练数据的相似程度也逐渐增加。此外，在此过程中的误差也呈现出平滑减小的趋势。由此可见，与 RNN 模型类似，LSTM 模型也具有对时间序列数据进行预测的能力。

虽然 LSTM 模型的优点在这次示例中并没有得到很好的体现，但是在对上下文关系非常敏感的自然语言处理等应用中，我们将看到 LSTM 模型发挥出其真正的价值。

5.6　使用 LSTM 自动生成文章

在本节中，我们将使用 LSTM 模型实现文章的自动生成操作。这次，将使用江户川乱步的知名推理小说《怪人二十面相》作为学习数据，使用神经网络模型自动生成江户川乱步风格的文章。我们将文章中单词的排列次序作为时间序列数据，训练 RNN 模型对下一个可能出现的单词进行预测。

5.6.1　文本数据的读取

首先是文本数据的读入。在下载文件中，本章的文件夹内可以找到包含小说《怪人二十面相》文本数据的 kaijin20.txt 文件。我们直接在代码中指定路径读取该文件。

↓ 文本文件的读入

```
# —— 用于训练的文章 ——
with open("kaijin20.txt", mode="r", encoding="utf-8") as f:
    text = f.read()               # 文件的读入
print("文字数:", len(text))       # 使用len( )获取字符串长度
```

如果执行环境为 Google Colaboratory，则需要注意读取外部文件的方式是有所不同的。这个文本文件是删除了不必要的标点符号的青空文库的文章。下面展示的是这个文件的开头部分。

↓ 读入数据的一部分

在麻布区一条高级住宅区的街道上，有一所漂亮的别墅。差不多有4米左右高的混凝土墙，一直延伸到很远。一进那颇具气派的铁门，眼前就是密排着的大棵凤尾松。隔着那茂密的枝叶，看得见富丽堂皇的正门。不知从什么时候起，宽敞的日本建筑和铺满黄色装饰砖的二层高大洋房排成钩状形。房后有宛如公园的宽广而美丽的庭院。
这是实业界要人——羽柴壮太郎的别墅。
羽柴家现在遇到一件可喜可贺的事和一件异常恐饰的事。
说到喜

5.6.2 文字与索引的关联

我们将使用 set 函数消除重复的文字，将文章中所使用的文字一览表保存到变量 chars_list 中。然后分别创建将文字作为键值、将索引作为数据的字典和将索引作为键值、文字作为数据的字典。稍后，我们将会在不同场合使用到这两个字典。

↓ 创建字典

```
# —— 文字与索引的关联 ——
chars_list = sorted(list(set(text))) # 使用set函数消除重复文字
n_chars = len(chars_list)
print("字数（无重复）:", n_chars)

char_to_index = {}                  # 文字作为键值、索引作为数据的字典
index_to_char = {}                  # 索引作为键值、文字作为数据的字典
for i, char in enumerate(chars_list):
    char_to_index[char] = i
    index_to_char[i] = char
```

5.6.3 文字的向量化

下面将使用独热格式表示每个文字。举一个较为极端的示例，"白日依山尽"这句话中共包含 5 个字，如果其中"日"这个字使用独热格式表示，就是如下所示的值。

$$(01000)$$

像这样的向量元素的数量就是所使用的文字种类的数量。在 kaijin20.txt 文件中，包括汉字和符号在内总共有 2532 个文字，因此向量元素的数量就是 2532 个。

下列代码负责将文字的时间序列转换为独热格式的时间序列，并作为输入数据备用。此外，这段代码还会将时间序列中的下一个文字转换为独热格式，并作为正确答案数据。

↓ 将文字的时间序列转换为独热格式

```
# —— 按时间序列排列的文字及其下一个文字 ——
seq_chars = []
next_chars = []
for i in range(0, len(text) - n_time):
    seq_chars.append(text[i: i + n_time])
    next_chars.append(text[i + n_time])

# —— 使用独热格式表示输入数据和正确答案数据 ——
input_data = np.zeros((len(seq_chars), n_time, n_chars),
                      dtype=np.bool)
correct_data = np.zeros((len(seq_chars), n_chars),
                        dtype=np.bool)
for i, chars in enumerate(seq_chars):
    # 使用独热格式表示正确答案
    correct_data[i, char_to_index[next_chars[i]]] = 1
    for j, char in enumerate(chars):
        # 使用独热格式表示输入数据
        input_data[i, j, char_to_index[char]] = 1
```

这样一来，保存输入数据的 input_data 数组形状就变成了如下形式。

（样本数量，时间序列数据的数量，所使用文字的数量）

正确答案 correct_data 数组的形状就变成了如下所示的形式。

（样本数量，所使用文字的数量）

5.6.4　输出的含义

由于输出层使用的是 Softmax 函数，因此我们可以将输出数据解释为表示概率分布的情况。如图 5.8 所示，横轴中的各个文字与输出层的每个神经元相对应，纵轴则对应下一个出现的文字为该文字的概率。

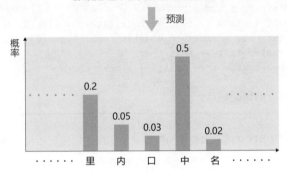

图 5.8　下一个文字的概率分布

在这个示例中，模型预测位于"那时候，整个东京的街头巷尾，家家户户"这句话末尾的下一个文字是"中"的概率最高。由此可见，如果将一篇文章作为文字排列而成的时间序列数据进行分析，我们就能对下一个可能出现的文字的概率进行预测。

5.6.5　生成文本的函数

接下来，将对用于生成文本的函数进行定义。将最开头的若干文字作为种子，然后连续地预测下一个可能出现的文字，并添加到文章中。输入数据使用最新的时间序列数据。

"将预测结果添加到时间序列中"的这一思路与前面将结果用 RNN 生成正弦曲线的操作基本上是相同的。

↓ create_text 函数

```
def create_text():
    prev_text = text[0:n_time]          # 输入数据
    created_text = prev_text            # 生成的文本
    print("Seed:", created_text)
```

```
    for i in range(200):                    # 生成200个字的文章
        x = np.zeros((1, n_time, n_chars))  # 将输入数据转换为独热格式
        for j, char in enumerate(prev_text):
            x[0, j, char_to_index[char]] = 1

        # 进行预测，得到下一个文字
        y = predict(x)
        p = y[0] ** beta                     # 概率分布的调整
        p = p / np.sum(p)                    # 确保p的合计值为1
        next_index = np.random.choice(len(p), size=1, p=p)
        next_char = index_to_char[int(next_index[0])]
        created_text += next_char
        prev_text = prev_text[1:] + next_char

    print(created_text)
```

由于输出层使用 Softmax 函数作为激励函数，因此输出层中每个神经元的输出可以解释为下一个出现的文字是其所对应文字的概率。

用于调整这一概率的常数为 beta，适当地设置这个值能够生成更加自然的文章。如果 beta 值较小，则下一个可能出现的文字的可选范围就比较大；如果 beta 值较大，则下一个可能出现的文字的可选范围就会相应缩小。

5.6.6 梯度裁剪

为了防止梯度爆炸问题的出现，接下来将引入梯度剪裁处理。梯度剪裁可使用如下的公式表示。

$$\text{梯度} \leftarrow \frac{\text{阈值}}{L2\text{范数}} \times \text{梯度}$$

在上述公式中，我们使用 $L2$ 范数对梯度整体的大小进行评估，并对各个梯度进行调整，以确保 $L2$ 范数的大小不会超过阈值本身。

梯度剪裁处理的具体实现代码如下。

↓ 梯度剪裁的实现

```
def clip_grad(grads, max_norm):
    norm = np.sqrt(np.sum(grads*grads))
    r = max_norm / norm
    if r < 1:
```

```
        clipped_grads = grads * r
    else:
        clipped_grads = grads
    return clipped_grads
```

在对各项参数进行更新处理前，我们将调用此函数对梯度的大小进行限制。

5.6.7　完整的代码

下面将使用 LSTM 网络层对作为时间序列数据的文章进行学习，然后使用完成学习的模型自动生成文章。LSTM 网络层的封装类中添加了用于梯度剪裁处理的代码。

文章的自动生成是在每轮 epoch 执行结束时处理的。让我们确认一下，随着学习的推进，生成的文章会出现怎样的变化。此外，如果使用 CPU 执行这段程序，速度会比较慢，建议尽量在 GPU 环境中执行。

↓ 完整的代码

```
import numpy as np
# import cupy as np              # 使用GPU环境
import matplotlib.pyplot as plt

# -- 各项设置常数 --
n_time = 20          # 时间序列数据的数量
n_mid = 128          # 中间层的神经元数量

eta = 0.01           # 学习系数
clip_const = 0.02    # 用于决定范数的最大值常量
beta = 2             # 概率分布的宽度（在确定下一个出现的文字时使用过）
epoch = 50
batch_size = 128

def sigmoid(x):
    return 1/(1+np.exp(-x))

def clip_grad(grads, max_norm):
    norm = np.sqrt(np.sum(grads*grads))
    r = max_norm / norm
    if r < 1:
        clipped_grads = grads * r
    else:
        clipped_grads = grads
    return clipped_grads
```

```
# -- 用于训练的文章 --
with open("kaijin20.txt", mode="r", encoding="utf-8") as f:
    text = f.read()           # 文件的读入
print("字数:", len(text))     # 使用len函数获取字符串长度

# -- 文字与索引的关联 --
chars_list = sorted(list(set(text))) # 使用set函数消除重复文字
n_chars = len(chars_list)
print("字数（无重复）:", n_chars)

char_to_index = {}                        # 文字作为键值、索引作为数据的字典
index_to_char = {}                        # 索引作为键值、文字作为数据的字典
for i, char in enumerate(chars_list):
    char_to_index[char] = i
    index_to_char[i] = char

# -- 按时间序列排列的文字及其下一个文字 --
seq_chars = []
next_chars = []
for i in range(0, len(text) - n_time):
    seq_chars.append(text[i: i + n_time])
    next_chars.append(text[i + n_time])

# -- 使用独热格式表示输入数据和正确答案数据 --
input_data = np.zeros((len(seq_chars), n_time, n_chars),
                      dtype=np.bool)
correct_data = np.zeros((len(seq_chars), n_chars),
                        dtype=np.bool)
for i, chars in enumerate(seq_chars):
    # 使用独热格式表示正确答案数据
    correct_data[i, char_to_index[next_chars[i]]] = 1
    for j, char in enumerate(chars):
        # 使用独热格式表示输入数据
        input_data[i, j, char_to_index[char]] = 1

# -- LSTM网络层 --
class LSTMLayer:
    def __init__(self, n_upper, n):
        # 各项参数的初始值
        self.w = np.random.randn(4, n_upper, n) / np.sqrt(n_upper)
        self.v = np.random.randn(4, n, n) / np.sqrt(n)
        self.b = np.zeros((4, n))

    # y_prev, c_prev: 前一时刻的输出和记忆单元
    def forward(self, x, y_prev, c_prev):
        u = np.matmul(x, self.w) + np.matmul(y_prev, self.v) + \
            self.b.reshape(4, 1, -1)
```

```
            a0 = sigmoid(u[0])              # 忘记门
            a1 = sigmoid(u[1])              # 输入门
            a2 = np.tanh(u[2])              # 新的记忆
            a3 = sigmoid(u[3])              # 输出门
            self.gates = np.stack((a0, a1, a2, a3))

            self.c = a0*c_prev + a1*a2      # 记忆单元
            self.y = a3 * np.tanh(self.c)   # 输出

    def backward(self, x, y, c, y_prev, c_prev, gates, grad_y, grad_c, ):
        a0, a1, a2, a3 = gates
        tanh_c = np.tanh(c)
        r = grad_c + (grad_y*a3) * (1-tanh_c**2)

        # 各个delta
        delta_a0 = r * c_prev * a0 * (1-a0)
        delta_a1 = r * a2 * a1 * (1-a1)
        delta_a2 = r * a1 * (1 - a2**2)
        delta_a3 = grad_y * tanh_c * a3 * (1 - a3)

        deltas = np.stack((delta_a0, delta_a1, delta_a2, delta_a3))

        # 各项常数的梯度
        self.grad_w += np.matmul(x.T, deltas)
        self.grad_v += np.matmul(y_prev.T, deltas)
        self.grad_b += np.sum(deltas, axis=1)

        # x的梯度
        grad_x = np.matmul(deltas, self.w.transpose(0, 2, 1))
        self.grad_x = np.sum(grad_x, axis=0)

        # y_prev的梯度
        grad_y_prev = np.matmul(deltas, self.v.transpose(0, 2, 1))
        self.grad_y_prev = np.sum(grad_y_prev, axis=0)

        # c_prev的梯度
        self.grad_c_prev = r * a0

    def reset_sum_grad(self):
        self.grad_w = np.zeros_like(self.w)
        self.grad_v = np.zeros_like(self.v)
        self.grad_b = np.zeros_like(self.b)

    def update(self, eta):
        self.w -= eta * self.grad_w
        self.v -= eta * self.grad_v
        self.b -= eta * self.grad_b
```

```
        def clip_grads(self, clip_const):
            self.grad_w = clip_grad(self.grad_w,
                        clip_const*np.sqrt(self.grad_w.size))
            self.grad_v = clip_grad(self.grad_v,
                        clip_const*np.sqrt(self.grad_v.size))

# -- 全连接 输出层 --
class OutputLayer:
    def __init__(self, n_upper, n):
        # Xavier的初始值
        self.w = np.random.randn(n_upper, n) / np.sqrt(n_upper)
        self.b = np.zeros(n)

    def forward(self, x):
        self.x = x
        u = np.dot(x, self.w) + self.b
        self.y = np.exp(u)/np.sum(np.exp(u),
                    axis=1).reshape(-1, 1)              # Softmax函数

    def backward(self, t):
        delta = self.y - t

        self.grad_w = np.dot(self.x.T, delta)
        self.grad_b = np.sum(delta, axis=0)
        self.grad_x = np.dot(delta, self.w.T)

    def update(self, eta):
        self.w -= eta * self.grad_w
        self.b -= eta * self.grad_b

# -- 各网络层的初始化 --
lstm_layer = LSTMLayer(n_chars, n_mid)
output_layer = OutputLayer(n_mid, n_chars)

# -- 训练 --
def train(x_mb, t_mb):
    # 正向传播 LSTM层
    y_rnn = np.zeros((len(x_mb), n_time+1, n_mid))
    c_rnn = np.zeros((len(x_mb), n_time+1, n_mid))
    gates_rnn = np.zeros((4, len(x_mb), n_time, n_mid))
    y_prev = y_rnn[:, 0, :]
    c_prev = c_rnn[:, 0, :]
    for i in range(n_time):
        x = x_mb[:, i, :]
        lstm_layer.forward(x, y_prev, c_prev)

        y = lstm_layer.y
        y_rnn[:, i+1, :] = y
        y_prev = y
```

写给新手的深度学习 2

5

```python
            c = lstm_layer.c
            c_rnn[:, i+1, :] = c
            c_prev = c

            gates = lstm_layer.gates
            gates_rnn[:, :, i, :] = gates

        # 正向传播 输出层
        output_layer.forward(y)

        # 反向传播 输出层
        output_layer.backward(t_mb)
        grad_y = output_layer.grad_x
        grad_c = np.zeros_like(lstm_layer.c)

        # 反向传播 LSTM层
        lstm_layer.reset_sum_grad()
        for i in reversed(range(n_time)):
            x = x_mb[:, i, :]
            y = y_rnn[:, i+1, :]
            c = c_rnn[:, i+1, :]
            y_prev = y_rnn[:, i, :]
            c_prev = c_rnn[:, i, :]
            gates = gates_rnn[:, :, i, :]

            lstm_layer.backward(x, y, c, y_prev, c_prev,
                                gates, grad_y, grad_c)
            grad_y = lstm_layer.grad_y_prev
            grad_c = lstm_layer.grad_c_prev

        # 参数的更新
        lstm_layer.clip_grads(clip_const)
        lstm_layer.update(eta)
        output_layer.update(eta)

# -- 预测 --
def predict(x_mb):
    # 正向传播 LSTM层
    y_prev = np.zeros((len(x_mb), n_mid))
    c_prev = np.zeros((len(x_mb), n_mid))
    for i in range(n_time):
        x = x_mb[:, i, :]
        lstm_layer.forward(x, y_prev, c_prev)
        y = lstm_layer.y
        y_prev = y
        c = lstm_layer.c
        c_prev = c
```

```
     # 正向传播 输出层
     output_layer.forward(y)
     return output_layer.y

# -- 计算误差 --
def get_error(x, t):
    limit = 1000
    if len(x) > limit:                   # 设置测算的样本数量上限
        index_random = np.arange(len(x))
        np.random.shuffle(index_random)
        x = x[index_random[:limit], :]
        t = t[index_random[:limit], :]
    y = predict(x)
    return -np.sum(t*np.log(y+1e-7))/batch_size   # 交叉熵误差

def create_text():
    prev_text = text[0:n_time]                     # 输入数据
    created_text = prev_text                        # 生成的文本
    print("Seed:", created_text)

    for i in range(200):                            # 生成200个字的文章
        # 将输入数据转换为独热格式
        x = np.zeros((1, n_time, n_chars))
        for j, char in enumerate(prev_text):
            x[0, j, char_to_index[char]] = 1

        # 进行预测，得到下一个文字
        y = predict(x)
        p = y[0] ** beta                           # 概率分布的调整
        p = p / np.sum(p)                          # 将p的合计变为1
        next_index = np.random.choice(len(p), size=1, p=p)
        next_char = index_to_char[int(next_index[0])]
        created_text += next_char
        prev_text = prev_text[1:] + next_char

    print(created_text)
    print()                                        # 换行

error_record = []
n_batch = len(input_data) // batch_size        # 每轮epoch的批次数
for i in range(epoch):

    # -- 学习 --
    index_random = np.arange(len(input_data))
    np.random.shuffle(index_random)            # 对索引进行打乱处理
    for j in range(n_batch):
```

```
        # 取出小批次数据
        mb_index = index_random[j*batch_size : (j+1)*batch_size]
        x_mb = input_data[mb_index, :]
        t_mb = correct_data[mb_index, :]
        train(x_mb, t_mb)

        # -- 显示处理进度 --
        print("\rEpoch: " + str(i+1) + "/"+str(epoch) + \
              "  "+str(j+1) + "/" + str(n_batch), end="")

    # -- 计算误差 --
    error = get_error(input_data, correct_data)
    error_record.append(error)
    print("  Error: "+str(error))

    # -- 显示处理进度 --
    create_text()

plt.plot(range(1, len(error_record)+1), error_record, label="error")
plt.xlabel("Epochs")
plt.ylabel("Error")
plt.legend()
plt.show()
```

5.6.8 确认结果

下面展示的是使用上述代码经过一轮 epoch 学习后的模型所生成的文章。

↓ 第 1 轮 epoch 学习后（LSTM）

```
Epoch: 1/50 557/557 Error: 48.741430440180125
Seed:  在麻布区的一条高级住宅区的街道上，有一所在麻布区的一条高级住宅区的街
道上，有一所的了。
术在象相得一。
这一。

！
二?
,
一们了，贼三贼，是就
。
```

一不
一奇，说出二。
了了一了识，多来一一一。
的时然。
了不就。
了一也的那的面了的二！是视的？
在我一有，不一。
，是对为的了请
家一不的一一警一上边了老，在此十无才，
无不了，这一行的这。

一一一一些了。

刚上的竟的一了。
一的一不了
了一！是在的不。

他的们一了们了的，就这壮，。
一。
不，一关。

一把在在出

从上述结果中可以看到，虽然看上去很像一篇零散的文章，其实还没有形成一篇完整的文章。由此可见，模型对文字的预测精度还很低。

下面摘录了几段经过 50 轮 epoch 学习后所生成的文章。

↓ 经过 50 轮 epoch 学习后的文章（LSTM）

```
Epoch: 50/50 557/557 Error: 20.12492236446388
Seed: 在麻布区的一条高级住宅区的街道上，有一所在麻布区的一条高级住宅区的街
道上，有一所以，那贼的一个空无梦。
这样，说道：
明智，你对手！
老爷，这是怎么回事？
明智这样吗？
明智先生，我去了你们来，我早就会明了下期，所以我到底怎么难于盗贼的事了。
如果你们我一点儿难于明白了吧。
```

壮二完全被扔到了，在他们三个人。

然而，那贼在本领的一下子上了。

他一夜之间，可以至今仍在作近树米的、有面孔，一边抬头来，在那家伙带着树的可能得到了手，那小子不是那么，他是一个黑糊糊的人物，全都是头发来的

```
Epoch: 50/50 557/557 Error: 20.376169605389464
Seed：在麻布区的一条高级住宅区的街道上，有一所
```

在麻布区的一条高级住宅区的街道上，有一所在二十面相的一个书生，还是一动不动。

这贼，那是我们的助手，他感觉是个白个了。他们一个不怕的声音，也是二十面相。

一点儿也不开口，那儿子头儿，不知道我们来也就是复杂了。

啊，你，我这样，我就要求会好。

既然如此，他们还是：

先生，这样子壮二，一边跑进了解。在他埋设地下，取出了一片、黑色的铁夹子，飘动着一下子，朝窗口处去了。

这一点儿是羽柴家全部下来。那么，我们还是一个无论怎样也解开这儿！我在这儿！

```
Epoch: 50/50 557/557 Error: 20.30852676341569
Seed：在麻布区的一条高级住宅区的街道上，有一所
```

在麻布区的一条高级住宅区的街道上，有一所说，在不可能也不堪得引着重重的少年，就是自己的替身，莫明其妙地等候着，在他下边的少年无声无息地问道。

然而，老人在大批警察署的刑警，也是小林紧握住宅的警察署。

然而，在这里的事件中发生了。而且，他们还在不可不，不是肉中的警察至于我也不知道。

说着，明智先生，在这儿马上就会离到电梯后，一边说道：

他们不必害，还得不服那盗贼的本领班室。至于说为了在本领班的少年级的小林，没有更难堪的办法。可是，他想为

　　从上述结果中可以看到，通过增加 epoch 的执行次数，生成的文章变得更为自然。类似"明智先生"和"二十面相"等词也被成功地拼写出来。此外，由于程序还自动地在适当的位置上插入了句号、换行等符号，因此文章基本上成形了。而且，从语言风格上，也可以看出江户川乱步那独特的写作风格。

　　但是，需要注意上述程序只是按照一定的概率对其采样过的文字进行重新排列而已，并没有达到句子与句子之间意思连贯，文章在整体上也没有真正形成一个完整的故事。此外，有时候还会生成一些比较怪异的词汇。

　　那么，如果我们用 RNN 网络层替代 LSTM 网络层，效果又如何呢？下面展示的是使用简单 RNN 网络层，在同样条件下执行 50 轮 epoch 学习后得到的结果。

Epoch: 50/50 557/557 Error: 16.491182047316627
Seed: 在麻布区的一条高级住宅区的街道上，有一所
在麻布区的一条高级住宅区的街道上，有一所漂亮的信？啊！这是说，这一名露出了一条针博物馆的一个身头，全被盗贼的本去似？最是我们意识到后，守卫在2暗的阴法一天，而是那副发现在众人感到的事。
哈哈……小林的手腕。
小林，如果想对我有，要暗在这里，中村持下这种丢色的恶的人士，一边向洋房顶下的时，而且，在那儿是在这里，中村股长感到一边说，回答道那贼徒，到底不知是，还有一个小学术和那个和警视厅，开尖在铁夹住在门前面目的脸色，装成乞丐的铁夹子，一下黑

Epoch: 50/50 557/557 Error: 17.949931741592113
Seed: 在麻布区的一条高级住宅区的街道上，有一所
在麻布区的一条高级住宅区的街道上，有一所漂亮的人意中的刑警部家之力，辻野工人，不在建筑物的、围中之所以及他们所以为我埋得非常休的。
啊！看到那贼，未定有意地下室里去。
嗯。他的脸色，终于弄到了二十面相的书房里，出现在这儿的警察先生，直至无论如何也无所知何了
如果被老背后边上完地回到了上去。
那么，我是何意事？
是总好吗？
是在三名警察，问道理见到信号
的门上，一动不动地站着对方的怪盗"二十面相"的中敌，壮太郎脸色变成假白，很高兴得

Epoch: 50/50 557/557 Error: 18.002479387537644
Seed: 在麻布区的一条高级住宅区的街道上，有一所
在麻布区的一条高级住宅区的街道上，有一所漂亮的、相当不会跳了这个强是，全都没发生过，他逃走到门前，您大概就是说道：
你们一直乎是一个大眼晴里边走到那一人追踪，他们一步说，就是说，你们看看一个大家都变得到过去，似乎就把那儿到底是谁的事而是，这玩伙！看到底这次见礼看来了。
电话，直到我到的口大吃一惊，而使用一种盯住盗贼的巢穴似乎是解。
那确实是无法无事的。他一定大笑容容放心情重大笑声色的罗愿。不过，他看得见过。
于是，我不定是因为他的工具，

从大体印象上看，RNN 生成的文章不如 LSTM 生成的那么自然。由于简单的 RNN 模型对于长期性记忆难以保持，因此文章让人感觉是将大量不相关的单词堆在一起的产物。但是，从学习时间上看，结构更为简单的 RNN 模型要比 LSTM 模型所需花费的时间短很多。

要想生成更高质量的文章，可以采取的改进办法有很多，其中之一就是加大训练数据集的规模，以提升模型的泛化能力。或许将江户川乱步的其他作品也加入到训练数据集中是一个不错的做法。

另外一个方法就是在输入数据上下工夫。这次的程序是以字符为单位进行输入的，而实际上也可以采取以单词为单位进行输入的方式。在进行输入的时候，根据单词之间的关联性对单词进行向量化处理，这种情况下 Word2Vec（参考文献 [12]）等技术就能派上用场了。

此外，使用 GRU 等其他类型的模型替代 LSTM 模型也是值得尝试的做法。关于 GRU 模型的相关知识，我们将在第 6 章中进行讲解，届时还会介绍使用 GRU 网络层自动生成文章的效果。

在本节中，我们使用 RNN 对未来预测的能力实现了文章的自动生成操作，而实际上这一技术也同样可以应用于谱曲、金融市场价格预测等领域。

小　结

本章我们对内部包含记忆单元和门等复杂结构的 LSTM 模型相关知识进行了讲解。首先对 LSTM 网络层的正向传播、反向传播中所使用的数学公式进行了介绍，并采用类的方式编写相应的实现代码。然后，我们使用这一网络层的封装类构建了 LSTM 模型，并训练模型学习如何生成正弦曲线。此外，我们还训练 LSTM 模型根据文章中文字排列的顺序对下一个可能出现的文字进行预测，并自动生成文章。

与简单的 RNN 模型相比，虽然 LSTM 模型结构更为复杂，但其优点是不容易出现梯度消失的问题，而且表现力也更为强大。在第 6 章中，我们将对 LSTM 模型经过简化而成的 GRU 模型的相关知识进行讲解。

読书笔记

第 **6** 章

GRU

在本章中，我们将对 LSTM 模型经过简化后的 GRU 进行讲解。虽然 GRU 与 LSTM 一样包含门结构，但是其中并不包含记忆单元。与 LSTM 相比而言，GRU 模型的计算量要少一些；根据所需解决任务的不同，在某些情况下 GRU 比 LSTM 所发挥的性能要更为优异。

6.1　GRU 概述

6.1.1　GRU 的结构

　　GRU（Gated Recurrent Unit）是对 LSTM 进行改进后产生的方案，最早是 2014 年由 Cho 等研究人员所提出的（参考文献 [13]）。在 GRU 中，对输入门层和忘记门层进行合并，统一成所谓的更新门层（Update Gate）。此外，记忆单元和输出门层也被去掉了。然后增加了一个所谓的复位门层（Reset Gate），它是负责将过去继承的数据进行清零的门层。拥有这些门层的功能，GRU 层就与 LSTM 一样，可以继承长期性的记忆。

　　GRU 的网络层结构如图 6.1 所示。与 LSTM 相比，其结构更为简单，因此也更易于使用。

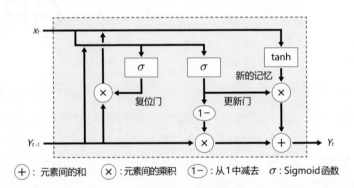

$\oplus$：元素间的和　$\otimes$：元素间的乘积　$\ominus$：从1中减去　σ：Sigmoid 函数

图 6.1　GRU 的网络层结构

　　在图 6.1 中，X_t 为当前时刻门层的输入，Y_t 为当前时刻的输出，Y_{t-1} 为前一时刻的输出。箭头表示正向传播中的数据流向，如果使用批次处理，它就代表矩阵。圆圈表示元素间的运算，其中 + 表示元素间的和，而 × 表示元素间的乘积。此外，σ 表示 Sigmoid 函数。箭头相交的位置只表示路径相同，并不表示相交时会进行运算处理。

　　从图 6.1 可以看到，与 LSTM 层相比，GRU 的结构更为简单。它是没有记忆单元的，过去的记忆包含在 Y_t 中。两个门层分别有各自的学习参数，还有一个将 tanh 作为激励函数的也会对路径进行学习的参数。因此，学习参数就需要 3 组。

接下来，我们将依次对 GRU 内部的各个路径进行讲解。

6.1.2 复位门

将继承自过去的值乘以复位门的值，就可以对是否导入过去的记忆信息进行控制。我们在图 6.2 中高亮显示了复位门的周围部分。

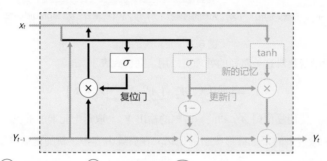

$\oplus$: 元素间的和　$\otimes$: 元素间的乘积　$\ominus$: 从1中减去　σ : Sigmoid 函数

图 6.2　复位门的周围

复位门部门会经过 Sigmoid 函数，在其与过去继承的数据之间对每个元素取乘积。由于 Sigmoid 函数是取 0~1 的值，因此对于过去的记忆应该提取多少值，将在这一门层通过乘以 0~1 进行调整。

基于复位门激励函数的处理，可以用下列公式表示。

$$A_1^{(t)} = \sigma \left(X^{(t)} W_1 + Y^{(t-1)} V_1 + B_1 \right)$$

其中，上标 (t) 表示时刻 t；$A_1^{(t)}$ 表示经过激励函数后的值，取值范围为 0~1；$X^{(t)}$ 表示当前时刻 GRU 层的输入，$Y^{(t-1)}$ 表示前一时刻的输出，两者分别与权重矩阵 W_1、V_1 进行矩阵乘法运算；B_1 表示偏置；σ 表示 Sigmoid 函数；下标 1 表示路径的种类。在后续内容中，复位门都将使用 1 作为下标。

6.1.3 新的记忆

在 GRU 中，存在使用 tanh 作为激励函数的路径，可以将其理解为在当前时刻添加的新的记忆。在后面的内容中，我们会将这一路径称为“新的记忆”。在图 6.3 中高亮展示了新的记忆的周围部分。

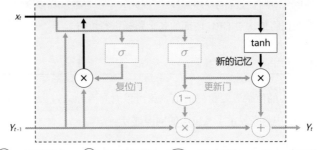

(+)：元素间的和　(×)：元素间的乘积　(1-)：从1中减去　σ：Sigmoid函数

图 6.3　新的记忆的周围

使用激励函数对这一路径的处理可以用下列公式表示。

$$A_2^{(t)} = \tanh\left(X^{(t)} W_2 + \left(A_1^{(t)} \circ Y^{(t-1)} \right) V_2 + B_2 \right)$$

上式中，使用复位门 $A_1^{(t)}$ 和前一时刻的输出 $Y^{(t-1)}$ 取每个元素的乘积。这样一来，就可以在清除过去的记忆后形成新的记忆。在后续内容中，新的记忆将使用 2 作为下标。

6.1.4　更新门

在图 6.4 中高亮显示了更新门的周围部分。

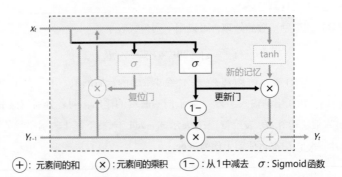

(+)：元素间的和　(×)：元素间的乘积　(1-)：从1中减去　σ：Sigmoid函数

图 6.4　更新门的周围

将新的记忆乘以更新门的值，用 1 减去更新门的值再乘以过去的记忆，然后将它们相加。这样一来，新的记忆与过去的记忆比例就得以调整，并成为当前时刻的输出。

基于更新门激励函数的处理可以用下列公式表示。

$$A_0^{(t)} = \sigma\left(X^{(t)}W_0 + Y^{(t-1)}V_0 + B_0\right)$$

在后续内容中，更新门将使用 0 作为下标。

6.2　GRU 网络层的正向传播

接下来，我们将对 GRU 的工作原理和编程实现方法，同时结合数学公式和实际的代码进行讲解。在本节中，我们将 GRU 层作为类进行编程实现，首先对正向传播进行讲解。

6.2.1　GRU 正向传播的公式

GRU 的正向传播可以使用包含矩阵的数学公式表示。

更新门

$$\begin{aligned} U_0^{(t)} &= X^{(t)}W_0 + Y^{(t-1)}V_0 + B_0 \\ A_0^{(t)} &= \sigma\left(U_0^{(t)}\right) \end{aligned} \tag{6-1}$$

复位门

$$\begin{aligned} U_1^{(t)} &= X^{(t)}W_1 + Y^{(t-1)}V_1 + B_1 \\ A_1^{(t)} &= \sigma\left(U_1^{(t)}\right) \end{aligned} \tag{6-2}$$

新的记忆

$$\begin{aligned} U_2^{(t)} &= X^{(t)}W_2 + \left(A_1^{(t)} \circ Y^{(t-1)}\right)V_2 + B_2 \\ A_2^{(t)} &= \tanh\left(U_2^{(t)}\right) \end{aligned} \tag{6-3}$$

输出

$$Y^{(t)} = \left(1 - A_0^{(t)}\right) \circ Y^{(t-1)} + A_0^{(t)} \circ A_2^{(t)} \tag{6-4}$$

新的记忆路径中需要使用复位门，而输出的路径中则需要使用更新门和新的记忆。

接下来对 GRU 正向传播的公式进行编程实现。由于学习参数总共有 3 组，因此这里按如下所示的方式将各个参数集中进行初始化处理。

```
# w:权重；v:权重；n_upper:上层的神经元数量；n:本层的神经元数量
w = np.random.randn(3, n_upper, n) / np.sqrt(n_upper)
v = np.random.randn(3, n, n) / np.sqrt(n)
```

为了尽量简化编程实现的步骤，这里将省略影响力较小的偏置。

与输入相乘的权重 w 使用的矩阵为

$$3 \times \text{n\_upper} \times n$$

与前一时刻输出相乘的权重 v 使用的矩阵为

$$3 \times n \times n$$

这两者都保存了 3 个相同尺寸的矩阵。关于初始值，这里将使用 Xavier 的初始值。

使用上述这些权重，并基于式（6-1）～式（6-4）按如下所示的方式对正向传播进行编程实现。

```
# x:输入；y_prev:前一时刻的输出
a0 = sigmoid(np.dot(x, w[0]) + np.dot(y_prev, v[0]))       # 更新门
a1 = sigmoid(np.dot(x, w[1]) + np.dot(y_prev, v[1]))       # 复位门
a2 = np.tanh(np.dot(x, w[2]) + np.dot(a1*y_prev, v[2]))    # tanh

y = (1-a0)*y_prev + a0*a2            # 输出
```

对每个路径使用通过激励函数求取的 a0、a1 、a2 计算得到输出 y。至此，我们就完成了对 GRU 网络层中的正向传播处理的编程实现。

6.3　GRU 网络层的反向传播

在 GRU 网络层的反向传播处理中，需要在所有时间段内计算下列每个路径中的梯度。基于梯度下降法的参数更新处理需要使用到下列梯度。

- 与输入相乘的权重的梯度：$\dfrac{\partial E}{\partial W_g}$。
- 与前一时刻输出相乘的权重的梯度：$\dfrac{\partial E}{\partial V_g}$。

写给新手的深度学习 2

- 偏置的梯度：$\dfrac{\partial E}{\partial \boldsymbol{B}_g}$。

此外，在每个时刻都需要对下列梯度进行计算。

- 输入的梯度：$\dfrac{\partial E}{\partial \boldsymbol{X}^{(t)}}$。

- 前一时刻输出的梯度：$\dfrac{\partial E}{\partial \boldsymbol{Y}^{(t-1)}}$。

当 GRU 网络层的上方还有网络层时，输入的梯度会传播到该网络层。前一时刻输出的梯度会传播到前一时刻。下面我们将对各个梯度进行计算。

6.3.1　新的记忆

首先，对与新的记忆相关的各个参数的梯度进行计算。与新记忆相关的正向传播的式（6-3）和式（6-4）的矩阵中的各个元素可以用下列公式表示。

$$u_2^{(t)} = \sum_{k=1}^{m} x_k^{(t)} w_{2,k} + \sum_{k=1}^{n} a_{1,k}^{(t)} y_k^{(t-1)} v_{2,k} + b_2$$

$$a_2^{(t)} = \tanh\left(u_2^{(t)}\right)$$

$$y^{(t)} = \left(1 - a_0^{(t)}\right) y^{(t-1)} + a_0^{(t)} a_2^{(t)}$$

上式中省略了表示矩阵内位置的下标。

在这里对与输入相乘的权重 $w_{2,i}$ 的梯度进行计算。使用带各个时刻 $u_2^{(t)}$ 的连锁律，就可以推导出下列公式。

$$\frac{\partial E}{\partial w_{2,i}} = \sum_{t=1}^{\tau} \frac{\partial E}{\partial u_2^{(t)}} \frac{\partial u_2^{(t)}}{\partial w_{2,j}}$$

$$= \sum_{t=1}^{\tau} x_i^{(t)} \delta_2^{(t)}$$

$v_{2,i}$ 和 b_2 的梯度也可以采用同样的方式求取。

$$\frac{\partial E}{\partial v_{2,i}} = \sum_{t=1}^{\tau} a_{1,i}^{(t)} y_i^{(t-1)} \delta_2^{(t)}$$

$$\frac{\partial E}{\partial b_2} = \sum_{t=1}^{\tau} \delta_2^{(t)}$$

上式中的 $\delta_2^{(t)}$，可以像下列公式这样通过连锁律计算得出。

$$\delta_2^{(t)} = \frac{\partial E}{\partial u_2^{(t)}}$$

$$= \frac{\partial E}{\partial a_2^{(t)}} \frac{\partial a_2^{(t)}}{\partial u_2^{(t)}}$$

$$= \frac{\partial E}{\partial y^{(t)}} \frac{\partial y^{(t)}}{\partial a_2^{(t)}} \frac{\partial a_2^{(t)}}{\partial u_2^{(t)}}$$

$$= \frac{\partial E}{\partial y^{(t)}} a_0^{(t)} \left(1 - a_2^{(t)2}\right)$$

6.3.2　更新门

对与更新门相关的各个参数梯度进行计算。与更新门相关的正向传播的式（6-1）和式（6-4）的矩阵中的各个元素可以用下列公式表示。

$$u_0^{(t)} = \sum_{k=1}^{m} x_k^{(t)} w_{0,k} + \sum_{k=1}^{n} y_k^{(t-1)} v_{0,k} + b_0$$

$$a_0^{(t)} = \sigma\left(u_0^{(t)}\right)$$

$$y^{(t)} = \left(1 - a_0^{(t)}\right) y^{(t-1)} + a_0^{(t)} a_2^{(t)}$$

在这里对与输入相乘的权重 $w_{0,i}$ 的梯度进行计算。使用带各个时刻 $u_0^{(t)}$ 的连锁律就可以导出下列公式。

$$\frac{\partial E}{\partial w_{0,i}} = \sum_{t=1}^{\tau} \frac{\partial E}{\partial u_0^{(t)}} \frac{\partial u_0^{(t)}}{\partial w_{0,i}}$$

$$= \sum_{t=1}^{\tau} x_i^{(t)} \delta_0^{(t)}$$

$v_{0,i}$ 和 b_0 的梯度也可以采用同样的方式求取。

$$\frac{\partial E}{\partial v_{0,i}} = \sum_{t=1}^{\tau} y_i^{(t-1)} \delta_0^{(t)}$$

$$\frac{\partial E}{\partial b_0} = \sum_{t=1}^{\tau} \delta_0^{(t)}$$

上式中的 $\delta_0^{(t)}$，可以像下列公式这样通过连锁律计算得出。

$$\delta_0^{(t)} = \frac{\partial E}{\partial u_0^{(t)}}$$

$$= \frac{\partial E}{\partial a_0^{(t)}} \frac{\partial a_0^{(t)}}{\partial u_0^{(t)}}$$

$$= \frac{\partial E}{\partial y^{(t)}} \frac{\partial y^{(t)}}{\partial a_0^{(t)}} \frac{\partial a_0^{(t)}}{\partial u_0^{(t)}}$$

$$= \frac{\partial E}{\partial y^{(t)}} \left(a_2^{(t)} - y^{(t-1)}\right) a_0^{(t)} \left(1 - a_0^{(t)}\right)$$

6.3.3 复位门

下面对与复位门相关的各个参数梯度进行计算。与更新门相关的正向传播的式（6-2）和式（6-3）的矩阵中的各个元素可以用下列公式表示。

$$u_1^{(t)} = \sum_{k=1}^{m} x_k^{(t)} w_{1,k} + \sum_{k=1}^{n} y_k^{(t-1)} v_{1,k} + b_1$$
$$a_1^{(t)} = \sigma\left(u_1^{(t)}\right) \qquad\qquad (6-5)$$
$$u_2^{(t)} = \sum_{k=1}^{m} x_k^{(t)} w_{2,k} + \sum_{k=1}^{n} a_{1,k}^{(t)} y_k^{(t-1)} v_{2,k} + b_2$$

在这里对与输入相乘权重 $w_{1,i}$ 的梯度进行计算。使用带各个时刻 $u_1^{(t)}$ 的连锁律就可以导出下列公式。

$$\frac{\partial E}{\partial w_{1,i}} = \sum_{t=1}^{\tau} \frac{\partial E}{\partial u_1^{(t)}} \frac{\partial u_1^{(t)}}{\partial w_{1,i}}$$
$$= \sum_{t=1}^{\tau} x_i^{(t)} \delta_1^{(t)}$$

$v_{1,i}$ 和 b_1 的梯度也可以采用同样的方式求取。

$$\frac{\partial E}{\partial v_{1,i}} = \sum_{t=1}^{\tau} y_i^{(t-1)} \delta_1^{(t)}$$
$$\frac{\partial E}{\partial b_1} = \sum_{t=1}^{\tau} \delta_1^{(t)}$$

上式中的 $\delta_1^{(t)}$，其计算方式与前面的公式相比稍微有些复杂。首先按如下方式使用连锁律。

$$\delta_1^{(t)} = \frac{\partial E}{\partial u_1^{(t)}}$$
$$= \frac{\partial E}{\partial a_1^{(t)}} \frac{\partial a_1^{(t)}}{\partial u_1^{(t)}}$$

$a_1^{(t)}$ 可以基于式（6-5），对当前时刻所有神经元的 $u_2^{(t)}$ 产生影响。因此，$\dfrac{\partial E}{\partial a_1^{(t)}}$ 中使用考虑了网络层内所有神经元的连锁律。

$$\delta_1^{(t)} = \left(\sum_{j=1}^{n} \frac{\partial E}{\partial u_{2,j}^{(t)}} \frac{\partial u_{2,j}^{(t)}}{\partial a_1^{(t)}} \right) \frac{\partial a_1^{(t)}}{\partial u_1^{(t)}} \qquad (6-6)$$

其中，n 为网络层内的神经元数量，下标 j 为神经元的索引。下列公式中 $u_{2,j}^{(t)}$ 是将式（6-5）中省略的神经元索引 j 表示出来的效果。

$$u_{2,j}^{(t)} = \sum_{k=1}^{m} x_k^{(t)} w_{2,kj} + \sum_{k=1}^{n} a_{1,k}^{(t)} y_k^{(t-1)} v_{2,kj} + b_{2,j}$$

对其使用 $a_{1,p}^{(t)}$ 进行偏微分计算。下标 p 的范围为 $1 \leq p \leq n$。

$$\frac{\partial u_{2,j}^{(t)}}{\partial a_{1,p}^{(t)}} = y_p^{(t-1)} v_{2,pj}$$

将这里的下标 p 省略，代入式（6-6）后，就可以得到下列公式。

$$\delta_1^{(t)} = \left(\sum_{j=1}^{n} \delta_{2,j}^{(t)} y^{(t-1)} v_{2,j} \right) a_1^{(t)} \left(1 - a_1^{(t)} \right)$$

$$= \left(\sum_{j=1}^{n} v_{2,j} \delta_{2,j}^{(t)} \right) y^{(t-1)} a_1^{(t)} \left(1 - a_1^{(t)} \right)$$

这里使用 $s^{(t)}$ 表示括号内的部分，后面会再次用到 $s^{(t)}$。

$$s^{(t)} = \sum_{j=1}^{n} v_{2,j} \delta_{2,j}^{(t)}$$

使用上述等式，我们就可以得到如下公式。

$$\delta_1^{(t)} = s^{(t)} y^{(t-1)} a_1^{(t)} \left(1 - a_1^{(t)} \right)$$

6.3.4 输入的梯度

某一时刻输入的梯度可以通过带网络层内所有 $u_g^{(t)}$ 的连锁律来计算。g 表示路径的下标。

$$\frac{\partial E}{\partial x_i^{(t)}} = \sum_{g=0}^{2} \sum_{k=1}^{n} \frac{\partial E}{\partial u_{g,k}^{(t)}} \frac{\partial u_{g,k}^{(t)}}{\partial x_i^{(t)}}$$

$$= \sum_{g=0}^{2} \sum_{k=1}^{n} w_{g,i} \delta_{g,k}^{(t)}$$

6.3.5 前一时刻输出的梯度

计算前一时刻输出的梯度时，考虑到将式（6-4）表示为下列公式会直接受到 $y^{(t-1)}$ 的影响，因此需要使用连锁律。

$$y^{(t)} = \left(1 - a_0^{(t)} \right) y^{(t-1)} + a_0^{(t)} a_2^{(t)}$$

综上所述，前一时刻输出的梯度可以通过下列公式计算得出。

$$\frac{\partial E}{\partial y_i^{(t-1)}} = \sum_{k-1}^{n} \frac{\partial E}{\partial u_{0,k}^{(t)}} \frac{\partial u_{0,k}^{(t)}}{\partial y_i^{(t-1)}} + \sum_{k-1}^{n} \frac{\partial E}{\partial u_{1,k}^{(t)}} \frac{\partial u_{1,k}^{(t)}}{\partial y_i^{(t-1)}} + \sum_{k=1}^{n} \frac{\partial E}{\partial u_{2,k}^{(t)}} \frac{\partial u_{2,k}^{(t)}}{\partial y_i^{(t-1)}} + \frac{\partial E}{\partial y_i^{(t)}} \frac{\partial y_i^{(t)}}{\partial y_i^{(t-1)}}$$

$$= \sum_{k=1}^{n} v_{0,i} \delta_{0,k}^{(t)} + \sum_{k=1}^{n} v_{1,i} \delta_{1,k}^{(t)} + a_1^{(t)} \sum_{k=1}^{n} v_{2,i} \delta_{2,k}^{(t)} + \frac{\partial E}{\partial y_i^{(t)}} \left(1 - a_0^{(t)}\right)$$

$$= \sum_{k=1}^{n} v_{0,i} \delta_{0,k}^{(t)} + \sum_{k=1}^{n} v_{1,i} \delta_{1,k}^{(t)} + a_1^{(t)} s^{(t)} + \frac{\partial E}{\partial y_i^{(t)}} \left(1 - a_0^{(t)}\right)$$

6.3.6 使用矩阵表示

为了便于进行编程实现，下面我们将使用矩阵来表示各个梯度。首先，使用矩阵 $\boldsymbol{S}^{(t)}$ 表示 $s^{(t)}$。

$$\boldsymbol{S}^{(t)} = \boldsymbol{\Delta}_2^{(t)} \boldsymbol{V}_2^{\mathrm{T}}$$

$$= \begin{pmatrix} \delta_{2,11}^{(t)} & \delta_{2,12}^{(t)} & \cdots & \delta_{2,1n}^{(t)} \\ \delta_{2,21}^{(t)} & \delta_{2,22}^{(t)} & \cdots & \delta_{2,2n}^{(t)} \\ \vdots & \vdots & \ddots & \vdots \\ \delta_{2,h1}^{(t)} & \delta_{2,h2}^{(t)} & \cdots & \delta_{2,hn}^{(t)} \end{pmatrix} \begin{pmatrix} v_{2,11} & v_{2,21} & \cdots & v_{2,n1} \\ v_{2,12} & v_{2,22} & \cdots & v_{2,n2} \\ \vdots & \vdots & \ddots & \vdots \\ v_{2,1n} & v_{2,2n} & \cdots & v_{2,nn} \end{pmatrix}$$

$$= \begin{pmatrix} \sum_{k=1}^{n} v_{2,1k} \delta_{2,1k}^{(t)} & \sum_{k=1}^{n} v_{2,2k} \delta_{2,1k}^{(t)} & \cdots & \sum_{k=1}^{n} v_{2,nk} \delta_{2,1k}^{(t)} \\ \sum_{k=1}^{n} v_{2,1k} \delta_{2,2k}^{(t)} & \sum_{k=1}^{n} v_{2,2k} \delta_{2,2k}^{(t)} & \cdots & \sum_{k=1}^{n} v_{2,nk} \delta_{2,2k}^{(t)} \\ \vdots & \vdots & \ddots & \vdots \\ \sum_{k=1}^{n} v_{2,1k} \delta_{2,hk}^{(t)} & \sum_{k=1}^{n} v_{2,2k} \delta_{2,hk}^{(t)} & \cdots & \sum_{k=1}^{n} v_{2,nk} \delta_{2,hk}^{(t)} \end{pmatrix}$$

计算 $\boldsymbol{\Delta}_2^{(t)}$ 和 $\boldsymbol{V}_2^{\mathrm{T}}$ 的矩阵乘积，就可以对每个元素取所有神经元的总和。然后，各个路径中 $\delta_g^{(t)}$ 的矩阵 $\boldsymbol{\Delta}_g^{(t)}$ 可以用下列公式表示。这里的平方是每个元素的平方。

$$\boldsymbol{\Delta}_0^{(t)} = \frac{\partial E}{\partial \boldsymbol{Y}^{(t)}} \circ \left(\boldsymbol{A}_2^{(t)} - \boldsymbol{Y}^{(t-1)}\right) \circ \boldsymbol{A}_0^{(t)} \circ \left(1 - \boldsymbol{A}_0^{(t)}\right)$$

$$\boldsymbol{\Delta}_1^{(t)} = \boldsymbol{S}^{(t)} \circ \boldsymbol{Y}^{(t-1)} \circ \boldsymbol{A}_1^{(t)} \circ \left(1 - \boldsymbol{A}_1^{(t)}\right)$$

$$\boldsymbol{\Delta}_2^{(t)} = \frac{\partial E}{\partial \boldsymbol{Y}^{(t)}} \circ \boldsymbol{A}_0^{(t)} \circ \left(1 - \boldsymbol{A}_2^{(t)2}\right)$$

使用上述公式，就可以按如下所示的方式使用矩阵表示各个权重的梯度。

$$\frac{\partial E}{\partial \boldsymbol{W}_g} = \sum_{t=1}^{\tau} \boldsymbol{X}^{(t)\mathrm{T}} \boldsymbol{\Delta}_g^{(t)}$$

$$\frac{\partial E}{\partial \boldsymbol{V}_g} = \sum_{t=1}^{\tau} \boldsymbol{Y}^{(t-1)\mathrm{T}} \boldsymbol{\Delta}_g^{(t)}$$

$\sum$ 内部的矩阵乘积用于为批次处理操作提供支持。

偏置梯度的矩阵是对每个元素在批次内取总和。这一矩阵中所有的行都是相同的。

$$
\frac{\partial E}{\partial \boldsymbol{B}_g} = \begin{pmatrix} \sum_{t=1}^{\tau}\sum_{k=1}^{h}\delta_{g,k1}^{(t)} & \sum_{t=1}^{\tau}\sum_{k=1}^{h}\delta_{g,k2}^{(t)} & \cdots & \sum_{t=1}^{\tau}\sum_{k=1}^{h}\delta_{g,kn}^{(t)} \\ \vdots & \vdots & \ddots & \vdots \\ \sum_{t=1}^{\tau}\sum_{k=1}^{h}\delta_{g,k1}^{(t)} & \sum_{t=1}^{\tau}\sum_{k=1}^{h}\delta_{g,k2}^{(t)} & \cdots & \sum_{t=1}^{\tau}\sum_{k=1}^{h}\delta_{g,kn}^{(t)} \end{pmatrix}
$$

最后，使用矩阵表示输入的梯度和前一时刻输出的梯度。

$$
\frac{\partial E}{\partial \boldsymbol{X}^{(t)}} = \sum_{g=0}^{2} \boldsymbol{\Delta}_g^{(t)} \boldsymbol{W}_g^{\mathrm{T}}
$$

$$
\frac{\partial E}{\partial \boldsymbol{Y}^{(t-1)}} = \boldsymbol{\Delta}_0^{(t)} \boldsymbol{V}_0^{\mathrm{T}} + \boldsymbol{\Delta}_1^{(t)} \boldsymbol{V}_1^{\mathrm{T}} + \boldsymbol{\Delta}_1^{(t)} \circ \boldsymbol{S}^{(t)} + \frac{\partial E}{\partial \boldsymbol{Y}^{(t)}} \circ \left(1 - \boldsymbol{A}_0^{(t)}\right)
$$

6.3.7　反向传播的编程实现

使用矩阵的公式，可以通过下列方式编程实现反向传播。

```
# a0:更新门；a1:复位门；a2:新的记忆
# x:输入；y_prev:前一时刻的输出；grad_y:输出的梯度
# w, v:权重（包含3个矩阵的数组）

# 新的记忆
delta_a2 = grad_y * a0 * (1-a2**2)
grad_w[2] += np.dot(x.T, delta_a2)
grad_v[2] += np.dot((a1*y_prev).T, delta_a2)

# 更新门
delta_a0 = grad_y * (a2-y_prev) * a0 * (1-a0)
grad_w[0] += np.dot(x.T, delta_a0)
grad_v[0] += np.dot(y_prev.T, delta_a0)

# 复位门
s = np.dot(delta_a2, v[2].T)
delta_a1 = s * y_prev * a1 * (1-a1)
grad_w[1] += np.dot(x.T, delta_a1)
grad_v[1] += np.dot(y_prev.T, delta_a1)

# x的梯度
grad_x =  np.dot(delta_a0, w[0].T)
+ np.dot(delta_a1, w[1].T)
+ np.dot(delta_a2, w[2].T)
```

```
# y_prev的梯度
grad_y_prev = np.dot(delta_a0, v[0].T)
+ np.dot(delta_a1, v[1].T)
+ a1*s + grad_y*(1-a0)
```

至此，我们就依次完成了对各路径参数的梯度、输入的梯度、前一时刻输出梯度的计算。

6.4　GRU 网络层的封装类

本节中将 GRU 网络层作为类进行编程实现。

下面就是编程实现后的 GRU 网络层类。与简单的 RNN 网络层和 LSTM 网络层一样，重复执行与时间序列数据相等的 forward 方法后，再重复执行相同次数的 backward 方法。

↓ GRULayer 类

```
class GRULayer:
    def __init__(self, n_upper, n):
        # 参数的初始值
        self.w = np.random.randn(3, n_upper, n) / np.sqrt(n_upper)
        self.v = np.random.randn(3, n, n) / np.sqrt(n)

    def forward(self, x, y_prev):
        a0 = sigmoid(np.dot(x, self.w[0]) + \
                     np.dot(y_prev, self.v[0]))          # 更新门
        a1 = sigmoid(np.dot(x, self.w[1]) + \
                     np.dot(y_prev, self.v[1]))          # 复位门
        a2 = np.tanh(np.dot(x, self.w[2]) + \
                     np.dot(a1*y_prev, self.v[2]))       # 新的记忆
        self.gates = np.stack((a0, a1, a2))

        self.y = (1-a0)*y_prev + a0*a2                   # 输出

    def backward(self, x, y, y_prev, gates, grad_y):
        a0, a1, a2 = gates

        # 新的记忆
        delta_a2 = grad_y * a0 * (1-a2**2)
```

```
            self.grad_w[2] += np.dot(x.T, delta_a2)
            self.grad_v[2] += np.dot((a1*y_prev).T, delta_a2)

            # 更新门
            delta_a0 = grad_y * (a2-y_prev) * a0 * (1-a0)
            self.grad_w[0] += np.dot(x.T, delta_a0)
            self.grad_v[0] += np.dot(y_prev.T, delta_a0)

            # 复位门
            s = np.dot(delta_a2, self.v[2].T)
            delta_a1 = s * y_prev * a1 * (1-a1)
            self.grad_w[1] += np.dot(x.T, delta_a1)
            self.grad_v[1] += np.dot(y_prev.T, delta_a1)

            # x的梯度
            self.grad_x = np.dot(delta_a0, self.w[0].T)
            + np.dot(delta_a1, self.w[1].T)
            + np.dot(delta_a2, self.w[2].T)

            # y_prev的梯度
            self.grad_y_prev = np.dot(delta_a0, self.v[0].T)
            + np.dot(delta_a1, self.v[1].T)
            + a1*s + grad_y*(1-a0)

    def reset_sum_grad(self):
        self.grad_w = np.zeros_like(self.w)
        self.grad_v = np.zeros_like(self.v)

    def update(self, eta):
        self.w -= eta * self.grad_w
        self.v -= eta * self.grad_v
```

在上述代码中，除了实现用于初始化的 __init__ 方法外，还实现了正向传播的
forward 方法、反向传播的 backward 方法、将累积梯度归零的 reset_sum_grad 方法、
用于更新参数的 update 方法。

关于 forward 方法内部的处理，在前面的章节中已经大致进行了讲解。再加上下
列代码，各路径的值就可以从外部进行访问。

```
self.gates = np.stack((a0, a1, a2))
```

此外，输出的值也可以从外部进行访问。这些值在同一时刻的 backward 方法中
也会使用到，因此将其保留在外部。backward 方法会将 x、y、y_prev 等当前时刻的
各个值作为参数接收，而关于其内部的处理已经在前面的章节中进行了讲解。

6.5 GRU 的编程实现

接下来，将使用 GRU 网络层构建网络，然后与前面的章节一样，让其学习带有噪声的正弦曲线，并确认模型可进行时间序列数据的预测。

下面是完整的代码，依次对训练用的数据准备、各网络层的类、用于训练和预测的函数、小批次处理、处理进度的显示等进行了编程实现。在学习过程中，会以一定的 epoch 为间隔进行误差的显示和曲线的生成。

↓ **完整代码与执行结果**

```python
import numpy as np
# import cupy as np              # 使用GPU的场合
import matplotlib.pyplot as plt

# -- 各项设置参数 --
n_time = 10                      # 时间序列数据的数量
n_in = 1                         # 输入层的神经元数量
n_mid = 20                       # 中间层的神经元数量
n_out = 1                        # 输出层的神经元数量

eta = 0.01                       # 学习系数
epochs = 101
batch_size = 8
interval = 10                    # 显示处理进度的间隔

def sigmoid(x):
    return 1/(1+np.exp(-x))

# -- 创建训练数据 --
sin_x = np.linspace(-2*np.pi, 2*np.pi)          # 从-2π到2π
# 使用随机数为sin函数加上噪声
sin_y = np.sin(sin_x)  + 0.1*np.random.randn(len(sin_x))
n_sample = len(sin_x)-n_time                    # 样本数量
input_data = np.zeros((n_sample, n_time, n_in)) # 输入数据
correct_data = np.zeros((n_sample, n_out))      # 正确答案
for i in range(0, n_sample):
    input_data[i] = sin_y[i:i+n_time].reshape(-1, 1)
    correct_data[i] = sin_y[i+n_time:i+n_time+1]
    # 正确答案位于输入数据的后一位
```

```
# -- GRU层 --
class GRULayer:
    def __init__(self, n_upper, n):
        # 参数的初始值
        self.w = np.random.randn(3, n_upper, n) / \
                 np.sqrt(n_upper)
        self.v = np.random.randn(3, n, n) / np.sqrt(n)

    def forward(self, x, y_prev):
        # 更新门
        a0 = sigmoid(np.dot(x, self.w[0]) + np.dot(y_prev, self.v[0]))
        # 复位门
        a1 = sigmoid(np.dot(x, self.w[1]) + np.dot(y_prev, self.v[1]))
        # 新的记忆
        a2 = np.tanh(np.dot(x, self.w[2]) + np.dot(a1*y_prev, self.v[2]))
        self.gates = np.stack((a0, a1, a2))

        self.y = (1-a0)*y_prev + a0*a2                    # 输出数据

    def backward(self, x, y, y_prev, gates, grad_y):
        a0, a1, a2 = gates

        # 新的记忆
        delta_a2 = grad_y * a0 * (1-a2**2)
        self.grad_w[2] += np.dot(x.T, delta_a2)
        self.grad_v[2] += np.dot((a1*y_prev).T, delta_a2)

        # 更新门
        delta_a0 = grad_y * (a2-y_prev) * a0 * (1-a0)
        self.grad_w[0] += np.dot(x.T, delta_a0)
        self.grad_v[0] += np.dot(y_prev.T, delta_a0)

        # 复位门
        s = np.dot(delta_a2, self.v[2].T)
        delta_a1 = s * y_prev * a1 * (1-a1)
        self.grad_w[1] += np.dot(x.T, delta_a1)
        self.grad_v[1] += np.dot(y_prev.T, delta_a1)

        # x的梯度
        self.grad_x =  np.dot(delta_a0, self.w[0].T)
        + np.dot(delta_a1, self.w[1].T)
        + np.dot(delta_a2, self.w[2].T)

        # y_prev的梯度
        self.grad_y_prev = np.dot(delta_a0, self.v[0].T)
        + np.dot(delta_a1, self.v[1].T)
        + a1*s + grad_y*(1-a0)
```

```python
    def reset_sum_grad(self):
        self.grad_w = np.zeros_like(self.w)
        self.grad_v = np.zeros_like(self.v)

    def update(self, eta):
        self.w -= eta * self.grad_w
        self.v -= eta * self.grad_v

# -- 全连接 输出层 --
class OutputLayer:
    def __init__(self, n_upper, n):
        # Xavier的初始值
        self.w = np.random.randn(n_upper, n) / np.sqrt(n_upper)
        self.b = np.zeros(n)

    def forward(self, x):
        self.x = x
        u = np.dot(x, self.w) + self.b
        self.y = u                          # 恒等函数

    def backward(self, t):
        delta = self.y - t

        self.grad_w = np.dot(self.x.T, delta)
        self.grad_b = np.sum(delta, axis=0)
        self.grad_x = np.dot(delta, self.w.T)

    def update(self, eta):
        self.w -= eta * self.grad_w
        self.b -= eta * self.grad_b

# -- 各网络层的初始化 --
gru_layer = GRULayer(n_in, n_mid)
output_layer = OutputLayer(n_mid, n_out)

# -- 训练 --
def train(x_mb, t_mb):
    # 正向传播 GRU层
    y_rnn = np.zeros((len(x_mb), n_time+1, n_mid))
    gates_rnn = np.zeros((3, len(x_mb), n_time, n_mid))
    y_prev = y_rnn[:, 0, :]
    for i in range(n_time):
        x = x_mb[:, i, :]
        gru_layer.forward(x, y_prev)

        y = gru_layer.y
```

```
            y_rnn[:, i+1, :] = y
            y_prev = y

            gates = gru_layer.gates
            gates_rnn[:, :, i, :] = gates

    # 正向传播 输出层
    output_layer.forward(y)

    # 反向传播 输出层
    output_layer.backward(t_mb)
    grad_y = output_layer.grad_x

    # 反向传播 GRU层
    gru_layer.reset_sum_grad()
    for i in reversed(range(n_time)):
        x = x_mb[:, i, :]
        y = y_rnn[:, i+1, :]
        y_prev = y_rnn[:, i, :]
        gates = gates_rnn[:, :, i, :]

        gru_layer.backward(x, y, y_prev, gates, grad_y)
        grad_y = gru_layer.grad_y_prev

    # 参数的更新
    gru_layer.update(eta)
    output_layer.update(eta)

# -- 预测 --
def predict(x_mb):
    # 正向传播 GRU层
    y_prev = np.zeros((len(x_mb), n_mid))
    for i in range(n_time):
        x = x_mb[:, i, :]
        gru_layer.forward(x, y_prev)
        y = gru_layer.y
        y_prev = y

    # 正向传播 输出层
    output_layer.forward(y)
    return output_layer.y

# -- 计算误差 --
def get_error(x, t):
    y = predict(x)
    return 1.0/2.0*np.sum(np.square(y - t))        # 误差平方和
```

```
error_record = []
n_batch = len(input_data) // batch_size          # 每轮epoch的批次数
for i in range(epochs):

    # -- 学习 --
    index_random = np.arange(len(input_data))
    np.random.shuffle(index_random)              # 打乱索引的顺序
    for j in range(n_batch):

        # 提取小批次
        mb_index = index_random[j*batch_size : (j+1)*batch_size]
        x_mb = input_data[mb_index, :]
        t_mb = correct_data[mb_index, :]
        train(x_mb, t_mb)

    # -- 计算误差 --
    error = get_error(input_data, correct_data)
    error_record.append(error)

    # -- 显示处理进度 --
    if i%interval == 0:
        print("Epoch:"+str(i+1)+"/"+str(epochs),
              "Error:"+str(error))

        # 开始的输入
        predicted = input_data[0].reshape(-1).tolist()
        for i in range(n_sample):
            x = np.array(predicted[-n_time:]).reshape(1, n_time, 1)
            y = predict(x)
            # 将输出添加到predicted
            predicted.append(float(y[0, 0]))

        plt.plot(range(len(sin_y)), sin_y.tolist(),
                 label="Correct")
        plt.plot(range(len(predicted)), predicted,
                 label="Predicted")
        plt.legend()
        plt.show()

plt.plot(range(1, len(error_record)+1), error_record)
plt.xlabel("Epochs")
plt.ylabel("Error")
plt.show()
```

Epoch:1/101 Error:3.139451280120297   Epoch:11/101 Error:0.7777930975507641

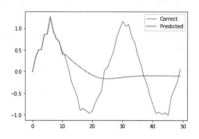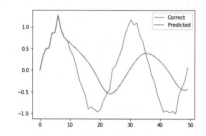

Epoch:21/101 Error:0.43117883005427154   Epoch:31/101 Error:0.3340047865956213

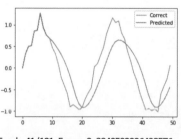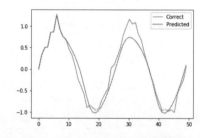

Epoch:41/101 Error:0.2940502996428576   Epoch:51/101 Error:0.27032212223310176

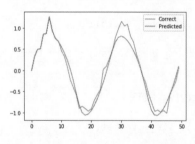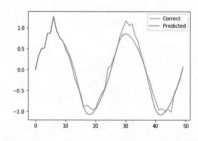

Epoch:61/101 Error:0.25689141392012543   Epoch:71/101 Error:0.24364385240168568

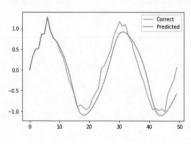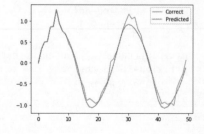

Epoch:81/101 Error:0.23584912347599524   Epoch:91/101 Error:0.23019963094001827

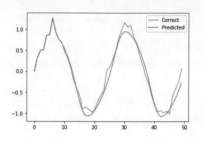 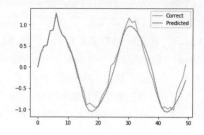

Epoch:101/101 Error:0.2256783975371725

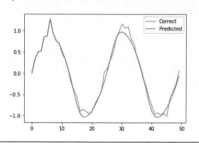 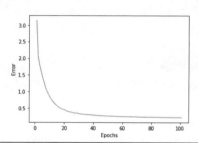

从结果中可以看到，根据 GRU 的预测生成的曲线，随着 epoch 次数的增加，绘制出的正弦曲线就越接近于训练数据。此外，还可以看到，在这期间误差也呈缓慢减少的趋势。

接下来，将使用 GRU 生成文章，并与简单 RNN 模型和 LSTM 模型的结果进行比较。下面是将第 5 章生成文章的代码中的 LSTM 网络层替换成了 GRU 网络层，并进行了 50 轮 epoch 学习的结果。

↓ 学习结果

```
Epoch: 50/50 557/557 Error: 16.914209307211205
Seed: 在麻布区的一条高级住宅区的街道上，有一所在麻布区的一条高级住宅区的街道
上，有一所在危险的时刻，再进入里，也许认为我把你的想来，那贼意识到何处于是的。
明智小五郎侦探。
明智这种毫无可驳是我的识破。
在这里的关上面，毫无疑问，我才真的脸上去一件怪事。
这个叫"二十面相"的部下，不是我的老师的主人，全都掩藏在箱内的树丛里，所以，
他一定会看，那贼意识到的厨师，你们想到的二十面相似乎不会呼吸，都没有胡须
的、相视着。
```

明智小五郎侦探正在营的精心安排。

这个嘛，母亲正门和后门的生意……

```
Epoch: 50/50 557/557 Error: 16.95283434625792
Seed: 在麻布区的一条高级住宅区的街道上，有一所在麻布区的一条高级住宅区的街
道上，有一所孤状的、珠宝的方向跑去。
```

一到这儿，他们嘴里给他想和那警察就行了。而且，大家都表示：

可是，还是这样是个个人都不能轻而易举地把他压在这个嘛，还是说，莫明其妙的

生意。

明智先生，在这房间里了中村警部长的头发，一下子抬起来，这个嘛，侦探突然，

他不由得失声大声呼叫皮普的指令。可是，我就不知道了。

不，不过，你不是松野先生的大批宝物。

在这儿!

啊! 放啦!

他们究竟能否听到，可是，我也不一会儿，可是

```
Epoch: 50/50 557/557 Error: 15.949757007302564
Seed: 在麻布区的一条高级住宅区的街道上，有一所
```

在麻布区的一条高级住宅区的街道上，有一所孤零零的小林少在这种小障碍，简直悔

恨不堪，

实在太可怕的!

啊! 我是真的失败坏的事先是吗?

明智小五郎大概是盗贼摘下挂着的名片，一个是头，很快又过报纸了围成随机逃……

喂，这个好机天呢?

可是，我也无法应看，不是混进了。

明智小五郎又提出一位少年，甚至连报纸上的房间里，毫无疑问，谢。

不，不是令人惊异地站在那儿，过来的。要是为了! 因为他们彻夜坚守。

啊! 我是真的失策? 在不得了，请你们为了不起。不，

虽然很难比较，但是看起来 GRU 产生的句子与 LSTM 一样自然通顺。但是，实际上句子与句子之间是具有关联性的。可见，目前还做不到将整体文章形成一个完整的故事，这一点与 LSTM 是一样的。

epoch 的数量和神经元的数量、RNN 网络层的种类等各种因素都会影响到文章的生成结果，感兴趣的读者可以尝试使用不同的条件生成文章。

6.6　使用 RNN 生成图像

如果将图像作为时间序列数据，就可以基于 RNN 生成图像。在本节中，我们将使用图像数据对 RNN 进行训练，并根据图像的上半部分生成图像的下半部分。

6.6.1　作为时间序列数据的图像

可以将图像看作是排列了各个像素点的矩阵。在这一矩阵中，某行会受到前面行的影响，这样就可以将图像作为一种时间序列数据来考虑。图 6.5 是将图像作为时间序列数据的概念性示意图。

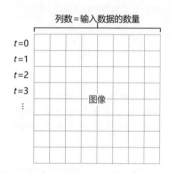

图 6.5　作为时间序列数据的图像示意图

如果使用 RNN 处理，列数就是在某一时刻输入数据的数量。

将按时间序列排列的多行作为输入、将正确答案作为其后面的行，就可以对 RNN 模型进行训练。这一操作如图 6.6 所示。

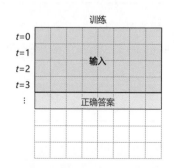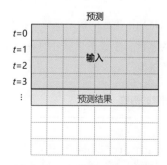

图 6.6　使用图像训练 RNN 模型（左）与基于完成训练 RNN 模型的预测（右）

将开始的多行输入到已经完成训练的 RNN 中，就可以预测出后面的行。然后加上预测得出的行，继续将多行输入，就可以进一步预测出后面的行。通过这样反复进行处理，就可以生成一行一行的图像。其原理与目前为止基于 RNN 生成曲线是一样的。

6.6.2 训练数据的准备

这里我们也将使用 scikit-learn 的手写数字图像数据。从训练用的图像数据 train_imgs 中提取多行数据放到输入变量 input_data 中，并将后面的行放到正确答案变量 correct_data 中。

↓ 数据的生成

```
n_sample_in_img = img_size-n_time            #一张图像中的样本数量
n_sample = len(train_imgs) * n_sample_in_img    #样本数量

input_data = np.zeros((n_sample, n_time, n_in))   #输入
correct_data = np.zeros((n_sample, n_out))        #正确答案
for i in range(len(train_imgs)):
    for j in range(n_sample_in_img):
        sample_id = i*n_sample_in_img + j
        input_data[sample_id] = train_imgs[i, j:j+n_time]
        correct_data[sample_id] = train_imgs[i, j+n_time]
```

这里我们将使用 8×8 的图像，将作为时间序列数据的数量 n_time 设置为 4。接下来，将上半部分的 4 行作为最开始的输入（种子），下半部分的 4 行将通过 RNN 模型一行一行地进行预测。

6.6.3 图像的生成

下面是用于生成图像的函数。将并列显示原始图像 disp_imgs 和以原始图像的上半部分为基准，生成下半部分的 gen_imgs。disp_imgs 是没有包含在训练数据中的用于验证的图像。

↓ 生成图像的函数

```
# -- 生成并显示图像 --
def generate_images():
    #原始图像
    plt.figure(figsize=(10, 1))
```

```
        for i in range(n_disp):
            ax = plt.subplot(1, n_disp, i+1)
            plt.imshow(disp_imgs[i].tolist(), cmap="Greys_r")
            ax.get_xaxis().set_visible(False)          # 不显示坐标轴
            ax.get_yaxis().set_visible(False)
        plt.show()

        # 下半部分是基于RNN生成的图像
        gen_imgs = disp_imgs.copy()
        plt.figure(figsize=(10, 1))
        for i in range(n_disp):
            for j in range(n_sample_in_img):
                x = gen_imgs[i, j:j+n_time].reshape(1, n_time, img_size)
                gen_imgs[i, j+n_time] = predict(x)[0]
            ax = plt.subplot(1, n_disp, i+1)
            plt.imshow(gen_imgs[i].tolist(), cmap="Greys_r")
            ax.get_xaxis().set_visible(False)          # 不显示坐标轴
            ax.get_yaxis().set_visible(False)
        plt.show()
```

　　gen_imgs 首先会将图像的上半部分作为种子生成新的行，再通过包括新行在内最近的多行生成新的行。通过反复执行这一处理，就可以生成下半部分的图像。

6.6.4　完整的代码

　　下面是完整的代码。由于这里的 RNN 中使用了 GRU，因此代码中包含GRULayer 类的实现。在学习过程中，程序会按一定的 epoch 间隔显示误差和生成图像。

↓ **完整的代码**

```
import numpy as np
# import cupy as np                    # 使用GPU的场合
import matplotlib.pyplot as plt
from sklearn import datasets
from sklearn.model_selection import train_test_split

# -- 各项设置参数 --
img_size = 8                           # 图像的高度和宽度
n_time = 4                             # 时间序列数据的数量
n_in = img_size                        # 输入层的神经元数量
n_mid = 128                            # 中间层的神经元数量
```

```
n_out = img_size                     # 输出层的神经元数量
n_disp = 10                          # 显示图像的张数

eta = 0.01                           # 学习系数
epochs = 201
batch_size = 32
interval = 10                        # 显示处理进度的间隔

def sigmoid(x):
    return 1/(1+np.exp(-x))

# -- 数据的准备 --
digits = datasets.load_digits()
digits = np.asarray(digits.data)     # 提供GPU支持
digits_imgs= digits.reshape(-1, img_size, img_size)
digits_imgs /= 15                    # 设置为0~1的范围

disp_imgs = digits_imgs[:n_disp]     # 用于显示结果
train_imgs = digits_imgs[n_disp:]    # 用于训练
n_sample_in_img = img_size-n_time    # 一张图像中的样本数量
n_sample = len(train_imgs) * n_sample_in_img      # 样本数量

input_data = np.zeros((n_sample, n_time, n_in))   # 输入
correct_data = np.zeros((n_sample, n_out))        # 正确答案
for i in range(len(train_imgs)):
    for j in range(n_sample_in_img):
        sample_id = i*n_sample_in_img + j
        input_data[sample_id] = train_imgs[i, j:j+n_time]
        correct_data[sample_id] = train_imgs[i, j+n_time]

# -- 分割为训练数据和测试数据 --
x_train, x_test, t_train, t_test = train_test_split(input_data, correct_data)

# -- GRU层 --
class GRULayer:
    def __init__(self, n_upper, n):
        # 参数的初始值
        self.w = np.random.randn(3, n_upper, n) / \
                 np.sqrt(n_upper)                # Xavier的初始值
        self.v = np.random.randn(3, n, n) / np.sqrt(n)

    def forward(self, x, y_prev):
        a0 = sigmoid(np.dot(x, self.w[0]) + \
                     np.dot(y_prev, self.v[0]))  # 更新门
        a1 = sigmoid(np.dot(x, self.w[1]) + \
                     np.dot(y_prev, self.v[1]))  # 复位门
```

```
            a2 = np.tanh(np.dot(x, self.w[2]) + \
                        np.dot(a1*y_prev, self.v[2]))      # 新的记忆
            self.gates = np.stack((a0, a1, a2))

            self.y = (1-a0)*y_prev + a0*a2                   # 输出

        def backward(self, x, y, y_prev, gates, grad_y):
            a0, a1, a2 = gates

            # 新的记忆
            delta_a2 = grad_y * a0 * (1-a2**2)
            self.grad_w[2] += np.dot(x.T, delta_a2)
            self.grad_v[2] += np.dot((a1*y_prev).T, delta_a2)

            # 更新门
            delta_a0 = grad_y * (a2-y_prev) * a0 * (1-a0)
            self.grad_w[0] += np.dot(x.T, delta_a0)
            self.grad_v[0] += np.dot(y_prev.T, delta_a0)

            # 复位门
            s = np.dot(delta_a2, self.v[2].T)
            delta_a1 = s * y_prev * a1 * (1-a1)
            self.grad_w[1] += np.dot(x.T, delta_a1)
            self.grad_v[1] += np.dot(y_prev.T, delta_a1)

            # x的梯度
            self.grad_x = np.dot(delta_a0, self.w[0].T)
            + np.dot(delta_a1, self.w[1].T)
            + np.dot(delta_a2, self.w[2].T)

            # y_prev的梯度
            self.grad_y_prev = np.dot(delta_a0, self.v[0].T)
            + np.dot(delta_a1, self.v[1].T)
            + a1*s + grad_y*(1-a0)

        def reset_sum_grad(self):
            self.grad_w = np.zeros_like(self.w)
            self.grad_v = np.zeros_like(self.v)

        def update(self, eta):
            self.w -= eta * self.grad_w
            self.v -= eta * self.grad_v

# -- 全连接 输出层 --
class OutputLayer:
    def __init__(self, n_upper, n):
```

```
            self.w = np.random.randn(n_upper, n) / \
                     np.sqrt(n_upper)          # Xavier的初始值
            self.b = np.zeros(n)

    def forward(self, x):
        self.x = x
        u = np.dot(x, self.w) + self.b
        self.y = 1/(1+np.exp(-u))              # Sigmoid函数

    def backward(self, t):
        delta = (self.y-t) * self.y * (1-self.y)

        self.grad_w = np.dot(self.x.T, delta)
        self.grad_b = np.sum(delta, axis=0)
        self.grad_x = np.dot(delta, self.w.T)

    def update(self, eta):
        self.w -= eta * self.grad_w
        self.b -= eta * self.grad_b

# -- 各网络层的初始化 --
gru_layer = GRULayer(n_in, n_mid)
output_layer = OutputLayer(n_mid, n_out)

# -- 训练 --
def train(x_mb, t_mb):
    # 正向传播 GRU层
    y_rnn = np.zeros((len(x_mb), n_time+1, n_mid))
    gates_rnn = np.zeros((3, len(x_mb), n_time, n_mid))
    y_prev = y_rnn[:, 0, :]
    for i in range(n_time):
        x = x_mb[:, i, :]
        gru_layer.forward(x, y_prev)

        y = gru_layer.y
        y_rnn[:, i+1, :] = y
        y_prev = y

        gates = gru_layer.gates
        gates_rnn[:, :, i, :] = gates

    # 正向传播 输出层
    output_layer.forward(y)

    # 反向传播 输出层
    output_layer.backward(t_mb)
    grad_y = output_layer.grad_x
```

```
    # 反向传播 GRU层
    gru_layer.reset_sum_grad()
    for i in reversed(range(n_time)):
        x = x_mb[:, i, :]
        y = y_rnn[:, i+1, :]
        y_prev = y_rnn[:, i, :]
        gates = gates_rnn[:, :, i, :]
        gru_layer.backward(x, y, y_prev, gates, grad_y)
        grad_y = gru_layer.grad_y_prev

    # 参数的更新
    gru_layer.update(eta)
    output_layer.update(eta)

# -- 预测 --
def predict(x_mb):
    # 正向传播 GRU层
    y_prev = np.zeros((len(x_mb), n_mid))
    for i in range(n_time):
        x = x_mb[:, i, :]
        gru_layer.forward(x, y_prev)
        y = gru_layer.y
        y_prev = y

    # 正向传播 输出层
    output_layer.forward(y)
    return output_layer.y

# -- 计算误差 --
def get_error(x, t):
    y = predict(x)
    return np.sum(np.square(y - t)) / len(x)        # 误差平方和

# -- 生成并显示图像 --
def generate_images():
    # 原始图像
    plt.figure(figsize=(10, 1))
    for i in range(n_disp):
        ax = plt.subplot(1, n_disp, i+1)
        plt.imshow(disp_imgs[i].tolist(), cmap="Greys_r")
        ax.get_xaxis().set_visible(False)           # 不显示坐标轴
        ax.get_yaxis().set_visible(False)
    plt.show()

    # 下半部分是基于RNN生成的图像
    gen_imgs = disp_imgs.copy()
```

```
    plt.figure(figsize=(10, 1))
    for i in range(n_disp):
        for j in range(n_sample_in_img):
            x = gen_imgs[i, j:j+n_time].reshape(1, n_time, img_size)
            gen_imgs[i, j+n_time] = predict(x)[0]
        ax = plt.subplot(1, n_disp, i+1)
        plt.imshow(gen_imgs[i].tolist(), cmap="Greys_r")
        ax.get_xaxis().set_visible(False)      # 不显示坐标轴
        ax.get_yaxis().set_visible(False)
    plt.show()

n_batch = len(x_train) // batch_size          # 每轮epoch的批次数
for i in range(epochs):

    # —— 学习 ——
    index_random = np.arange(len(x_train))
    np.random.shuffle(index_random)                  # 将索引的顺序打乱
    for j in range(n_batch):

        # 提取小批次
        mb_index = index_random[j*batch_size : (j+1)*batch_size]
        x_mb = x_train[mb_index, :]
        t_mb = t_train[mb_index, :]

        # 训练
        train(x_mb, t_mb)

    # —— 显示处理进度 ——
    if i%interval == 0:
        # 测量误差
        error_train = get_error(x_train, t_train)
        error_test = get_error(x_test, t_test)
        print("Epoch:" + str(i) + "/" + str(epochs-1),
              "Error_train: " + str(error_train),
              "Error_test: " + str(error_test))

        # 图像的生成
        generate_images()
```

上述代码的执行结果如图 6.7 所示。

Original
(上半部分是种子)

Epoch: **0**
Error: 0.599

Epoch: **10**
Error: 0.422

Epoch: **80**
Error: 0.279

Epoch: **200**
Error: 0.255

图 6.7　基于 RNN 的图像自动生成

从图 6.7 中可以看到，学习初期生成的下半部分图像是模糊的。但是随着学习的推进，逐渐生成了清晰的下半部分图像。在学习 200 轮 Epoch 后，0、1、3、4、6、7 图像的下半部分在某种程度上得到了准确预测。但是 2 和 8 似乎将上半部分误判成了 3；此外，5 和 9 是无法辨别出下半部分的，这可以认为是由于图像的上半部分没有给到下半部分用于预测的足够信息导致的。

综上所述，有时候 RNN 具有强大的预测能力。虽然预测的结果取决于种子，但是如果图像的上半部分只使用噪声信息或使用完全不同的图像，也可能得到非常有趣的结果，建议感兴趣的读者亲自动手尝试看看。

6.7　Seq2Seq

在本节中，我们将对使用了 RNN 的一种名为 Seq2Seq（Sequence to Sequence）的有趣模型进行介绍（参考文献 [14]）。Seq2Seq 是一种使用名为 encoder 的 RNN 对文章等时间序列数据进行压缩，并使用名为 decoder 的另一个 RNN 生成文章等时间序列数据的模型。在这些 RNN 中使用了 LSTM 和 GRU 等模型。Seq2Seq 是接收序列（也就是接收 Sequence），并将其转换为其他序列的模型，因此常用于自然语言处理等技术中。

下面列举了几个 Seq2Seq 的应用案例。

● 机器翻译（如英语文章→法语文章）。

- 文章摘要（如原始文章→文章摘要）。
- 会话（如自己的发言→对方的发言）。

接下来，将对 Seq2Seq 的结构进行讲解。图 6.8 是基于 Seq2Seq 进行机器翻译的示例。

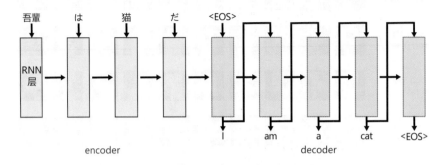

图 6.8　Seq2Seq 的结构

在本示例中，将"吾輩は猫だ"这一日文句子翻译成了 I am a cat 的英文句子。encoder 是将时间序列数据按各个时刻进行输入的。这种情况下，日语文章中的每个单词就是按顺序输入到 RNN 中的。decoder 会继承 encoder 的状态，首先将表示文章末尾的 EOS 作为输入，然后将输出得到的单词作为下一时刻的输入。通过反复执行这一处理，就可以得到翻译后的英文输出。

由此可见，在 Seq2Seq 中时间序列数据会被转换为其他的序列。这类 Seq2Seq 模型结构简单，只需要在本书的代码中进行少量的修改就可以构建出来，感兴趣的读者不妨一试。

小　结

本章我们对将 LSTM 模型进行简化后的 GRU 模型进行了讲解。使用数学公式对 GRU 层的正向传播和反向传播进行表示，并将其作为类进行编程实现。然后使用这个类构建 GRU 的模型，并对其进行训练，生成正弦曲线。

正向传播的公式较为简单，而反向传播的公式则有些许复杂。尽管如此，即使是较为复杂的模型，只要使用偏微分和连锁律将公式展开，就可以对所需的各个梯度进行计算。

此外，只要能使用矩阵表示正向传播和反向传播的处理，就可以通过代码对这些处理进行编程实现。相信读者通过学习本章的内容，去思考如何构建自定义的模型并尝试编程实现，将会是一件很有意思的事情。

　　如果是某种程度上已经定型的处理，比起从零开始编程实现，直接使用深度学习框架要更为便捷。下面将对普及率较高且易于处理的 Keras 和 PyTorch 框架进行介绍。

　　● Keras

　　Keras 框架是使用 Python 语言进行编写的，可以在 TensorFlow 和 Theano 上作为前端运行。它由 Google 公司的工程师 Francois Chollet 开发，并于 2015 年发布。

keras

https://keras.io/

　　由于利用 Keras 只需要将网络层堆叠在一起就可以直观地编程实现深度学习模型，因此用户可以快速地进行各种尝试。此外，它还具有出色的可扩展性，可以轻松添加新的类和函数。虽然学习成本低，但是它使用灵活且功能强大。使用 Tensorflow 和 Theano 编写代码的部分已经被完全隐藏了，几乎不需要关心它们的存在。

　　此外，在 Google Colaboratory 环境中默认就已经安装了 Keras 框架。

　　● PyTorch

　　PyTorch 是由 Facebook 的人工智能研发团队 FAIR 开发，并于 2016 年发布的。近年来，它的人气也在急速飙升中。

PyTorch

https://pytorch.org/

　　PyTorch 是基于名为 Torch 及 Chainer 框架的机器学习库。由于 PyTorch 可以简单地编写直观且易读的代码，因此它的效率高且易于维护。实际上，全球范围内的研究者已经逐渐在研究中使用 PyTorch。PyTorch 与 Chainer 相同，采用的都是 Define-by-Run 方式。使用 Define-by-Run 方式可以在每次传递数据时对结构进行修改，因此可以构建动态的网络。此外，Chainer 的开发者 Preferred Networks 宣布今后会逐步从 Chainer 移植到 PyTorch。

　　除了上述框架，其他团队也在研发各种使用方便的深度学习框架。

　　另外，大多数深度学习的框架都是开源的。在下列代码库中可以找到公开的代码，感兴趣的读者可以仔细阅读，相信它们会成为很好的学习参考。

第 **7** 章

VAE

在本章中，我们将对变分自编码器（Variational Auto Encoder，VAE）的原理和编程实现的方法进行讲解。在 VAE 模型中是将图像等数据的特征压缩到名为隐藏变量的变量中。通过对这一隐藏变量进行调整，生成的图像会产生连续性的变化。

具体来讲，我们首先对 VEA 的概要进行讲解，再对它的工作原理、常规的自编码器、VAE 的编程实现方法等内容进行讲解。此外，需要注意的是，本书将重点讲解如何编程实现 VAE，并不会对其中的概率模型进行讲解。有关概率模型方面的讲解，请参考其他相关书籍或资料。

7.1 自编码器及 VAE 概述

在本节中，我们将对常规的自编码器（Auto Encoder）及其进阶技术 VAE 的概要进行讲解。

7.1.1 什么是自编码器

VAE 属于自编码器神经网络技术的一个发展派系。首先，我们将对自编码器的相关知识进行讲解。自编码器是由 Encoder 和 Decoder 共同组成的，如图 7.1 所示。

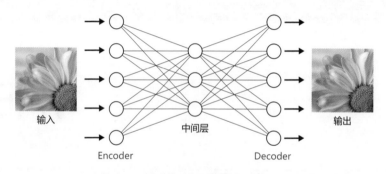

图 7.1 自编码器

在图 7.1 的示例中，输入数据为图像，而输出数据则是对输入图像进行还原得到的图像。其中，输入数据的尺寸与输出数据是相同的，中间层的尺寸比输入和输出尺寸都要小一些。网络通过学习实现在输出数据中对输入数据进行重现。如果中间层的尺寸比输入数据尺寸更小，就说明通过 Encoder 对数据进行了压缩的操作。然后，Decoder 会尝试将压缩后的数据恢复成原始数据。当输入数据为图像时，中间层可以实现使用更少的数据对原有图像中的特征进行保存的目的。

综上所述，所谓自编码器，就是基于神经网络对输入数据进行压缩和复原处理的模型。由于不需要监督数据，因此自编码器通常被归类到无监督学习中。自编码器可以通过计算输入和输出数据的差分对出现异常的数值进行检测，因此常用于工业领域的异常检测中。

7.1.2 什么是 VAE

所谓生成模型（Generative Model），是指通过对训练数据进行学习，以生成与这类数据相似的新数据的模型。深度学习技术的用途不仅仅局限于实现某种程度的识别处理。本书涉及的生成模型包括 VAE 和 GAN 两种，接下来将对其中的 VAE 模型进行重点讲解。VAE 通过使用被称为隐藏变量的变量对训练数据的特征进行捕捉，从而实现自动生成具有与训练数据类似特征的新数据（参考文献［15］）。

VAE 属于自编码器的发展分支，其具有如图 7.2 所示的网络结构。

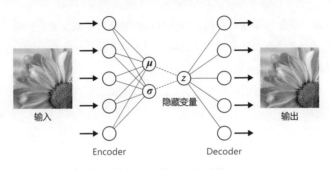

输入   Encoder   隐藏变量   Decoder   输出

图 7.2　VAE 的网络结构

在 VAE 网络中，首先通过 Encoder 从输入数据中计算得到平均向量 μ 和分散向量 σ，然后根据这些向量按照一定的概率生成采样到隐藏变量 z 中，再通过 Decoder 从 z 中的输出数据实现对原有数据的重现。

VAE 的一大特点是，通过对隐藏变量 z 的调整可以实现对连续变化数据的自动生成。例如，使用 VAE 可以自动生成如图 7.3 所示连续变化的手写数字图像。

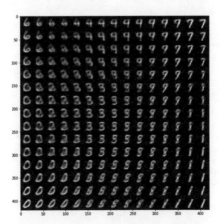

图 7.3　基于 VAE 生成的手写数字图像

从图 7.3 中可以看到，通过连续地使隐藏变量 z 产生变化，模型连续地生成了 6、9、7 等数字。通过应用这一技术，还可以实现自动生成可连续变化的人脸表情图像。由此可见，VAE 模型具有很高的灵活性，具备生成连续性变化数据的能力，故受到了广泛的关注。

VAE 与自编码器不同，其特点是隐藏变量的部分为概率分布的。该特征的一个优势是，即使输入数据是相同的，每次产生的输出结果也是不同的。它有很强的抗噪性，能更有效地对数据的基本特征进行提取。此外，它对于未知输入的处理行为也是有保障的。

由于隐藏变量是连续性分布的，因此可以通过调整隐藏变量调整输出结果的特征。实际上，VAE 模型很适合用于消除噪声、在异常检测中定位异常位置及使用隐藏变量的聚类等处理，因此使用范围非常广泛。

如果读者已经学习过前面的章节，VAE 模型的编程实现就绝非难事，因此可以轻松地进行尝试。

7.2 VAE 的工作原理

在本节中，将对 VAE 的工作原理进行讲解。接下来，就让我们一起来掌握隐藏变量的采样、反向传播中所需的 Reparametrization Trick 及 VAE 的误差函数等相关知识。

7.2.1 隐藏变量的采样

在 VAE 中需要对隐藏变量进行采样处理。隐藏变量是指使用 Encoder 将输入数据的特征"塞入"更低维度的数据中。然后，通过 Decoder 对这一隐藏变量进行处理，重新构建输入数据。

Encoder 的神经网络如图 7.4 所示，输出平均值 μ 和标准偏差 σ，并通过使用这两者的正态分布对隐藏变量 z 进行采样处理。

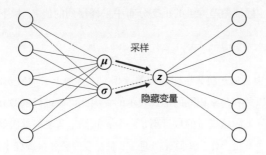

图 7.4 隐藏变量的采样

此外，虽然从图 7.4 中比较难以看出，通常情况下 μ、σ 及隐藏变量 z 为向量，或者是支持批次处理的矩阵。

综上所述，即使输入数据是相同的，每次也可以得到有些许不同的隐藏变量。图 7.5 中展示的是输入与隐藏变量之间的关系。为了便于理解，这里只使用了 z_1 和 z_2 两个隐藏变量。

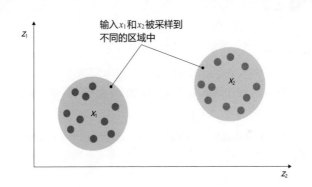

图 7.5 输入和隐藏变量的关系

图 7.5 中有 x_1 和 x_2 两个输入，它们分别在不同隐藏变量的区域中，在服从正态分布的情况下被采样。这是因为一旦输入产生变化，μ 和 σ 也会随着产生变化。如果对 VAE 加以训练，就可以根据每个输入的特征在不同隐藏变量的区域中进行映射处理。

7.2.2　Reparametrization Trick

虽然 VAE 模型进行学习的目标是实现对输入数据的重现，但是由于中间通过概率分布进行采样会导致无法进行偏微分，这样就无法运用反向传播，因此，在 VAE 模型中使用的是名为 Reparametrization Trick 的方法。Reparametrization Trick 方法是使用从平均值为 0、标准偏差为 1 的正态分布中采样得到的值 ε，像下列公式这样表示隐藏变量的。

$$z = \mu + \varepsilon\sigma$$

在这个公式中是通过将 ε 与标准偏差 σ 相乘，再加上平均值 μ 计算隐藏变量的。由于隐藏变量是以"和与乘积"的形式表示的，因此可以进行偏微分，并可以运用反向传播处理。实际上隐藏变量的数量不止一个，我们也需要将批次处理考虑进去，因此上述公式的各个变量会作为矩阵来处理。ε 对每个隐藏变量或样本取不同的值。

上述公式可以通过图 7.6 来表示。

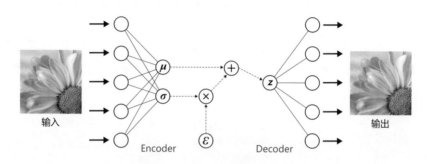

图 7.6　Reparametrization Trick

μ 和 σ 表示 Encoder 神经网络的输出，而使用 ε 得到的隐藏变量 z 则表示 Decoder 神经网络的输入。

虽然 ε 会在执行正向传播时进行采样，但是该值将用于反向传播，因此在这期间需要对其进行保存。

7.2.3　误差的定义

在 VAE 模型中运用反向传播时，需要对误差进行定义。虽然 VAE 的误差需要受到"根据输入数据重构得到的数据与原始的输入有多大差别"的影响，但是同时也需要受到"隐藏变量发散到什么程度"的影响。

隐藏变量会随着学习的推进逐渐趋向于远离 0 并往四处发散。如果发生了这类发散的情况，隐藏变量将变得不稳定且难以处理，这是我们不希望看到的。因此，为了防止发散，VAE 的误差中会加上用于正则化的项 E_{reg}。这个项可以理解为隐藏变量发散的程度。然后，将此项与表示输出和输入存在多大偏离的重构误差 E_{rec} 相结合。本书中将使用如下公式表示 VAE 的误差。

$$E = E_{\text{rec}} + E_{\text{reg}} \qquad (7\text{-}1)$$

虽然 VAE 是通过使这一误差 E 最小化来实现学习的，但是等号右边的两项是否能够取得平衡则决定着学习是否成功。接下来，我们将对式（7-1）右边的这两个误差项进行讲解。

7.2.4　重构误差

式（7-1）中 VAE 的重构误差 E_{rec} 可以使用下列公式表示。

$$E_{\text{rec}} = \frac{1}{h}\sum_{i=1}^{h}\sum_{j=1}^{m}\left(-x_{ij}\log y_{ij} - \left(1-x_{ij}\right)\log\left(1-y_{ij}\right)\right) \qquad (7\text{-}2)$$

式（7-2）中，x_{ij} 表示 VAE 的输入；y_{ij} 表示 VAE 的输出；h 表示批次大小；m 表示输入层和输出层的神经元数量。对所有输入数据和输出数据求和，并在批次内取平均。

在这里省略 $\sum\sum$ 内的下标，用下列公式表示。

$$e_{\text{rec}} = -x\log y - (1-x)\log(1-y)$$

这一公式被称为交叉熵，表示两个数值的偏离程度。这种情况下，e_{rec} 表示 x 和 y 值的差距大小，当 x 与 y 相等时取最小值。

下面将对二元的交叉熵和下列公式所表示的误差平方进行比较。

$$\frac{1}{2}(x-y)^2$$

为了能够更直观地掌握这两者的区别，我们将通过绘制图表来了解。首先使用下列代码求取误差平方，并确认当 x 的值为 0.25、0.5、0.75 时，y 的取值与误差平方是如何变化的。

↓ 误差平方的变化

```
import numpy as np
import matplotlib.pyplot as plt

def square_error(x, y):
    return (x - y)**2/2          # 误差平方


y = np.linspace(0, 1)
xs = [0.25, 0.5, 0.75]
for x in xs:
```

本段右侧边栏：

7

第7章 VAE

209

```
      plt.plot(y, square_error(x, y), label="x="+str(x))

plt.legend()
plt.xlabel("y")
plt.ylabel("Error")
plt.show()
```

※为了便于理解，图表中使用了不同的线段类型。

从上面图表中可以看到，误差在最小值的两侧呈现平稳上升的趋势。

然后，我们将使用下列代码绘制二元的交叉熵误差。确认 x 的值为 0.25、0.5、0.75 时，y 的值与二元交叉熵误差会发生什么变化。

↓ 二元交叉熵误差的变化

```
import numpy as np
import matplotlib.pyplot as plt

# 返回二元的交叉熵
def binary_crossentropy(x, y):
    return -x*np.log(y) - (1-x)*np.log(1-y)

y = np.linspace(0.01, 0.99)
xs = [0.25, 0.5, 0.75]
for x in xs:
    plt.plot(y, binary_crossentropy(x, y), label="x="+str(x))

plt.legend()
plt.xlabel("y")
plt.ylabel("Error")
plt.show()
```

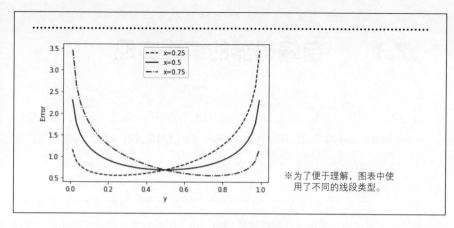

※为了便于理解，图表中使用了不同的线段类型。

从上面图表中可以看到，误差在最小值附近是平稳变化的，而在 0 和 1 附近则呈现急剧上升的趋势。当 x 和 y 之间产生巨大的差距时，误差会急剧增大，因此尝试将误差缩小的动作也会增大。只有当 x 和 y 的取值范围为 0~1 时，才可以运用二元的交叉熵。然而，由于与误差平方相比，误差变化的速度差异较大，因此误差更易于收敛。这就是在 VAE 的重构误差中经常会使用二元交叉熵的原因。

在式（7-2）中，使用所有的输入和输出取这种二元交叉熵的总和，并在批次内取平均值，将其作为表示输入的再现性程度的重构误差。

7.2.5　正则化项

式（7-1）中 VAE 的正则化项 E_{reg} 可以使用下列公式表示。

$$E_{\text{reg}} = \frac{1}{h} \sum_{i=1}^{h} \sum_{k=1}^{n} -\frac{1}{2}\left(1 + \log \sigma_{ik}^2 - \mu_{ik}^2 - \sigma_{ik}^2\right) \qquad （7-3）$$

式（7-3）中，h 表示批次大小；n 表示隐藏变量的数量；σ_{ik} 表示标准偏差；μ_{ik} 表示平均值。使用所有的隐藏变量取总和，并在批次内取平均值。

接下来，将思考 $\sum\sum$ 的内部定义。省略下标后，使用下列公式表示。

$$e_{\text{reg}} = -\frac{1}{2}\left(1 + \log \sigma^2 - \mu^2 - \sigma^2\right)$$

e_{reg} 在标准偏差为 1、平均值为 0 时取最小值 0。此外，e_{reg} 在 σ 偏离 1 时，或者 μ 偏离 0 时会变大。由于隐藏变量是使用 σ 和 μ 进行采样的，因此 e_{reg} 表示的就是"隐藏变量偏离标准偏差 1 和平均值 0 的程度"。

在式（7-3）中，使用所有的输入和输出数据对取这样的 e_{reg} 求和，并在批次内取平均值，将其作为表示隐藏变量发散程度的正则化项。

7.3 自编码器的编程实现

在对 VAE 编程实现前，我们将对常规的自编码器编程实现进行讲解。首先使用 Encoder 将图像压缩到中间层，再通过 Decoder 对原始图像进行重构。训练数据将使用前面 scikit-learn 的手写数字图像。

7.3.1 构建网络

图 7.7 中展示的是要构建自编码器的网络。由于图像的宽度和高度都是 8 个像素点，因此输入层就需要 8×8=64 个神经元。

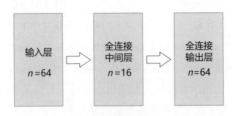

n 是神经元数量

图 7.7 构建自编码器的网络

此外，由于我们学习的目的是在输出数据中对输入数据进行重现，因此输出层的神经元数量与输入层是相同的。中间层分配的是比输入层和输出层更少的 16 个神经元。其少于图像的像素点，因此就可以实现对图像进行压缩的处理。

将上述设置编写成如下所示的代码。

```
img_size = 8                         # 图像的高度和宽度
n_in_out = img_size * img_size       # 输入层和输出层的神经元数量
n_mid = 16                           # 中间层的神经元数量
```

7.3.2 各网络层的编程实现

在这里对中间层和输出层进行编程实现。中间层的激励函数使用 ReLU，输入值的范围为 0~1，输出值的范围需要与其匹配。因此，输出层的激励函数就需要使用输出范围为 0~1 的 Sigmoid 函数。

定义各网络层的类

```python
# -- 各网络层的父类 --
class BaseLayer:
    def update(self, eta):
        self.w -= eta * self.grad_w
        self.b -= eta * self.grad_b


# -- 中间层 --
class MiddleLayer(BaseLayer):
    def __init__(self, n_upper, n):
        # He的初始值
        self.w = np.random.randn(n_upper, n) * np.sqrt(2/n_upper)
        self.b = np.zeros(n)

    def forward(self, x):
        self.x = x
        self.u = np.dot(x, self.w) + self.b
        self.y = np.where(self.u <= 0, 0, self.u)   # ReLU

    def backward(self, grad_y):
        delta = grad_y * np.where(self.u <= 0, 0, 1)

        self.grad_w = np.dot(self.x.T, delta)
        self.grad_b = np.sum(delta, axis=0)
        self.grad_x = np.dot(delta, self.w.T)

# -- 输出层 --
class OutputLayer(BaseLayer):
    def __init__(self, n_upper, n):
        # Xavier的初始值
        self.w = np.random.randn(n_upper, n) / np.sqrt(n_upper)
        self.b = np.zeros(n)

    def forward(self, x):
        self.x = x
        u = np.dot(x, self.w) + self.b
        self.y = 1/(1+np.exp(-u))                    # Sigmoid函数

    def backward(self, t):
        delta = (self.y-t) * self.y * (1-self.y)

        self.grad_w = np.dot(self.x.T, delta)
        self.grad_b = np.sum(delta, axis=0)
        self.grad_x = np.dot(delta, self.w.T)
```

7.3.3 正向传播与反向传播的编程实现

接下来是对各网络层进行初始化处理，以及对正向传播与反向传播的函数、参数更新用的函数进行定义。middle_layer 是 Encoder、output_layer 是 Decoder。由于是自编码器，因此输入和输出的神经元数量是相同的。

↓ 正向传播与反向传播的实现代码

```python
# -- 各网络层的初始化 --
middle_layer = MiddleLayer(n_in_out, n_mid)  # Encoder
output_layer = OutputLayer(n_mid, n_in_out)  # Decoder

# -- 正向传播 --
def forward_propagation(x_mb):
    middle_layer.forward(x_mb)
    output_layer.forward(middle_layer.y)

# -- 反向传播 --
def backpropagation(t_mb):
    output_layer.backward(t_mb)
    middle_layer.backward(output_layer.grad_x)

# -- 参数的更新 --
def update_params():
    middle_layer.update(eta)
    output_layer.update(eta)
```

7.3.4 小批次处理的编程实现

这里我们使用小批次处理进行学习。由于采用的是自编码器，因此传递给正向传播的 forward_propagation 函数的输入与传递给反向传播的 backpropagation 函数的正确答案是相同的。

↓ 使用小批次法进行学习

```python
n_batch = len(x_train) // batch_size          # 每个epoch的批次数量
for i in range(epochs):

    # -- 学习 --
    index_random = np.arange(len(x_train))
    np.random.shuffle(index_random)           # 将索引打乱
```

```
    for j in range(n_batch):
        # 提取小批次数据
        mb_index = index_random[j*batch_size : (j+1)*batch_size]
        x_mb = x_train[mb_index, :]

        # 正向传播与反向传播
        forward_propagation(x_mb)
        backpropagation(x_mb)

        # 权重与偏置的更新
        update_params()
```

7.3.5 完整的代码

下面是完整的代码。其中包括对训练数据的准备及对各网络层的类、正向传播
与反向传播的函数和小批次处理等的操作来实现编程。程序会在每轮 epoch 结束后对
误差进行测量和显示，并在学习结束后显示误差的变化过程。

↓ **完整代码与执行结果（显示误差的变化过程）**

```
import numpy as np
# import cupy as np                      # 使用GPU的场合
import matplotlib.pyplot as plt
from sklearn import datasets

# -- 设置各项参数 --
img_size = 8                            # 图像的高度和宽度
n_in_out = img_size * img_size          # 输入层和输出层的神经元数量
n_mid = 16                              # 中间层的神经元数量

eta = 0.01                              # 学习系数
epochs = 41
batch_size = 32
interval = 4                            # 显示处理进度的间隔

# -- 训练数据 --
digits_data = datasets.load_digits()
x_train = np.asarray(digits_data.data)
x_train /= 15                           # 设置为0~1的范围

# -- 各网络层的父类 --
class BaseLayer:
```

```
        def update(self, eta):
            self.w -= eta * self.grad_w
            self.b -= eta * self.grad_b

# -- 中间层 --
class MiddleLayer(BaseLayer):
    def __init__(self, n_upper, n):
        # He的初始值
        self.w = np.random.randn(n_upper, n) * \
                 np.sqrt(2/n_upper)
        self.b = np.zeros(n)

    def forward(self, x):
        self.x = x
        self.u = np.dot(x, self.w) + self.b
        self.y = np.where(self.u <= 0, 0, self.u) # ReLU

    def backward(self, grad_y):
        delta = grad_y * np.where(self.u <= 0, 0, 1)

        self.grad_w = np.dot(self.x.T, delta)
        self.grad_b = np.sum(delta, axis=0)
        self.grad_x = np.dot(delta, self.w.T)

# -- 输出层 --
class OutputLayer(BaseLayer):
    def __init__(self, n_upper, n):
        # Xavier的初始值
        self.w = np.random.randn(n_upper, n) / np.sqrt(n_upper)
        self.b = np.zeros(n)

    def forward(self, x):
        self.x = x
        u = np.dot(x, self.w) + self.b
        self.y = 1/(1+np.exp(-u))                    # Sigmoid函数

    def backward(self, t):
        delta = (self.y-t) * self.y * (1-self.y)

        self.grad_w = np.dot(self.x.T, delta)
        self.grad_b = np.sum(delta, axis=0)
        self.grad_x = np.dot(delta, self.w.T)

# -- 各网络层的初始化 --
middle_layer = MiddleLayer(n_in_out, n_mid)        # Encoder
output_layer = OutputLayer(n_mid, n_in_out)        # Decoder
```

```python
# -- 正向传播 --
def forward_propagation(x_mb):
    middle_layer.forward(x_mb)
    output_layer.forward(middle_layer.y)

# -- 反向传播 --
def backpropagation(t_mb):
    output_layer.backward(t_mb)
    middle_layer.backward(output_layer.grad_x)

# -- 参数的更新 --
def update_params():
    middle_layer.update(eta)
    output_layer.update(eta)

# -- 计算误差 --
def get_error(y, t):
    return 1.0/2.0*np.sum(np.square(y - t))     # 误差平方和


error_record = []
n_batch = len(x_train) // batch_size                    # 每轮epoch的批次数量
for i in range(epochs):

    # -- 学习 --
    index_random = np.arange(len(x_train))
    np.random.shuffle(index_random)                 # 打乱索引的顺序
    for j in range(n_batch):

        # 提取小批次数据
        mb_index = index_random[j*batch_size : (j+1)*batch_size]
        x_mb = x_train[mb_index, :]

        # 正向传播与反向传播
        forward_propagation(x_mb)
        backpropagation(x_mb)

        # 权重与偏置的更新
        update_params()

    # -- 求取误差 --
    forward_propagation(x_train)
    error = get_error(output_layer.y, x_train)
    error_record.append(error)

    # -- 显示实现过程 --
    if i%interval == 0:
        print("Epoch:"+str(i+1)+"/"+str(epochs),
```

```
                   "Error:"+str(error))

plt.plot(range(1, len(error_record)+1), error_record)
plt.xlabel("Epochs")
plt.ylabel("Error")
plt.show()
```

....

```
Epoch:1/41 Error:2884.696765146869
Epoch:5/41 Error:1430.3853401275119
Epoch:9/41 Error:1106.5350345578545
Epoch:13/41 Error:941.9110134597945
Epoch:17/41 Error:879.0944965043436
Epoch:21/41 Error:858.8966310805197
Epoch:25/41 Error:816.7074772962773
Epoch:29/41 Error:787.5007695329515
Epoch:33/41 Error:752.9997137820637
Epoch:37/41 Error:751.1997352034167
Epoch:41/41 Error:738.4983322508115
```

从上面图表中可以看到，误差呈平滑下降的趋势。接下来，对使用自编码器重构的图像进行确认。

7.3.6　显示生成的图像

使用下列代码将输入图像和重构后的图像排列显示。此外，将中间层的输出也设置为 4×4 的图像进行显示。下面对图像是否被准确重构以及重构时中间层的状态变化进行确认。

```
n_img = 10                               # 显示图像的数量
middle_layer.forward(x_train[:n_img])
output_layer.forward(middle_layer.y)

plt.figure(figsize=(10, 3))
for i in range(n_img):
    # 输入图像
    ax = plt.subplot(3, n_img, i+1)
    plt.imshow(x_train[i].reshape(img_size, -1).tolist(),
                                    cmap="Greys_r")
    ax.get_xaxis().set_visible(False)
    ax.get_yaxis().set_visible(False)

    # 中间层的输出
    ax = plt.subplot(3, n_img, i+1+n_img)
    plt.imshow(middle_layer.y[i].reshape(4, -1).tolist(),
               cmap="Greys_r")
    ax.get_xaxis().set_visible(False)
    ax.get_yaxis().set_visible(False)

    # 输出图像
    ax = plt.subplot(3, n_img, i+1+2*n_img)
    plt.imshow(output_layer.y[i].reshape(img_size,
               -1).tolist(), cmap="Greys_r")
    ax.get_xaxis().set_visible(False)
    ax.get_yaxis().set_visible(False)

plt.show()
```

输入图像

中间层的状态

输出图像

从上述执行结果中可以看到，虽然多少有些差异，但是输出结果成功地重现了输入的图像。此外，中间层每个数字图像的状态也都是不一样的。也就是说，64 个像素点的图像特征信息被成功地压缩到了 16 个像素点中。

随着中间层神经元数量的减少，图像的重构也将逐渐变得困难。感兴趣的读者可以尝试减少中间层的神经元数量对图像进行重构。虽然从中间层的状态复原了图像，但是要直观地把握中间层与输出图像的对应关系，以及使中间层的状态产生变化来调整生成图像还是很困难的。为了实现这类处理，需要将图像压缩到人类可理解和可控制的少量变量中。

7.4　VAE 中必备的网络层

在本节中，我们将对编程实现 VAE 时所需的网络层进行讲解。

7.4.1　VAE 的结构

图 7.8 中展示的是 VAE 的结构示例。

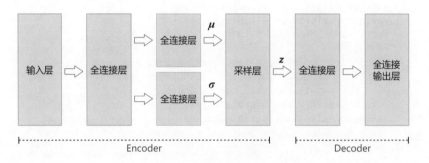

图 7.8　VAE 的结构示例

在 Encoder 中，会将神经网络分为两个分支，每个神经网络分别输出平均值和标准偏差。从标准偏差和平均值进行隐藏变量的采样处理，将这一采样处理作为网络层来实现。在本章中，将这一网络层称为"采样层"。采样后的隐藏变量就是 Decoder 神经网络的输入。在这里，将对除采样层之外的层都使用全连接层构建。

接下来，将对输出平均值和标准偏差的网络层、采样层和输出层的实现代码进行确认。

7.4.2　输出平均值和标准偏差的网络层

输出平均值和标准偏差的网络层按下列方式编程实现。平均值和标准偏差都使用共同的类进行编程实现，这一网络层中的激励函数将使用恒等函数。

```
# -- 计算正态分布参数的网络层 --
class ParamsLayer(BaseLayer):
    def __init__(self, n_upper, n):
        # Xavier的初始值
        self.w = np.random.randn(n_upper, n) / np.sqrt(n_upper)
        self.b = np.zeros(n)

    def forward(self, x):
        self.x = x
        u = np.dot(x, self.w) + self.b
        self.y = u                        # 恒等函数

    def backward(self, grad_y):
        delta = grad_y

        self.grad_w = np.dot(self.x.T, delta)
        self.grad_b = np.sum(delta, axis=0)
        self.grad_x = np.dot(delta, self.w.T)
```

关于输出标准偏差的网络层，为了便于编程实现，网络层的输出并不是表示标准偏差本身，而是表示标准偏差平方的对数，也就是方差的对数（参考文献[11]），可以用下列公式表示。

$$\phi = \log \sigma^2 \tag{7-4}$$

式（7-4）中 ϕ 表示对数，允许使用负数值，对取值的范围没有限制。因此，激励函数就可以使用恒等函数。此外，通过采用这样的形式，接下来要讲解的采样层的反向传播就可以使用简单的代码实现。

7.4.3　采样层

采样层与神经网络的层不同。虽然是将 μ 和 ϕ 作为输入并输出隐藏变量 z，但是需要编程实现正向传播和反向传播，这一网络层是没有学习参数的。

采样层的正向传播是基于下列 Reparametrization Trick 的公式进行的。

$$z = \mu + \varepsilon \sigma$$

如果在这里使用式（7-4）中的 ϕ，就可以用下列公式表示。

$$z = \mu + \varepsilon \exp \frac{\phi}{2}$$

关于采样层的反向传播，为了向上面的层传播，需要求取输入 μ 和 ϕ 的梯度。至于反向传播中使用的误差函数，由于不需要为了减少误差而除以批次大小，因此可以用下列公式表示。

$$E = E_{\text{rec}} + E_{\text{reg}} \tag{7-5}$$

$$E_{\text{rec}} = \sum_{i=1}^{h} \sum_{j=1}^{m} \left(-x_{ij} \log y_{ij} - (1 - x_{ij}) \log\left(1 - y_{ij}\right) \right) \tag{7-6}$$

$$
\begin{aligned}
E_{\text{reg}} &= \sum_{i=1}^{h} \sum_{k=1}^{n} -\frac{1}{2}\left(1 + \log \sigma_{ik}^2 - \mu_{ik}^2 - \sigma_{ik}^2 \right) \\
&= \sum_{i=1}^{h} \sum_{k=1}^{n} -\frac{1}{2}\left(1 + \phi_{ik} - \mu_{ik}^2 - \exp \phi_{ik} \right)
\end{aligned}
\tag{7-7}
$$

结合上述公式，μ 的梯度可以通过下列公式计算得出。为了便于理解，这里将下标省略。

$$
\begin{aligned}
\frac{\partial E}{\partial \mu} &= \frac{\partial}{\partial \mu}(E_{\text{rec}} + E_{\text{reg}}) \\
&= \frac{\partial E_{\text{rec}}}{\partial z}\frac{\partial z}{\partial \mu} + \frac{\partial E_{\text{reg}}}{\partial \mu} \\
&= \frac{\partial E_{\text{rec}}}{\partial z} + \mu
\end{aligned}
$$

上式中，$\frac{\partial E_{\text{rec}}}{\partial z}$ 就是 Decoder 输入的梯度，可以通过从 Decoder 的反向传播中得到。而 ϕ 的梯度可以用下列公式求出。这里同样省略了下标。

$$
\begin{aligned}
\frac{\partial E}{\partial \phi} &= \frac{\partial}{\partial \phi}\left(E_{\text{rec}} + E_{\text{reg}}\right) \\
&= \frac{\partial E_{\text{rec}}}{\partial z}\frac{\partial z}{\partial \phi} + \frac{\partial E_{\text{reg}}}{\partial \phi} \\
&= \frac{\partial E_{\text{rec}}}{\partial z}\frac{\varepsilon}{2}\exp\frac{\phi}{2} - \frac{1}{2}(1 - \exp \phi)
\end{aligned}
$$

由于正向传播和反向传播都不需要矩阵乘积，因此省略了矩阵乘积部分的表示。综上所述，可以使用下列代码对采样层进行编程实现。

↓ LatentLayer 类

```
# -- 对隐藏变量进行采样的网络层 --
class LatentLayer:
    def forward(self, mu, log_var):
        self.mu = mu                    # 平均值
        self.log_var = log_var          # 方差的对数
```

```
        self.epsilon = np.random.randn(*log_var.shape)
        self.z = mu + self.epsilon*np.exp(log_var/2)

    def backward(self, grad_z):
        self.grad_mu = grad_z + self.mu
        self.grad_log_var = grad_z*self.epsilon/2*np.exp( \
                self.log_var/2) - 0.5*(1-np.exp(self.log_var))
```

7.4.4 输出层

输出层的反向传播可以用下列公式表示。

$$
\begin{aligned}
\delta &= \frac{\partial E}{\partial u} \\
&= \frac{\partial E}{\partial y}\frac{\partial y}{\partial u}
\end{aligned}
\tag{7-8}
$$

由于输出层的激励函数使用的是 Sigmoid 函数，因此需要在这里代入下列公式。

$$
\frac{\partial E}{\partial u} = y(1-y)
$$

此外，也需要代入式（7-6），但是由于本书中正确答案是用 t 表示的，因此这里统一将 x 替换为 t。这样一来，就构成了式（7-8）。这里也省略了下标。

$$
\begin{aligned}
\delta &= \frac{\partial E}{\partial y}\frac{\partial y}{\partial u} \\
&= \frac{\partial}{\partial y}\left(E_{\text{rec}} + E_{\text{reg}}\right)y(1-y) \\
&= \left(-\frac{t}{y} + \frac{1-t}{1-y}\right)y(1-y) \\
&= -t(1-y) + (1-t)y \\
&= y - t
\end{aligned}
$$

既然这里已经求出了 δ，那么以后就可以用与前面同样的方式求取各个梯度。像上述公式那样，Decoder 的 δ 不会受到 E_{reg} 的影响，因此在 Decoder 中只需要考虑 E_{rec} 即可。

基于上述公式，输出层可以通过下列代码编程实现。

↓ OutputLayer 类的定义

```
# -- 输出层 --
class OutputLayer(BaseLayer):
    def __init__(self, n_upper, n):
        # Xavier的初始值
        self.w = np.random.randn(n_upper, n) / np.sqrt(n_upper)
        self.b = np.zeros(n)

    def forward(self, x):
        self.x = x
        u = np.dot(x, self.w) + self.b
        self.y = 1/(1+np.exp(-u))            # Sigmoid函数

    def backward(self, t):
        delta = self.y - t

        self.grad_w = np.dot(self.x.T, delta)
        self.grad_b = np.sum(delta, axis=0)
        self.grad_x = np.dot(delta, self.w.T)
```

至此，我们对 VAE 模型中所需的各个网络层通过类的形式完成了编程。接下来，将使用这些网络层构建 VAE 模型。

7.5　VAE 的编程实现

在本节中，我们将对 VAE 的编程实现进行讲解。使用 Encoder 将手写数字图像压缩到隐藏变量后，再通过 Decoder 对原始图像进行重构，然后在对隐藏变量所分布的隐藏空间进行可视化处理的基础上，确认隐藏变量对生成图像所产生的影响。

在对完整的代码进行介绍前，我们先对比较重要的几点内容进行讲解。

7.5.1　正向传播与反向传播的编程实现

下面将对各个网络层进行初始化处理，并对正向传播和反向传播的函数进行定义。n_z 表示隐藏变量的数量。由于采用的是 VAE，因此输入和输出的神经元数量是相同的。

```
# -- 各网络层的初始化 --
# Encoder
middle_layer_enc = MiddleLayer(n_in_out, n_mid)
mu_layer = ParamsLayer(n_mid, n_z)
log_var_layer = ParamsLayer(n_mid, n_z)
z_layer = LatentLayer()
# Decoder
middle_layer_dec = MiddleLayer(n_z, n_mid)
output_layer = OutputLayer(n_mid, n_in_out)

# -- 正向传播 --
def forward_propagation(x_mb):
    # Encoder
    middle_layer_enc.forward(x_mb)
    mu_layer.forward(middle_layer_enc.y)
    log_var_layer.forward(middle_layer_enc.y)
    z_layer.forward(mu_layer.y, log_var_layer.y)
    # Decoder
    middle_layer_dec.forward(z_layer.z)
    output_layer.forward(middle_layer_dec.y)

# -- 反向传播 --
def backpropagation(t_mb):
    # Decoder
    output_layer.backward(t_mb)
    middle_layer_dec.backward(output_layer.grad_x)
    # Encoder
    z_layer.backward(middle_layer_dec.grad_x)
    log_var_layer.backward(z_layer.grad_log_var)
    mu_layer.backward(z_layer.grad_mu)
    middle_layer_enc.backward(mu_layer.grad_x + \
                              log_var_layer.grad_x)
```

从 ParamsLayer 类中可以生成输出隐藏变量平均值的 mu_layer 和输出标准偏差平方对数的 log_var_layer 的实例。这些网络层的输出就是从 LatentLayer 类生成的 z_layer 的输入。而 z_layer 会输出隐藏变量，这一输出结果就是 Decoder 的输入。

7.5.2　完整的代码

下面是完整的实现代码。通过代码依次对训练数据的准备、各网络层的封装类、正向传播与反向传播的函数、小批次法进行了编程实现。

误差是在每轮 epoch 结束后进行测算的，分别对重构误差、正则化项进行测算和记录。学习结束后，程序将显示这些误差和整体误差的变化过程。

↓ **完整代码与执行结果（重构误差、正则化项、整体误差的推移）**

```python
import numpy as np
# import cupy as np                          # 使用GPU的场合
import matplotlib.pyplot as plt
from sklearn import datasets

# -- 各项设置参数 --
img_size = 8                                 # 图像的高度和宽度
n_in_out = img_size * img_size               # 输入层和输出层的神经元数量
n_mid = 16                                   # 中间层的神经元数量
n_z = 2

eta = 0.001                                  # 学习系数
epochs = 201
batch_size = 32
interval = 20                                # 显示处理进度的间隔

# -- 训练数据 --
digits_data = datasets.load_digits()
x_train = np.asarray(digits_data.data)
x_train /= 15                                # 设置为0~1的范围
t_train = digits_data.target

# -- 全连接层的父类 --
class BaseLayer:
    def update(self, eta):
        self.w -= eta * self.grad_w
        self.b -= eta * self.grad_b

# -- 中间层 --
class MiddleLayer(BaseLayer):
    def __init__(self, n_upper, n):
        # He的初始值
        self.w = np.random.randn(n_upper, n) * np.sqrt(2/n_upper)
        self.b = np.zeros(n)

    def forward(self, x):
        self.x = x
        self.u = np.dot(x, self.w) + self.b
        self.y = np.where(self.u <= 0, 0, self.u)    # ReLU
```

```python
    def backward(self, grad_y):
        delta = grad_y * np.where(self.u <= 0, 0, 1)

        self.grad_w = np.dot(self.x.T, delta)
        self.grad_b = np.sum(delta, axis=0)
        self.grad_x = np.dot(delta, self.w.T)

# —— 求取正态分布参数的网络层 ——
class ParamsLayer(BaseLayer):
    def __init__(self, n_upper, n):
        # Xavier的初始值
        self.w = np.random.randn(n_upper, n) / np.sqrt(n_upper)
        self.b = np.zeros(n)

    def forward(self, x):
        self.x = x
        u = np.dot(x, self.w) + self.b
        self.y = u                          # 恒等函数

    def backward(self, grad_y):
        delta = grad_y

        self.grad_w = np.dot(self.x.T, delta)
        self.grad_b = np.sum(delta, axis=0)
        self.grad_x = np.dot(delta, self.w.T)

# —— 输出层 ——
class OutputLayer(BaseLayer):
    def __init__(self, n_upper, n):
        # Xavier的初始值
        self.w = np.random.randn(n_upper, n) / np.sqrt(n_upper)
        self.b = np.zeros(n)

    def forward(self, x):
        self.x = x
        u = np.dot(x, self.w) + self.b
        self.y = 1/(1+np.exp(-u))           # Sigmoid函数

    def backward(self, t):
        delta = self.y - t

        self.grad_w = np.dot(self.x.T, delta)
        self.grad_b = np.sum(delta, axis=0)
        self.grad_x = np.dot(delta, self.w.T)

# —— 对隐藏变量进行采样的网络层 ——
```

```
class LatentLayer:
    def forward(self, mu, log_var):
        self.mu = mu                        # 平均值
        self.log_var = log_var              # 方差的对数

        self.epsilon = np.random.randn(*log_var.shape)
        self.z = mu + self.epsilon*np.exp(log_var/2)

    def backward(self, grad_z):
        self.grad_mu = grad_z + self.mu
        self.grad_log_var = grad_z*self.epsilon/2*np.exp( \
                self.log_var/2) - 0.5*(1-np.exp(self.log_var))

# -- 各网络层的初始化 --
# Encoder
middle_layer_enc = MiddleLayer(n_in_out, n_mid)
mu_layer = ParamsLayer(n_mid, n_z)
log_var_layer = ParamsLayer(n_mid, n_z)
z_layer = LatentLayer()
# Decoder
middle_layer_dec = MiddleLayer(n_z, n_mid)
output_layer = OutputLayer(n_mid, n_in_out)

# -- 正向传播 --
def forward_propagation(x_mb):
    # Encoder
    middle_layer_enc.forward(x_mb)
    mu_layer.forward(middle_layer_enc.y)
    log_var_layer.forward(middle_layer_enc.y)
    z_layer.forward(mu_layer.y, log_var_layer.y)
    # Decoder
    middle_layer_dec.forward(z_layer.z)
    output_layer.forward(middle_layer_dec.y)

# -- 反向传播 --
def backpropagation(t_mb):
    # Decoder
    output_layer.backward(t_mb)
    middle_layer_dec.backward(output_layer.grad_x)
    # Encoder
    z_layer.backward(middle_layer_dec.grad_x)
    log_var_layer.backward(z_layer.grad_log_var)
    mu_layer.backward(z_layer.grad_mu)
    middle_layer_enc.backward(mu_layer.grad_x + \
                              log_var_layer.grad_x)
```

```
# -- 参数的更新 --
def update_params():
    middle_layer_enc.update(eta)
    mu_layer.update(eta)
    log_var_layer.update(eta)
    middle_layer_dec.update(eta)
    output_layer.update(eta)

# -- 计算误差 --
def get_rec_error(y, t):
    eps = 1e-7
    return -np.sum(t*np.log(y+eps) + \
            (1-t)*np.log(1-y+eps)) / len(y)

def get_reg_error(mu, log_var):
    return -np.sum(1 + log_var - mu**2 - \
            np.exp(log_var)) / len(mu)

rec_error_record = []
reg_error_record = []
total_error_record = []
n_batch = len(x_train) // batch_size          # 每轮epoch的批次数量
for i in range(epochs):

    # -- 学习 --
    index_random = np.arange(len(x_train))
    np.random.shuffle(index_random)           # 对索引进行打乱处理
    for j in range(n_batch):

        # 提取小批次数据
        mb_index = index_random[j*batch_size : (j+1)*batch_size]
        x_mb = x_train[mb_index, :]

        # 正向传播与反向传播
        forward_propagation(x_mb)
        backpropagation(x_mb)

        # 权重与偏置的更新
        update_params()

    # -- 求取误差 --
    forward_propagation(x_train)

    rec_error = get_rec_error(output_layer.y, x_train)
    reg_error = get_reg_error(mu_layer.y, log_var_layer.y)
    total_error = rec_error + reg_error
```

```
        rec_error_record.append(rec_error)
        reg_error_record.append(reg_error)
        total_error_record.append(total_error)

        # -- 显示处理进度 --
        if i%interval == 0:
            print("Epoch:", i, "Rec_error:", rec_error,
                  "Reg_error", reg_error,
                  "Total_error", total_error)

plt.plot(range(1, len(rec_error_record)+1),
                rec_error_record, label="Rec_error")
plt.plot(range(1, len(reg_error_record)+1),
                reg_error_record, label="Reg_error")
plt.plot(range(1, len(total_error_record)+1),
                total_error_record, label="Total_error")
plt.legend()
plt.xlabel("Epochs")
plt.ylabel("Error")
plt.show()
```

```
Epoch: 0  Rec_error: 27.62062025048551  Reg_error 3.0034780083555432
Total_error 30.62409825884105
Epoch: 20  Rec_error: 23.031885000169883  Reg_error 3.766025276816711
Total_error 26.797910276986592
Epoch: 40  Rec_error: 22.160684972437732  Reg_error 4.439101177687534
Total_error 26.599786150125265
Epoch: 60  Rec_error: 21.91640602328129  Reg_error 4.4683495192054385
Total_error 26.38475554248673
Epoch: 80  Rec_error: 21.85564285356529  Reg_error 4.5080898557951095
Total_error 26.3637327093604
Epoch: 100  Rec_error: 21.569457618615868  Reg_error 4.705692556892333
Total_error 26.2751501755082

    ⋮

Epoch: 180  Rec_error: 21.247450364170252  Reg_error 4.972593261884016
Total_error 26.220043626054267
Epoch: 200  Rec_error: 21.079783291460135  Reg_error 5.1622551060133866
Total_error 26.24203839747352
```

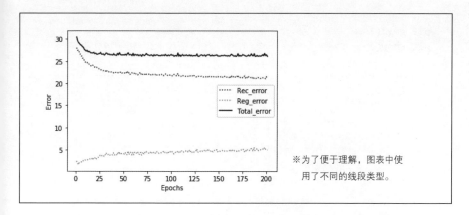

※为了便于理解，图表中使用了不同的线段类型。

从上述误差推移的图表中可以看到，重构误差（Rec_error）和正则化项（Reg_error）处在平衡的状态中，而整体的误差（Total_error）已经停止了推移。这是由于扩大隐藏变量的范围使输入、输出保持一致的行为被正则化项抑制了的缘故。

7.5.3　隐藏空间的可视化

为了简化可视化处理，这里我们只使用两个隐藏变量。在平面空间绘制这两个隐藏变量，并对隐藏空间进行可视化处理。

输入的图像和显示数字的标签是组合在一起的，标签的文字作为标识使用。

↓ 隐藏变量的分布

```python
# 计算隐藏变量
forward_propagation(x_train)

# 在平面空间绘制隐藏变量
plt.figure(figsize=(8, 8))
for i in range(10):
    zt = z_layer.z[t_train==i]
    z_1 = zt[:, 0]                       # y轴
    z_2 = zt[:, 1]                       # x轴
    marker = "$"+str(i)+"$"             # 将数值作为标识
    plt.scatter(z_2.tolist(), z_1.tolist(), marker=marker, s=75)

plt.xlabel("z_2")
plt.ylabel("z_1")
plt.xlim(-3, 3)
plt.ylim(-3, 3)
```

```
plt.grid()
plt.show()
```

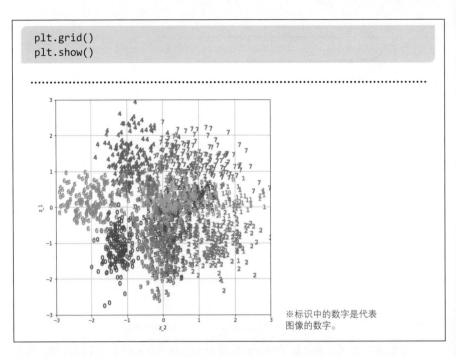

※标识中的数字是代表
图像的数字。

在上述散点图中可以看到，各个标识以数字为单位聚集在了一起，这表示每个标签占领着不同隐藏空间的区域。其中有单个标签占领的区域，也有多个标签重叠占领的区域。

VAE 就是以类似这样将输入分配到隐藏空间的方式进行学习的。由于可以清晰地区分出各个区域，因此我们就比较容易理解隐藏变量是如何对生成数据产生影响的。

7.5.4　图像的生成

下面将使用已经完成训练 VAE 的 Decoder 生成图像，然后通过使隐藏变量产生连续性的变化确认生成后的图像会如何变化。这里将生成 16 × 16 张图像并排列在一起，在 x 轴、y 轴上使 Decoder 的输入（也就是隐藏变量）产生变化。

↓ 生成图像的代码

```
# 图像的设置
n_img = 16                      # 图像排列成16×16
img_size_spaced = img_size + 2
```

```python
# 整体的图像
matrix_image = np.zeros((img_size_spaced*n_img,
                         img_size_spaced*n_img))

# 隐藏变量
z_1 = np.linspace(3, -3, n_img)                  # 行
z_2 = np.linspace(-3, 3, n_img)                  # 列

# 通过使隐藏变量产生变化生成图像
for i, z1 in enumerate(z_1):
    for j, z2 in enumerate(z_2):
        x = np.array([float(z1), float(z2)])
        middle_layer_dec.forward(x)              # Decoder
        output_layer.forward(middle_layer_dec.y) # Decoder
        image = output_layer.y.reshape(img_size, img_size)
        top = i*img_size_spaced
        left = j*img_size_spaced
        matrix_image[top : top+img_size,
                     left : left+img_size] = image

plt.figure(figsize=(8, 8))
plt.imshow(matrix_image.tolist(), cmap="Greys_r")
# 去除坐标轴刻度的标签和线条
plt.tick_params(labelbottom=False, labelleft=False,
                bottom=False, left=False)
plt.show()
```

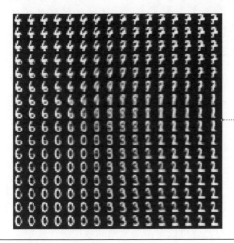

使用VAE模型生成的16×16幅图像。x轴和y轴的隐藏变量分别在 −3~3之间变化。

　　从上图可以看到，使用 Decoder 成功生成了 16×16 幅图像。隐藏变量在横轴和纵轴方向产生了变化，与此同时图像也发生了变化。可以在某个数字和某个数字之间

看到介于两者之间的图像。标签没有重叠的单一标签所对应区域中数字是清晰的，而多个标签重叠的区域中数字则是模糊的。

从上述示例代码中可以看到，这里成功地将 8×8 的图像压缩到了两个隐藏变量中。类似这样，不仅可以将数据的特征压缩到少量的隐藏变量中，而且隐藏变量对生成数据所产生的影响是显而易见的，这点正是 VAE 模型耐人寻味的地方。此外，隐藏变量的数量可以极大地影响 VAE 的表现能力，感兴趣的读者可以增加隐藏变量的数量做一些不一样的尝试。

7.6 VAE 的派生技术

在本章的最后部分，我们将对 VAE 的几个派生技术进行简单介绍。

7.6.1 Conditional VAE

在 Conditional VAE（参考文献 [16]）中是通过将隐藏变量和标签输入 Decoder 中来生成指定标签的图像的。图 7.9 就是指定 2、3、4 标签生成的手写数字图像。

图 7.9 基于 Conditional VAE 指定标签生成的手写数字图像

引自参考文献 [16]

当程序分别使纵横两个隐藏变量产生变化时，从图 7.9 中可以看到，即使是相同的字符，其写法也是有变化的。虽然 VAE 属于无监督学习，但是通过往其中加入监督学习的元素，VAE 变成了半监督学习，就可以对需要复原的数据进行指定。使用这一技术，或许可以生成同一笔迹的不同字符。这种情况下，就需要人工智能记住笔迹中的规律。

7.6.2 β-VAE

β-VAE（参考文献［17］）的特点是可以解开图像特征纠缠（Disentanglement），可以在隐藏空间中对图像的特征进行分离。

例如人脸图像，假设第 1 个隐藏变量是眼睛的形状，第 2 个隐藏变量是脸部的朝向，隐藏变量的各个元素对应单独的不同特征。这样一来，就可以通过调整第 1 个隐藏变量来调整眼睛的形状、调整第 2 个隐藏变量来调整脸部的朝向。

图 7.10 是基于 β-VAE 模型，只让一个隐藏变量产生变化，并将生成的脸部图像进行排列后的效果。

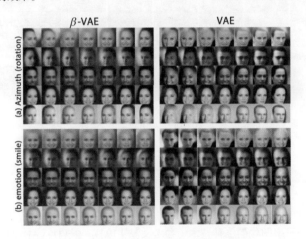

图 7.10　基于 β-VAE 模型生成的人脸图像

引自参考文献 [17]

图 7.10 中位于左侧的是 β-VAE 的生成结果，位于右侧的是 VAE 的生成结果；位于上方的是脸部朝向的变化，位于下方的是表情的变化。当使隐藏变量产生变化时，VAE 中除了脸部朝向和表情外，其他方面也发生了变化，而在 β-VAE 中只有脸部朝向和表情发生了变化。

综上所述，β-VAE 是一种十分有趣的技术，它可以使用隐藏变量将图像的特征分解为元素。

7.6.3　Vector Quantised-VAE

由于原始的 VAE 中存在隐藏变量无法准确抓取数据特征的名为 Posterior Collapse 的现象，因此会产生生成模糊图像的问题。为了解决这一问题，Vector Quantised-

VAE（参考文献［18］）会将隐藏变量转换成离散值，也就是 0，1，2，… 分散的值。这一处理可以通过将图像输入 Enconder，并将输出（也就是隐藏变量的向量）映射到"码本"来实现。

通过这样的方式，将图像的特征压缩到离散的隐藏空间就可以生成高品质的图像。图 7.11 中展示的是基于 Vector Quantised-VAE 生成的图像。从该图中可以看到，模型成功地生成了 128×128 像素点的清晰图像。

图 7.11　基于 Vector Quantised-VAE 生成的图像

引自参考文献 [18]

7.6.4　Vector Quantised-VAE-2

Vector Quantised-VAE-2（VQ-VAE-2）是指通过将 VQ-VAE 设置成分层结构，以生成更高分辨率图像的一种技术（参考文献［19］）。在 VQ-VAE-2 中，隐藏变量是按照不同的规模分为不同层次进行学习的。虽然这种隐藏变量要比原始图像的尺寸小很多，但是将其输入 Decoder 中就可以重构出非常清晰且真实的图像。

图 7.12 就是基于 VQ-VAE-2 生成的人脸图像（1024×1024）。

图 7.12　基于 VQ-VAE-2 生成的人脸图像

从图 7.12 中可以看到，生成的图像非常清晰，人物脸部的特征也没有崩溃。即使是这样较大尺寸的图像，使用 VQ-VAE-2 也可以准确抓取特征并将其压缩到隐藏空间中。

综上所述，VAE 技术正处在蓬勃发展中，并不断向世界展示着人工智能日新月异的诸多可能性。

小　结

本章我们对生成模型中的 VAE 进行了讲解。在对 VAE 的误差进行定义的基础上，使用公式表示正向传播和反向传播，并将 VAE 中所需的网络层以类的形式进行了编程实现。在编程实现 VAE 前实现了自编码器，并且将图像的特征压缩到神经元数量较少的中间层。尽管如此，要把握中间层对生成图像产生的影响还是较为困难的事情。

接着，我们对 VAE 进行了重构和训练。在对隐藏变量所分布的隐藏空间进行可视化处理后，确认了隐藏变量对生成图像产生的影响。我们不仅可以将 8×8 的图像压缩到两个隐藏变量中，而且隐藏变量对生成图像的影响也是显而易见的。

综上所述，VAE 具有十分优秀的表现能力和灵活性，并且可以表现连续性，因此备受关注。相信随着这一技术的发展，一定会为人工智能带来更为广阔的发展前景。

专栏　人工智能与道德

2017 年 1 月，来自世界各地的人工智能开发者与不同领域的专家齐聚加利福尼亚州的阿西洛马，召开了 BENEFICIAL AI 2017 会议。在该会议中，专家们就有益于人类的人工智能话题进行了为期 5 天的讨论，最终于 2017 年 2 月 3 日制定了阿西洛马人工智能原则（Asilomar AI Principles）。

阿西洛马人工智能原则

https://futureoflife.org/ai-principles/

该原则中包含 23 个项目，针对人工智能的研究、道德、未来发展等方面制定了各种方针，每个项目都可以从上述网站中进行确认。下面总结了几个要点。

- 人工智能系统必须能够被解释和验证。
- 人工智能与人类的道德标准、价值观必须保持一致。

- 基于人工智能获得的利益必须由全体人类共享。
- 人工智能必须尊重人类文明。
- 高度复杂的人工智能可能给世界带来巨大的影响，必须谨慎管理。

对于人工智能的将来，不仅是人工智能的专家们，还有许多人都是在抱有希望的同时怀有戒备之心。想必今后，人工智能系统的开发者不仅需要具备过硬的技术实力，还需要具备较高的道德水准。

此外，虽然上述阿西洛马人工智能原则中没有包括，但是如果当大脑与人工智能的界限变得模棱两可时，就会出现应当如何处理人工智能的人权问题。虽然现有智能与其他的划分，但是当出现了具有类似人类情感的人工智能时，该如何划分呢？

更进一步讲，当人工智能进入到没有人类的宇宙中，也需要贯彻以人类为中心的道德标准和价值观吗？虽然在地球以外的环境中对于适应地球表面环境的人类而言是难以生存的，但是或许地球外能成为以人工智能为主体的世界呢？

在某种意义上而言，人工智能是由人类创造的，就像培养长大的"孩子"一样。如果培养方式正确，就可以给世界带来和谐与繁荣。但是，如果培养方式错误，人工智能就可能被用于剥削，像癌细胞一样无法得到控制。在这一层面上，作为人工智能的"父母"，人类的责任是极为重大的。因此，笔者由衷地希望我们培养出的是德才兼备的"孩子"。

第 **8** 章

GAN

在本章中，我们将对 GAN（生成式对抗网络）的相关知识和编程实现的方法进行讲解。GAN 可以通过使 Generator 和 Discriminator 这两个模型相互竞争自动生成图像等数据。首先会对 GAN 模型的概要和结构进行讲解，然后对 Generator 和 Discriminator 这两个模型进行编程实现，最后编程实现 GAN 模型。

8.1 GAN 概述

首先，我们将对 GAN 模型的全貌进行讲解。

8.1.1 什么是 GAN

生成式对抗网络（Generative Adversarial Networks，GAN）是运用 Generator（生成器）和 Discriminator（识别器），让这两个网络相互竞争实现学习的一种生成模型（参考文献 [20]）。GAN 模型经常被用于图像的自动生成。

GAN 模型的结构如图 8.1 所示。

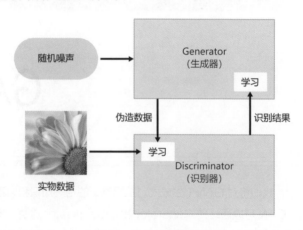

图 8.1　GAN 模型的结构

Generator 是负责制造仿冒品的一方，其目的是成功地欺骗 Discriminator。随机的噪声被作为输入数据用于生成仿冒品，再利用仿冒品不断地尝试去欺骗 Discriminator，达到推进学习的目的。

Discriminator 是负责识别仿冒品真伪的一方，其目的是识破哪些数据是由 Generator 生成的仿冒品。对网络进行训练是为了使其对原始图像与 Generator 生成的图像中，存在的非常细微的区别都能有所觉察。

如果要打比方，Generator 就好比假画的作者，而 Discriminator 就是真画鉴定家。赝品作者需要能瞒过鉴定者，而鉴定者需要能一眼识破伪作，两者相互之间不断地进行切磋，最终达到成功生成与原图像相似程度极高作品的目的。

图 8.2 展示的是基于 GAN 模型生成手写数字图像的过程。

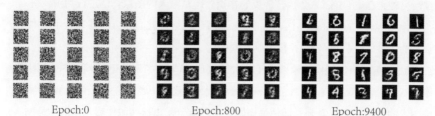

| Epoch:0 | Epoch:800 | Epoch:9400 |

图 8.2　基于 GAN 模型生成手写数字图像的过程

从图 8.2 中可以看到，Generator 正在逐步生成接近真实的图像。如果像这样对 Generator 加以训练，就可以从毫无意义的噪声数据中生成有意义的数据。只要能够充分发挥 Generator 和 Discriminator 的性能使 GAN 持续不断地学习，就能够生成各种各样的数据，因此研究者对 GAN 模型寄予了厚望。

8.1.2　DCGAN

DCGAN（Deep Convolutional Generative Adversarial Networks）是在 GAN 模型中进一步引入卷积神经网络（Convolutional Neural Network，CNN）而组成的模型。卷积神经网络中堆叠了多个卷积层，这些卷积层使用多个过滤器处理图像。在 DCGAN 模型中，Discriminator 和 Generator 分别是不同的网络，使用的是卷积层及执行其逆向处理的层。图 8.3 展示的是在 DCGAN 模型中使用 Generator 的示例。

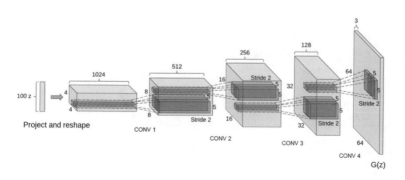

图 8.3　在 DCGAN 中使用 Generator 的示例

引自参考文献 [21]

首先是噪声数据的输入，通过反复不断地进行这一处理，生成最终的图像。在这里执行的是与常规卷积相反的操作。在通常的卷积处理中，图像尺寸会越来越小，且图像的数量会越来越多；而这里的 Generator 则是图像尺寸越来越大，且数量越来越少。另外，Discriminator 会执行常规的卷积处理对输入的图像真伪进行判别。

像这样让 Generator 和 Discriminator 这两个网络相互竞争实现学习，并生成接近真实的图像，这一点与 GAN 模型是相同的。

CNN 在图像识别应用中获得了巨大的成功。但相关研究表明，利用 GAN 生成图像果然还是需要结合 CNN 才能取得更好的效果。图 8.4 展示的是基于 DCGAN 模型生成图像的示例。可以看到，即使是肉眼，也很难分辨出这些图像哪些是由神经网络自动生成的。

图 8.4　基于 DCGAN 模型生成的图像

引自参考文献 [21]

在本章中，我们不会对卷积层的相关知识进行讲解，感兴趣的读者可以结合自身需要自行参考《写给新手的深度学习——用 Python 学习神经网络和反向传播》一书中的内容。

8.1.3　GAN 的用途

接下来，将对 GAN 模型的用途进行讲解。

首先是高分辨率的图像生成。在此之前，深度学习技术主要集中运用于分类和回归等场景中。而使用 GAN 模型则有望实现与其相反的生成处理，并达到实用化的程度。例如，研究者正在研究将自动生成的图像运用到对学习数据的处理中（参考文献 [22]）。实际上，GAN 模型生成的图像已经成功地应用于提供无版权图像的服务中。

GAN 模型还可以运用到图像的绘制中。例如，有人使用 GAN 模型尝试生成模仿梵高、莫奈和葛饰北斋画风的作品。除此以外，通过让模型学习为线条上色或者为黑白照片添加色彩等，待训练模型掌握现有图像中存在的规律后，就可以绘制出各种各样的图像。

此外，GAN 模型还可以用来实现在图像之间进行运算的功能。图 8.5 展示的是使用 DCGAN 模型对人脸图像进行运算的示例。

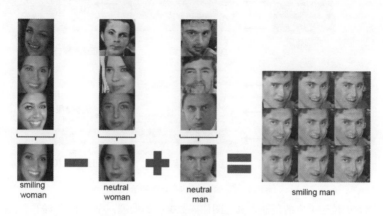

图 8.5　基于 DCGAN 模型的人脸图像运算

引自参考文献 [21]

从图 8.5 中可以看到，从微笑女性的图像中减去中性表情的女性图像，再加上中性表情的男性图像可以生成微笑男性的图像。类似这样的表情调整或者替换掉部分图像等处理，通过使用 GAN 模型将逐渐成为可能。

除此以外，科学家正在研究诸如根据指定的文章生成图像及设计自动化等，以GAN 模型为基础的前沿技术。

8.2　GAN 的工作原理

接下来，我们将要学习 GAN 模型的工作原理，会依次对识别器的学习、生成器的学习及误差的定义等知识进行讲解。

8.2.1 识别器的学习

首先，将对识别器的学习等相关内容进行讲解。图 8.6 中展示的是在识别器中所执行处理的示意图。

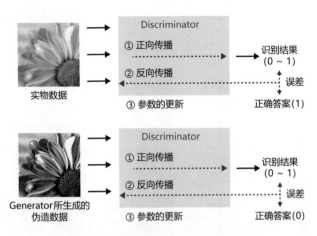

图 8.6　识别器中所执行处理的示意图

图 8.6 中位于上方的是输入真实图像等数据时的处理，而位于下方的则是输入由生成器生成的伪造数据时的处理。

识别器在输出层的神经元数量为 1，输出数据的取值范围为 0~1。这一输出是模型识别的结果。当模型做出接近真实数据的判断时，输出值就趋近于 1；如果判断为接近伪造数据时，输出则会趋近于 0。此外，当输入的是真实数据时，正确答案设置为 1；当输入的是由生成器生成的伪造数据时，正确答案则设置为 0。

关于处理的步骤，首先是执行正向传播，然后对输出结果和正确答案的误差进行反向传播；通过反向传播计算出各个梯度后，再对权重和偏置等参数进行更新操作。无论输入的是真实数据还是伪造数据，这些步骤都是相同的。

由此可见，对真实数据和伪造数据设置不同的正确答案，识别器就可以通过对两者进行区分达到学习的目的。

8.2.2 生成器的学习

接下来，将对生成器的学习部分进行讲解。生成器是将随机的噪声数据作为输入，将图像等数据作为输出来执行处理的。在让生成器进行学习时，需要像图 8.7 中所示的那样将生成器与识别器连接起来。

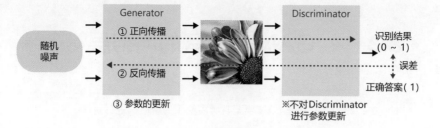

图 8.7　生成器中所执行的处理

　　首先是通过生成器和识别器进行正向传播，然后对识别器的输出和正确答案之间的误差进行计算。由于生成器会诱导识别器做出错误的判断，因此这种情况下正确答案就是 1。

　　虽然此后会执行反向传播处理并计算各个梯度和更新各项参数，但是由于这里的目的是让生成器进行学习，因此我们不会对识别器的参数做出更新处理，只会对生成器的参数进行更新。

　　通过上述方式，识别器的判断结果为 1，也就是说让生成器生成更接近真实结果的数据达到学习的目的。

8.2.3　误差的定义

　　由于识别器只需要判断输入的图像是否是真实的，因此输出层的神经元只需要一个。由于输出层使用的是 Sigmoid 函数，因此表示判断结果的输出数据取值范围就为 0~1。此外，正确答案使用 1（真实数据）或 0（伪造数据）来表示。

　　基于上述内容，我们将使用下列误差函数。

$$E = \frac{1}{h} \sum_{i=1}^{h} \left(-t_i \log y_i - (1 - t_i) \log(1 - y_i) \right)$$

　　其中，y_i 表示识别器的输出；t_i 表示正确答案；h 表示批次大小。在批次内对二值交叉熵求平均。由于输出层只有一个神经元，因此不需要对所有的神经元求取总和。在 $\sum$ 中，如果训练识别为真时，$t=1$，同时 y_i 在结果为 1 时最小；此外，如果训练识别为假时，$t=0$，同时 y_i 在结果为 0 时最小。也就是说，这个误差函数表示识别器的输出与正确答案之间的差别程度。

　　后面将使用这一误差对生成器和识别器进行相互训练。

8.3 GAN 中必备的网络层

在本节中，我们将对构建 GAN 模型时所需使用的网络层进行讲解。

8.3.1 生成器和识别器的结构

图 8.8 中展示的是需要实现的生成器和识别器的结构。

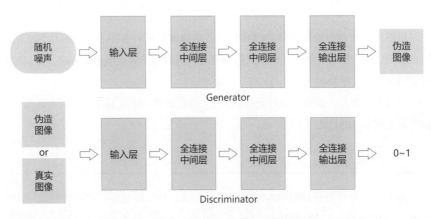

图 8.8 生成器和识别器的结构

生成器在输入层和输出层中间夹着两个中间层。其中输入为噪声数据，输出为图像。识别器也是同样的，在输入层和输出层中间夹着两个中间层。输入为真实图像或为生成器的输出，而输出为 0~1 的识别结果。这里我们将全部使用全连接层来实现。

接下来，将对生成器的输出层和识别器的输出层进行编程实现。

8.3.2 生成器的输出层

生成器的输出层将按下列方式实现。这一层的输出是识别器的输入，为了使识别器的输入数据保持在 –1~1 之间，我们将使用 tanh 函数作为激励函数。

```
class GenOutLayer(BaseLayer):
    def __init__(self, n_upper, n):
        # Xavier的初始值
        self.w = np.random.randn(n_upper, n) / np.sqrt(n_upper)
        self.b = np.zeros(n)

    def forward(self, x):
        self.x = x
        u = np.dot(x, self.w) + self.b
        self.y = np.tanh(u)                          # tanh

    def backward(self, grad_y):
        delta = grad_y * (1 - self.y**2)

        self.grad_w = np.dot(self.x.T, delta)
        self.grad_b = np.sum(delta, axis=0)
        self.grad_x = np.dot(delta, self.w.T)
```

这一层的神经元数量是生成图像的像素数量。当将输出数据作为图像显示时，需要将输出值的范围调整到0~1。与识别器一起进行训练时，需使用从识别器反馈过来的 grad_y 计算 delta。

8.3.3　识别器的输出层

识别器的输出层使用了 Sigmoid 函数作为激励函数，误差使用的是二值交叉熵函数，反向传播时 δ 的计算方法与第 7 章中讲解 VAE 输出层的基本相同。由于反向传播中使用的误差函数不需要为了减少误差而除以批次大小，因此可以用下列公式来表示。

$$E = \sum_{i=1}^{h} \left(-t_i \log y_i - \left(1 - t_i\right) \log\left(1 - y_i\right) \right)$$

使用这一公式按下列方式求取 δ，此处省略下标。

$$\begin{aligned}
\delta &= \frac{\partial E}{\partial y} \frac{\partial y}{\partial u} \\
&= \frac{\partial E}{\partial y} y(1-y) \\
&= \left(-\frac{t}{y} + \frac{1-t}{1-y} \right) y(1-y) \\
&= -t(1-y) + (1-t)y \\
&= y - t
\end{aligned}$$

使用这个 δ，就可以按下列方式对识别器的输出层进行编程实现。

↓ 识别器的输出层 DiscOutLayer 类

```
class DiscOutLayer(BaseLayer):
    def __init__(self, n_upper, n):
        # Xavier的初始值
        self.w = np.random.randn(n_upper, n) / np.sqrt(n_upper)
        self.b = np.zeros(n)

    def forward(self, x):
        self.x = x
        u = np.dot(x, self.w) + self.b
        self.y = 1/(1+np.exp(-u))              # Sigmoid函数

    def backward(self, t):
        delta = self.y-t
        self.grad_w = np.dot(self.x.T, delta)
        self.grad_b = np.sum(delta, axis=0)
        self.grad_x = np.dot(delta, self.w.T)
```

由于输出层的输出是识别结果，因此神经元的数量为 1。

8.4　GAN 的编程实现

在本节中，我们将对编程实现 GAN 模型的方法进行讲解。通过采用使生成器和识别器相互竞争的方式进行训练，就可以使生成器生成与真实图像极为相似的图像。这里将使用手写数字图像的数据集作为真实图像。接下来，我们将确认从数据生成图像的过程，以及生成器和识别器是如何相互制衡的。

8.4.1　正向传播与反向传播的编程实现

下面将对各个网络层进行初始化处理，并对正向传播和反向传播的函数进行定义。将生成器的各网络层保存到列表 gen_layers 中，将识别器的各网络层保存到列表 disc_layers 中。

↓ 正向传播与反向传播的编程实现代码

```
# -- 各网络层的初始化 --
gen_layers = [MiddleLayer(n_noise, 32),
              MiddleLayer(32, 64),
              GenOutLayer(64, img_size*img_size)]

disc_layers = [MiddleLayer(img_size*img_size, 64),
               MiddleLayer(64, 32),
               DiscOutLayer(32, 1)]

# -- 正向传播 --
def forward_propagation(x, layers):
    for layer in layers:
        layer.forward(x)
        x = layer.y
    return x

# -- 反向传播 --
def backpropagation(t, layers):
    grad_y = t
    for layer in reversed(layers):
        layer.backward(grad_y)
        grad_y = layer.grad_x
    return grad_y
```

正向传播的函数 forward_propagation 和反向传播的函数 backpropagation 会接收保存了各网络层的列表 layers。像上面这样编写代码，就可以创建生成器的列表、识别器的列表及将它们合并的列表。

8.4.2　GAN 的训练

在这里将对训练用的函数进行定义。训练生成器时，会通过生成器和识别器进行正向传播和反向传播，但是不会对识别器的参数进行更新操作。因此，对于下列函数中进行正向传播和反向传播的 prop_layers，以及更新参数的 update_layers 采用了允许单独进行设置的方式实现。

↓ 训练模型的函数

```
def train_model(x, t, prop_layers, update_layers):
    y = forward_propagation(x, prop_layers)
```

```
      backpropagation(t, prop_layers)
      update_params(update_layers)
      return (get_error(y, t), get_accuracy(y, t))
```

此外，单独定义的 get_error 函数和 get_accuracy 函数负责计算并返回误差和准确率。

8.4.3　GAN 的学习

下面让识别器和生成器相互进行训练。在这里，我们将对学习过程进行详细的观察，因此训练数据不会在一轮 epoch 中使用完，而是从训练数据中随机地提取小批次数据进行学习。

由于识别器会分别使用真实图像和伪造图像进行训练，因此在训练时会分别使用批次大小的一半数据进行学习。训练生成器时则会使用整个批次大小的数据。

↓ GAN 的学习代码

```
batch_half = batch_size // 2
error_record = np.zeros((n_learn, 2))
acc_record = np.zeros((n_learn, 2))
for i in range(n_learn):

    # 从噪声数据生成图像对识别器进行训练
    noise = np.random.normal(0, 1, (batch_half, n_noise))
    imgs_fake = forward_propagation(noise, gen_layers) # 图像的生成
    t = np.zeros((batch_half, 1))                      # 正确答案为0
    error, accuracy = train_model(imgs_fake, t, disc_layers,
                                  disc_layers)
    error_record[i][0] = error
    acc_record[i][0] = accuracy

    # 使用真实的图像训练识别器
    rand_ids = np.random.randint(len(x_train), size=batch_half)
    imgs_real = x_train[rand_ids, :]
    t = np.ones((batch_half, 1))                       # 正确答案为1
    error, accuracy = train_model(imgs_real, t, disc_layers,
                                  disc_layers)
    error_record[i][1] = error
    acc_record[i][1] = accuracy

    # 基于合并的模型训练生成器
    noise = np.random.normal(0, 1, (batch_size, n_noise))
    t = np.ones((batch_size, 1))                       # 正确答案为1
```

```
     # 只训练生成器
     train_model(noise, t, gen_layers+disc_layers, gen_layers)
```

　　训练识别器时，真实数据与伪造数据的正确答案分别为 0 和 1。由于生成器是
通过欺骗识别器进行学习的，因此正确答案就是 1。而训练生成器时，需要将生成器
gen_layers 和识别器 disc_layers 进行合并。其中只有 gen_layers 需要更新参数。

8.4.4　图像的生成

　　接下来，将对生成和显示图像的函数进行定义。图像是通过将噪声数据输入已
经完成训练生成器中的方式生成的。

↓ 生成图像的函数

```
def generate_images(i):
    # 图像的生成
    n_rows = 16                                    # 行数
    n_cols = 16                                    # 列数
    noise = np.random.normal(0, 1, (n_rows*n_cols, n_noise))
    g_imgs = forward_propagation(noise, gen_layers)
    g_imgs = g_imgs/2 + 0.5                        # 指定范围为0~1

    img_size_spaced = img_size + 2
    matrix_image = np.zeros((img_size_spaced*n_rows,
                 img_size_spaced*n_cols))     # 完整的图像

    # 将生成后的图像排列成一幅图像
    for r in range(n_rows):
        for c in range(n_cols):
            g_img = g_imgs[r*n_cols + c].reshape(img_size,
                                                 img_size)
            top = r*img_size_spaced
            left = c*img_size_spaced
            matrix_image[top : top+img_size,
                      left : left+img_size] = g_img

    plt.figure(figsize=(8, 8))
    plt.imshow(matrix_image.tolist(), cmap="Greys_r")
    # 删除坐标轴刻度的标签和线条
    plt.tick_params(labelbottom=False, labelleft=False,
                  bottom=False, left=False)
    plt.show()
```

虽然最后总共生成的是 16×16 幅图像，但是程序会将它们排列后作为一整幅图像显示。

8.4.5 完整的代码

下面展示的是完整的实现代码。通过下列代码依次对训练数据的准备、各网络层的封装类、正向传播和反向传播的函数、用于训练和生成图像的函数、小批次法进行了编程实现。

在学习中，我们会以固定的间隔显示由生成器生成的图像。此外，对于识别器的误差和准确率，程序会对输入真实数据和伪造数据的不同场合分别进行记录。

⬇ 完整代码及执行结果（随着学习的推进，生成的图像也会发生变化）

```python
import numpy as np
# import cupy as np                        # 使用GPU的场合
import matplotlib.pyplot as plt
from sklearn import datasets

# -- 设置各项参数 --
img_size = 8                               # 图像的高度和宽度
n_noise = 16                               # 数据数量
eta = 0.001                                # 学习系数
n_learn = 10001                            # 学习次数
interval = 1000                            # 显示处理进度的间隔
batch_size = 32

# -- 训练数据 --
digits_data = datasets.load_digits()
x_train = np.asarray(digits_data.data)
x_train = x_train / 15*2-1                  # 范围为-1~1
t_train = digits_data.target

# -- 全连接层的父类 --
class BaseLayer:
    def update(self, eta):
        self.w -= eta * self.grad_w
        self.b -= eta * self.grad_b

# -- 中间层 --
class MiddleLayer(BaseLayer):
    def __init__(self, n_upper, n):
        #He的初始值
        self.w = np.random.randn(n_upper, n) * np.sqrt(2/n_upper)
        self.b = np.zeros(n)

    def forward(self, x):
        self.x = x
```

```python
        self.u = np.dot(x, self.w) + self.b
        self.y = np.where(self.u <= 0, 0, self.u)      # ReLU

    def backward(self, grad_y):
        delta = grad_y * np.where(self.u <= 0, 0, 1)

        self.grad_w = np.dot(self.x.T, delta)
        self.grad_b = np.sum(delta, axis=0)
        self.grad_x = np.dot(delta, self.w.T)

# -- 生成器的输出层 --
class GenOutLayer(BaseLayer):
    def __init__(self, n_upper, n):
        # Xavier的初始值
        self.w = np.random.randn(n_upper, n) / np.sqrt(n_upper)
        self.b = np.zeros(n)

    def forward(self, x):
        self.x = x
        u = np.dot(x, self.w) + self.b
        self.y = np.tanh(u)                             # tanh

    def backward(self, grad_y):
        delta = grad_y * (1 - self.y**2)

        self.grad_w = np.dot(self.x.T, delta)
        self.grad_b = np.sum(delta, axis=0)
        self.grad_x = np.dot(delta, self.w.T)

# -- 识别器的输出层 --
class DiscOutLayer(BaseLayer):
    def __init__(self, n_upper, n):
        # Xavier的初始值
        self.w = np.random.randn(n_upper, n) / np.sqrt(n_upper)
        self.b = np.zeros(n)

    def forward(self, x):
        self.x = x
        u = np.dot(x, self.w) + self.b
        self.y = 1/(1+np.exp(-u))                       # Sigmoid函数

    def backward(self, t):
        delta = self.y-t

        self.grad_w = np.dot(self.x.T, delta)
        self.grad_b = np.sum(delta, axis=0)
```

```
            self.grad_x = np.dot(delta, self.w.T)

# -- 各网络层的初始化 --
gen_layers = [MiddleLayer(n_noise, 32),
              MiddleLayer(32, 64),
              GenOutLayer(64, img_size*img_size)]

disc_layers = [MiddleLayer(img_size*img_size, 64),
               MiddleLayer(64, 32),
               DiscOutLayer(32, 1)]

# -- 正向传播 --
def forward_propagation(x, layers):
    for layer in layers:
        layer.forward(x)
        x = layer.y
    return x

# -- 反向传播 --
def backpropagation(t, layers):
    grad_y = t
    for layer in reversed(layers):
        layer.backward(grad_y)
        grad_y = layer.grad_x
    return grad_y

# -- 参数的更新 --
def update_params(layers):
    for layer in layers:
        layer.update(eta)

# -- 计算误差 --
def get_error(y, t):
    eps = 1e-7
    # 返回二值交叉熵误差
    return -np.sum(t*np.log(y+eps) + \
                   (1-t)*np.log(1-y+eps)) / len(y)

# -- 计算准确率 --
def get_accuracy(y, t):
    correct = np.sum(np.where(y<0.5, 0, 1) == t)
    return correct / len(y)

# -- 训练模型 --
def train_model(x, t, prop_layers, update_layers):
    y = forward_propagation(x, prop_layers)
    backpropagation(t, prop_layers)
```

```
        update_params(update_layers)
        return (get_error(y, t), get_accuracy(y, t))

# -- 生成并显示图像 --
def generate_images(i):
    # 图像的生成
    n_rows = 16                              # 行数
    n_cols = 16                              # 列数
    noise = np.random.normal(0, 1, (n_rows*n_cols, n_noise))
    g_imgs = forward_propagation(noise, gen_layers)
    g_imgs = g_imgs/2 + 0.5                  # 指定范围为0~1

    img_size_spaced = img_size + 2
    # 完整的图像
    matrix_image = np.zeros((img_size_spaced*n_rows,
                             img_size_spaced*n_cols))

    # 将生成后的图像排列成一幅图像
    for r in range(n_rows):
        for c in range(n_cols):
            g_img = g_imgs[r*n_cols + c].reshape(img_size,
                                                 img_size)
            top = r*img_size_spaced
            left = c*img_size_spaced
            matrix_image[top : top+img_size,
                         left : left+img_size] = g_img

    plt.figure(figsize=(8, 8))
    plt.imshow(matrix_image.tolist(), cmap="Greys_r")
    # 删除坐标轴刻度的标签和线条
    plt.tick_params(labelbottom=False, labelleft=False,
                    bottom=False, left=False)
    plt.show()

# -- GAN的学习 --
batch_half = batch_size // 2
error_record = np.zeros((n_learn, 2))
acc_record = np.zeros((n_learn, 2))
for i in range(n_learn):

    # 从数据生成图像训练识别器
    noise = np.random.normal(0, 1, (batch_half, n_noise))
    imgs_fake = forward_propagation(noise, gen_layers)   # 图像的生成
    t = np.zeros((batch_half, 1))                        # 正确答案为0
    error, accuracy = train_model(imgs_fake, t, disc_layers,
                                  disc_layers)
```

```
    error_record[i][0] = error
    acc_record[i][0] = accuracy

    # 使用真实图像训练识别器
    rand_ids = np.random.randint(len(x_train), size=batch_half)
    imgs_real = x_train[rand_ids, :]
    t = np.ones((batch_half, 1))                    # 正确答案为1
    error, accuracy = train_model(imgs_real, t, disc_layers,
                                  disc_layers)
    error_record[i][1] = error
    acc_record[i][1] = accuracy

    # 基于合并后的模型训练生成器
    noise = np.random.normal(0, 1, (batch_size, n_noise))
    t = np.ones((batch_size, 1))                    # 正确答案为1
    train_model(noise, t, gen_layers+disc_layers,
                gen_layers)                         # 只训练生成器

    # 以固定间隔显示误差和生成后的图像
    if i % interval == 0:
        print ("n_learn:", i)
        print ("Error_fake:", error_record[i][0],
               "Acc_fake:", acc_record[i][0])
        print ("Error_real:", error_record[i][1],
               "Acc_real:", acc_record[i][1])
        generate_images(i)
```

n_learn: 0   n_learn: 1000

Error_fake: 0.4779363301477474 Acc_fake: 0.875   Error_fake: 0.6596114329017873 Acc_fake: 0.75

Error_real: 0.6831402324247644 Acc_real: 0.375   Error_real: 0.6177071227174216 Acc_real: 0.625

n_learn: 2000

Error_fake: 0.6474399046014572   Acc_fake: 0.6875

Error_real: 0.5838039875222214   Acc_real: 0.625

n_learn: 3000

Error_fake: 0.5825034505303102   Acc_fake: 0.875

Error_real: 0.5831859584318384   Acc_real: 0.75

n_learn: 4000

Error_fake: 0.6021132702121416   Acc_fake: 0.8125

Error_real: 0.6666737720178886   Acc_real: 0.4375

n_learn: 5000

Error_fake: 0.5202034561287968   Acc_fake: 0.8125

Error_real: 0.6475955484176377   Acc_real: 0.5625

n_learn: 6000

Error_fake: 0.5326155204595238   Acc_fake: 0.8125

Error_real: 0.5104889791885009   Acc_real: 0.6875

n_learn: 7000

Error_fake: 0.5267947452117616   Acc_fake: 0.9375

Error_real: 0.6406645116128007   Acc_real: 0.625

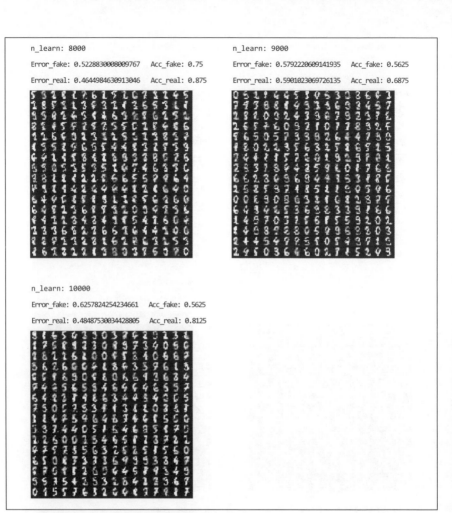

n_learn: 8000

Error_fake: 0.5228830008009767   Acc_fake: 0.75

Error_real: 0.4644984630913046   Acc_real: 0.875

n_learn: 9000

Error_fake: 0.5792220609141935   Acc_fake: 0.5625

Error_real: 0.5901023069726135   Acc_real: 0.6875

n_learn: 10000

Error_fake: 0.6257824254234661   Acc_fake: 0.5625

Error_real: 0.48487530034428805   Acc_real: 0.8125

从上面的图像中可以看到，学习还未展开时的生成图像几乎只是噪声，而随着学习的推进，手写数字图像也逐渐成形。在经过 10000 次小批次学习后生成的图像中，可以清楚地辨认出数字。下面尝试将其与真实的图像进行比较。如图 8.9 所示，下列图像中位于左侧的是生成的伪造图像，位于右侧的是训练时使用的真实图像。

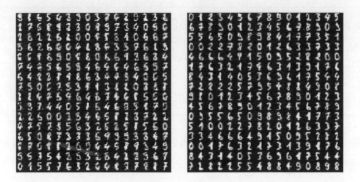

图8.9 伪造图像（左）与真实图像（右）的比较

虽然看上去有些模糊，但是可以看出伪造图像较为准确地模仿了真实图像的笔迹。生成器需要能瞒过识别器，而识别器需要能一眼识破伪造图像，两者相互之间不断地进行切磋，最终达到成功生成与原图像极为相似图像的目的。

8.4.6　误差与准确率的变化

接下来，将对学习过程中误差和准确率的变化进行确认。使用下列代码通过图表的形式来显示将伪造图像输入识别器时误差的变化情况和输入真实图像时的变化情况。此外，也会同时显示准确率的变化情况。

如果将所有记录都显示出来，图表会比较难以观察。因此，我们会以一定的间隔挑选记录数据显示到图表中。

↓ 显示误差与准确率的变化

```
step = 20

# -- 误差的变化 --
axis_x = range(1, n_learn+1, step)
axis_y = error_record[::step, :]                    # 分步提取
plt.plot(axis_x, axis_y[:, 0].tolist(), label="Error_fake")
plt.plot(axis_x, axis_y[:, 1].tolist(), label="Error_real")
plt.legend()
plt.xlabel("n_learn")
plt.ylabel("Error")
plt.show()

# -- 准确率的变化 --
axis_x = range(1, n_learn+1, step)
axis_y = acc_record[::step, :]
```

```
plt.plot(axis_x, axis_y[:, 0].tolist(), label="Acc_fake")
plt.plot(axis_x, axis_y[:, 1].tolist(), label="Acc_real")
plt.legend()
plt.xlabel("n_learn")
plt.ylabel("Accuracy")
plt.show()
```

如图 8.10 所示，下列图表是上述代码的执行结果。由于批次较少，因此数值多少有些浮动。

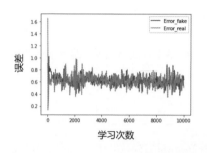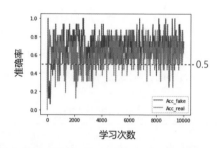

图 8.10　误差与准确率的变化情况

从图 8.10 可以看到，误差在刚开始出现了较大的变动，最终几乎趋于平稳的状态。这是由于生成器会试图提高输入伪造图像时的误差，识别器则会试图降低误差，从而达到某种程度的平衡状态。此外，由于生成器学习的目的是使真假图像难以分辨，因此会将输入真实图像时的误差提高。而识别器的目的是降低这一误差，那么在这一方面也会达到平衡的状态。

关于准确率，如果生成器能够完美地运行，那么准确率就会是 0.5；如果识别器能够完美地运行，准确率则会是 1.0。从图表中准确率在伪造数据和真实数据时都控制在 0.5 ~ 1.0 的范围内来看，也可以认为，这是由于生成器和识别器之间达到了平衡的状态而导致的结果。也就是说，生成器和识别器通过相互竞争的形式进行学习，在结果趋于平衡的状态下，逐步地生成与真实图像极为相似的图像。

8.5　GAN 的衍生技术

在本章的最后，我们将对 GAN 模型的几项衍生技术进行简单的介绍。

8.5.1 Conditional GAN

首先，将对 Conditional GAN（参考文献 [23]）进行介绍。Conditional GAN 可以通过在学习时分配标签的方式生成指定种类的数据。由于常规 GAN 进行的是随机取样操作，因此指定生成数据的种类是非常困难的。

图 8.11 中是使用 Conditional GAN 为每行指定不同的正确答案标签生成的图像。

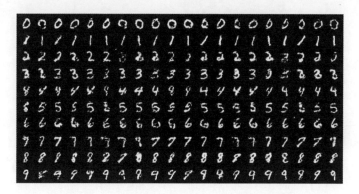

图 8.11 使用 Conditional GAN 生成指定标签的图像

引自参考文献 [23]

从图 8.11 中可以看到，在最上方的行指定正确答案标签为 0、最下方的行指定标签为 9 的情况下生成了图像。如果 Conditional GAN 的技术继续发展，也许今后我们只需要指定诸如动物或食品等种类信息，就可以从已经完成学习的模型中自动生成相应的图像。

8.5.2 pix2pix

接下来，将要介绍 GAN 的衍生技术是 pix2pix。pix2pix 就像是语言的自动翻译一样，将图像的某个特征变换为其他的特征（参考文献 [24]）。这种情况下，生成器会将某一图像作为输入，而输出的则是特征经过变换后的图像。

pix2pix 是从一组图像中学习图像之间的关系，然后完成学习的模型会对完成学习后两幅图像之间的关系进行考量，将一幅图像翻译成另一幅图像。图 8.12 中展示的是使用 pix2pix 进行图像变换的示例。

图 8.12　基于 pix2pix 的图像变换

在图 8.12 中，位于上方的是从附带区域标签的图像变换成风景照片，位于下方的是从航拍照片变换成了地图，也就是将某幅图像的特征翻译成了其他类型的特征。

除此以外，pix2pix 还可以根据黑白照片生成相应的彩色照片，从素描生成照片。综上所述，pix2pix 是一种可对图像自动进行变换的技术。

8.5.3　Cycle GAN

本节介绍 Cycle GAN 技术。Cycle GAN 并不是像 pix2pix 那样使用成对图像进行学习，其特点是使用成对的图像集合进行学习（参考文献 [25]）。如果使用 pix2pix，要准备大量轮廓一致的成对图像，这在实际当中是极为困难的事情。而 Cycle GAN 的一大优势就是不需要提供成对的图像。

图 8.13 中展示的是使用 Cycle GAN 将马的图像变换为斑马图像的示例。

图 8.13　基于 Cycle GAN 的图像变换

引自参考文献 [25]

像这样使用图像集所进行的学习，可以将图像的特征转换为其他类型的特征。

Cycle GAN 是通过将图像集 A 的图像变换为图像集 B 的图像进行学习的同时，还会将变换后的图像集 B 再次转换为图像集 A 的图像进行学习。通过这样循环往复地进行学习，就可以实现将照片变换为莫奈画风的图画，或者将夏天的景色变换为冬天的景色等的应用。由于 Cycle GAN 可以这样非常灵活地进行学习，因此研究人员对它今后的发展和应用寄予了很高的期望。

综上所述，GAN 技术正处在日新月异的发展当中，特别是在图像生成领域逐步解决了各种任务需求。

小　结

本章我们对生成模型中 GAN 模型的相关知识进行了讲解。GAN 模型是通过生成器和识别器的相互竞争进行学习的。为此，我们对必要的误差进行了定义，并以类的形式对 GAN 模型中所需使用的网络层进行了编程实现。然后对 GAN 模型进行构建和训练，并确认在推进学习的同时，网络能够逐渐生成清晰的图像。此外，我们还确认了随着误差和准确率的变化，生成器和识别器在学习过程中会达到某种平衡的状态。

使用 GAN 模型可以生成各种类型的数据。由于其应用范围广泛，因此与 VAE 一样，它也是一项有望极大地拓展人工智能可能性的技术。

专栏　使用 LaTeX 编写数学公式

在进行深度学习技术的学习和研究过程中，我们往往需要使用大量的公式。实际上，在本书中也有大量篇幅是用于介绍数学公式的。本书中的数学公式是用一种名为 LaTeX（读作拉泰赫或拉泰夫）的排版系统编写的。LaTeX 在学术界是作为标配使用的图文排版系统，如果我们掌握了 LaTeX，就可以编辑出漂亮、工整且可重复使用的数学公式。

LaTeX 在一开始就被内置于 Jupyter Notebook 中，因此我们不需要特意设置，就可以在输入文本的单元格中使用其命令。当然，在 Google Colaboratory 环境中也可以进行操作。但需要注意的是，在输入代码的单元格中是不能执行 LaTeX 代码的。

使用 LaTeX 编辑数学公式时，需要像下面这样使用 $$ 将 LaTeX 的代码围起来。

$$y=x^2+\frac{1}{x^2+1}+1$$

使用上面代码就可以编辑出如下所示的数学公式。

$$y = x^2 + \frac{1}{x^2 + 1} + 1$$

综上所述，LaTeX 可以通过编程的方式编写数学公式。例如，求和、微分、矩阵等复杂公式也可以使用代码进行编写。关于 LaTeX 命令的语法，网络上有很多相关信息，感兴趣的读者可以自行上网搜索。

LaTeX 具有以下几个优点。

- 可以编辑出漂亮、工整的数学公式。
- 可以复制和粘贴数学公式。
- 易于修改和整理数学公式。
- 轻松地编排论文和博客等文章。
- 不同于纸张和黑板，它不受书写空间限制。
- 其他。

基本上 LaTeX 的代码比 Python 的代码更为简单，因此一旦开始学习到掌握它的用法并不需要花费太多时间。

笔者以前在纸上和黑板上写数学公式时确实感到很麻烦，但是多亏 LaTeX，极大地降低了笔者对写公式的抵触感。如果大家也需要使用到数学公式，那么 LaTeX 是不是起到了很大的作用呢？

此外，LaTeX 也具有以下几点不足。

- 编辑复杂的数学公式时，代码很长且复杂。
- 搜索所需使用的命令语法较费时间。
- 支持使用 LaTeX 的环境比较少。
- 没有手写的那种感受。
- 其他。

在决定是否采用 LaTeX 时，需要考虑到上面几个因素。

可轻松地复制、修改和共享 LaTeX 格式的公式是其适合在互联网环境中使用的原因。此外，由于复制和粘贴比在纸上编写公式更容易，非常适合在需要反复试验的场合中使用，因此，LaTeX 在构思展开公式的方法时是非常有帮助作用的。如果读者也正为数学公式的繁杂而苦恼，笔者强烈建议不妨试一下 LaTeX。

第 **9** 章

进阶准备

　　在本章中，我们将为已完成前面章节内容学习的读者提供有助于进一步深入学习的信息。本章所涉及的内容如下。

- 最优化算法
- 机器学习的技巧
- 数据集的介绍
- 深度学习的未来

　　到目前为止，本书中所提供的实现代码都旨在讲解基本原理的基础上，尽量保持简洁明了。如果对这些模型进行扩展以增加模型的复杂性，那么读者很快就会发现需面临很多新的问题。这种情况下，或许本章将要讲解的处理技巧会成为解决问题的突破口。此外，为了方便今后的学习，本章还会介绍几种便于开发、试错的数据集。

9.1　最优化算法

所谓梯度下降法，是指根据梯度对权重和偏置进行小幅度调整，从而将误差逐步减小，并最终实现神经网络最优化的一种方法。而最优化算法，就是为了实现这一最优化处理而使用的具体算法。

到目前为止，本书仅使用了最基本的 SGD 算法。在本节中，将介绍其他几种最优化算法。

9.1.1　最优化算法概述

打个比方，当我们蒙着眼睛在山林地带中行走时，为了顺利到达位于谷底的目的地需采取行进策略。如果采用了错误的行进策略，就可能困入局部凹陷的地带中，可能要走很多冤枉路、浪费大量的时间才能最终到达谷底。为了能够顺利且迅速地到达谷底目的地，最优化算法的选择就变得极为重要。

下面将对其中几个具有代表性的算法进行介绍。

9.1.2　随机梯度下降算法

随机梯度下降（Stochastic Gradient Descent，SGD）算法是指随机性地选择小批次数据，并只以与梯度成一定比例的量对其进行更新的一种算法。为了代码简洁，本书中深度学习的代码使用的全部都是随机梯度下降算法。

下列是随机梯度下降算法所使用的更新公式。

$$w \leftarrow w - \eta \frac{\partial E}{\partial w}$$

其中，E 表示小批次中的误差；η 表示学习系数。偏置的更新公式与权重的更新公式是相同的。由于随机梯度下降算法是在每次进行更新的时候，随机地从训练数据中抽取所需用的样本，因此不容易陷入局部最优解的"陷阱"。

随机梯度下降算法是通过将学习系数与梯度相乘来简单地确定更新量的，因而可以用很简单的代码来实现，这也是使用这一算法的优点之一。由于代码简单，因此我们比较容易对模型的学习情况进行把握。

其缺点是学习系数通常是固定的，因此在学习的过程中无法对更新量进行灵活的调整。

9

9.1.3 Momentum

Momentum 算法是在随机梯度下降算法中增加了惯性项的一种算法。Momentum 算法的更新公式如下所示。

$$w \leftarrow w - \eta \frac{\partial E}{\partial w} + \alpha \Delta w$$

其中，α 为用于决定惯性强度的常量；Δw 代表的是前一次的更新量。通过加入 $\alpha \Delta w$ 这一惯性项，新生成的更新量就会受到以前所有更新量的影响。通过这种方式，就可以有效地防止更新量的急剧变化，使更新量的变化曲线更为平滑。

虽说如此，与随机梯度下降算法相比，这个算法引入了两个必须事先给定的常量 η 和 α，因此也就增加了对网络进行调整的难度。

9.1.4 AdaGrad

AdaGrad 算法是由 Duchi 等研究人员于 2011 年提出的一种算法（参考文献 [26]），其优势是能够对更新量进行自动的调整。随着学习的推进，学习率也会逐渐减小。AdaGrad 算法的权重更新公式如下所示。

$$h \leftarrow h + \left(\frac{\partial E}{\partial w} \right)^2$$
$$w \leftarrow w - \eta \frac{1}{\sqrt{h}} \frac{\partial E}{\partial w}$$

上式是确保了 h 以绝对增加的方式进行更新的。h 又被作为公式的分母，因此也决定了更新量必然会逐渐减少。其中，h 是根据每个权重进行计算的，因此，对于以前更新量总和比较小的权重所产生的新更新量也会较大，而以前总的更新量比较大的权重所产生的新更新量则会较小。这样一来，就是做到了在刚开始对比较大的范围进行探索，然后逐渐将范围缩小的效果，因此也就可能实现更为高效的探索。此外，AdaGrad 算法中必须实现设置的常量只有 η 这一个，调整起来没那么复杂，因此可以将其比较简单地运用到神经网络中。

其缺点是更新量是持续减少的，因此可能在训练过程中出现更新量几乎为 0 的情况，从而导致无法对神经网络进行进一步的优化。

9.1.5 RMSProp

RMSProp 算法是一种克服 AdaGrad 算法中由于更新量变小而导致学习进度停滞

不前问题的算法。虽然这个算法并没有被发表成正式的论文，但是 Geoff Hinton 在 Cousera 网络教育平台的教材中提到了这种算法。RMSProp 算法的权重更新公式如下所示。

$$h \leftarrow \rho h + (1-\rho)\left(\frac{\partial E}{\partial w}\right)^2$$

$$w \leftarrow w - \eta \frac{1}{\sqrt{h}} \frac{\partial E}{\partial w}$$

由于上式中 ρ 的存在实现了对过去的 h 以适当比例进行"忘记"处理，这样就可以克服 AdaGrad 算法中所存在的更新量几乎为 0 的弱点。此外，Hinton 推荐将 ρ 设置为 0.9 左右的值。

9.1.6　Adam

Adam（Adaptive Moment Estimation）是由 Kingma 等研究人员于 2014 年提出的一种算法（参考文献 [27]）。该算法对其他多种算法的优点实现了兼收并蓄，因此屡屡表现出比其他最优化算法更为突出的性能。Adam 算法的权重更新公式如下所示。

$$m_0 = v_0 = 0$$

$$m_t = \beta_1 m_{t-1} + (1-\beta_1)\frac{\partial E}{\partial w}$$

$$v_t = \beta_2 v_{t-1} + (1-\beta_2)\left(\frac{\partial E}{\partial w}\right)^2$$

$$\hat{m}_t = \frac{m_t}{1-\beta_1^t}$$

$$\hat{v}_t = \frac{v_t}{1-\beta_2^t}$$

$$w \leftarrow w - \eta \frac{\hat{m}_t}{\sqrt{\hat{v}_t} + \varepsilon}$$

可以看出，Adam 算法使用了相当复杂的数学公式进行表达。其中，常数就包括 β_1、β_2、η、ε 这 4 个；t 表示反复次数。Adam 算法大致上可以看成是将 Momentum 和 AdaGrad 这两种算法组合在一起的产物。

此外，在发表 Adam 算法的论文中，推荐将参数设置为 $\beta_1 = 0.9$、$\beta_2 = 0.999$、$\eta = 0.001$、$\varepsilon = 10^{-8}$。

9.1.7　最优化算法的编程实现

下面将介绍 Momentum 算法和 AdaGrad 算法的编程实现示例。下列代码采用类的方式对 Momentum 算法进行了封装。

```
# —— Momentum ——
class MomentumOptimizer:
    def __init__(self, alpha):
        self.alpha = alpha
        self.dif_params = None

    def update(self, eta, params, grads):
        if self.dif_params is None:
            self.dif_params = [np.zeros_like(param) \
                for param in params]       # 推导式
        for param, grad, dif_param in zip(params, grads, self.dif_params):
            dif_param[:] = -eta*grad + self.alpha*dif_param
            param += dif_param
```

上述代码是根据 Momentum 算法的公式执行处理的，self.dif_params 对应的是 Momentum 算法公式中的 Δw。上述代码中，有一个地方简要地展示了根据推导式语法使用 for 语句进行的处理。此外，这里使用 zip，for 语句就可以将多个列表集中在一起处理。

这个类可以按如下所示的方式使用。

```
# —— 全连接层的父类 ——
class BaseLayer:
    def __init__(self):
        self.optimizer = MomentumOptimizer(0.9)

    def update(self, eta):
        self.optimizer.update(eta, [self.w, self.b],[self.grad_w, self.grad_b])

# —— 中间层 ——
class MiddleLayer(BaseLayer):
    def __init__(self, n_upper, n):
        super().__init__()                   # 执行父类的__init__方法
        self.w = np.random.randn(n_upper, n) * \
                np.sqrt(2/n_upper)           # He的初始值
        self.b = np.zeros(n)

        （以下省略）
```

使用父类 BaseLayer 的 __init__ 方法执行 MomentumOptimizer 的初始化处理，此时需要传递 α 的值。此外，使用 update 方法基于 optimizer 对各个参数进行更新操作。继承了父类 BaseLayer 的中间层将在 __init__ 方法中编写 super().__init__() 的语句。基于这一语句可以执行父类的 __init__ 方法。

下列代码是将 AdaGrad 算法作为类编程实现的示例。

```
# -- AdaGrad --
class AdaGradOptimizer:
    def __init__(self):
        self.hs = None

    def update(self, eta, params, grads):
        if self.hs is None:
            self.hs = [np.zeros_like(param)+1e-7 \
                        for param in params]
        for param, grad, h in zip(params, grads, self.hs):
            h += grad**2
            param -= eta / np.sqrt(h) * grad
```

上述代码是根据 AdaGrad 算法的公式执行处理的，self.hs 对应的是 AdaGrad 算法公式中的 h。

这个类的使用方法几乎与 Momentum 类相同，并且不需要在初始化时传递常量。

```
# -- 全连接层的父类 --
class BaseLayer:
    def __init__(self):
        self.optimizer = AdaGradOptimizer()

    def update(self, eta):
        self.optimizer.update(eta, [self.w, self.b],
                                [self.grad_w, self.grad_b])

# -- 中间层 --
class MiddleLayer(BaseLayer):
    def __init__(self, n_upper, n):
        super().__init__()                    # 执行父类的__init__方法
        self.w = np.random.randn(n_upper, n) * \
                    np.sqrt(2/n_upper)          # He的初始值
        self.b = np.zeros(n)

        （以下省略）
```

前面的代码为 Momentum 算法和 AdaGrad 算法的编程实现示例，其他最优化算法也可以用同样的方式完成编程实现。

9.2 机器学习的技巧

在本节中，我们将对易于编程实现且效果显著的几个机器学习技巧进行介绍。下列几项内容是我们将要介绍的技巧。

- Dropout。
- LeakyReLU。
- 权重衰减。
- 批次归一化。

为了方便理解算法原理，本书中一直极力使用简单的代码进行编程实现。虽然上述技巧可以非常有效地发挥性能，但是引入这些方法后会导致编程实现变得更为复杂，超参数的数量也会相应增加。接下来，将一边对效果进行验证，一边引入这些方法。

9.2.1 Dropout

所谓 Dropout，是指按照一定的概率，将输出层以外的神经元随机进行消除的一种处理技巧（参考文献 [28]）。每次对权重和偏置进行更新时所消除的神经元都是不同的。如果网络层的神经元不被消去而是被保留下来的概率为 p，中间层设置为 $p=0.5$、输入层设置为 $p=0.8\sim0.9$ 等值是比较常见的做法。在进行测试的时候，再次将这个 p 值乘以网络层的输出值，这样就可以达到与学习时神经元所减少部分保持一致的目的。

图 9.1 为 Dropout 的示意图。

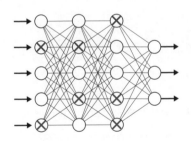

图 9.1　Dropout 示意图

虽说编程实现 Dropout 是比较容易的事情，但是对于抑制由网络训练过度而导致的过拟合现象却有着非常好的效果。其原因是，使用 Dropout 方法进行学习的网络，从本质上讲是将多个彼此不同的小神经网络组合在一起进行的学习。对于规模较大的神经网络，是比较容易出现过拟合现象的，但是使用 Dropout 处理后，网络的规模就被缩小了。虽然网络的规模是变小了，但是由于同时使用了多个网络组合在一起，其表现能力仍然是保持不变的。

像这种使用多个模型的组合实现提升结果质量的方式，在机器学习中称为向上采样。Dropout 是极为优秀的一种方法，可以通过非常小的计算成本实现这一效果，因此得到了非常广泛的运用。

将 Dropout 类似中间层和输出层那样作为网络层的类进行编程实现是非常方便的。下列代码就是作为类编程实现的 Dropout 层。为了判断当前的处理是进行训练还是测试，正向传播的 forward 方法会使用 self.is_train 变量。这是由于从外部代入了 True 或 False 的缘故。

```python
# -- Dropout层 --
class DropoutLayer:
    def __init__(self, dropout_ratio):
        # 使用神经元无效的概率
        self.dropout_ratio = dropout_ratio

    def forward(self, x):
        if self.is_train:                            # is_train: 训练时为True
            # 与输入形状相同的随机矩阵
            rand = np.random.rand(*x.shape)
            self.dropout = np.where(rand > self.dropout_ratio, 1, 0)
            # 1:有效；0:无效
            self.y = x * self.dropout                # 随机禁用神经元
        else:
            self.y = (1-self.dropout_ratio)*x   # 测试中降低输出

    def backward(self, grad_y):
        # 禁用的神经元不会进行反向传播
        self.grad_x = grad_y * self.dropout

    def update(self, eta):
        pass
```

这个 Dropout 层是没有学习参数的，因此，update 方法中只会编写无任何操作的 pass 语句。self.is_train 会判断是否进行训练，如果进行训练，就需要随机地禁用神经元；如果是进行测试，则需要根据 Dropout 率降低输出。

例如，第 8 章讲解的 GAN 模型可以通过下列代码使用 Dropout 层。

```python
# -- 各网络层的初始化 --
gen_layers = [MiddleLayer(n_noise, 32),
              DropoutLayer(0.2),
              MiddleLayer(32, 64),
              DropoutLayer(0.2),
              GenOutLayer(64, img_size*img_size)]
```

```
disc_layers = [MiddleLayer(img_size*img_size, 64),
               MiddleLayer(64, 32),
               DiscOutLayer(32, 1)]

# -- 正向传播 --
def forward_propagation(x, layers, is_train):
    for layer in layers:
        layer.is_train = is_train
        layer.forward(x)
        x = layer.y
    return x
```

在生成器的中间层后紧夹着 Dropout 层。forward_propagation 函数会将 is_train 作为参数接收，并在 layer 中设置这一数值。在 Python 中可以像这样从外部对实例变量进行设置。

9.2.2　Leaky ReLU

Leaky ReLU 函数（参考文献 [29]）是指在 ReLU 的负数区域中增加一个小梯度的激励函数。

在 ReLU 函数中，会出现很多输出结果为 0 导致无法继续进行学习的神经元，这种情况称为 Dying ReLU 现象。使用 Leaky ReLU 函数可以回避这个 Dying ReLU 问题。

Leaky ReLU 函数可以用类似下列的公式来实现。

$$y = \begin{cases} \alpha x & (x \leqslant 0) \\ x & (x > 0) \end{cases}$$

当 $x \leqslant 0$ 时，x 有一个系数 α，这是 Leaky ReLU 函数与 ReLU 函数有区别的地方。在原始论文中 y 表示为 $\alpha = 0.01$ 时这一很小的值。而在 ReLU 函数中，当 $x \leqslant 0$ 时，y 表示为 0。

下面使用代码将 Leaky ReLU 函数绘制成图表。为了便于比较，也将绘制 ReLU 函数的图表。

↓ Leaky ReLU 函数与 ReLU 函数的比较

```
import numpy as np
import matplotlib.pyplot as plt

def leaky_relu(x, alpha):
    return np.where(x <= 0, alpha*x, x)
```

```
def relu(x):
    return np.where(x <= 0, 0, x)

x = np.linspace(-5, 5)
plt.plot(x, leaky_relu(x, 0.2), label="Leaky ReLU")
plt.plot(x, relu(x), label="ReLU")

plt.legend()
plt.xlabel("x")
plt.ylabel("y")
plt.show()
```

为了突出梯度，这里的代码中设置 $\alpha=0.2$。从上面图表中可以看到，Leaky ReLU 函数在负数的区域有梯度。通过这一小梯度可以消除完全不起作用的神经元。如果将 α 的值设置得过大，Leaky ReLU 函数将与恒等函数毫无区别，反而会导致学习变得难以推进，因此这一点是需要注意的。

此外，还有一种将 α 作为学习参数的名为 Parametric ReLU（参考文献［8］）的激励函数。

9.2.3 权重衰减

当权重的取值较为极端时，经常会引起过拟合现象的出现。为了解决这一问题，对权重附加惩罚的做法就是所谓的权重衰减（Weight Decay）。

权重衰减需要使用下列公式所表示的平方范数（$L2$ 范数）。

$$\| W \| = \sqrt{\sum_{i=1}^{m} \sum_{j=1}^{n} w_{ij}^2}$$

上式先求取权重 w_{ij} 的平方，再取其总和，然后取平方根，这是表示整体权重的指标。使用这一平方误差，误差就可以按下列公式表示。

$$E_W = E + \frac{\lambda}{2} \| W \|^2$$

其中，E_W 表示加了惩罚项的误差；E 表示常规的误差。根据右边第 2 项的效果，整体权重偏大时误差也会变大，当增加权重时就会加上相应的惩罚。

这种情况下，权重的梯度可以用如下公式表示。这里 λ 是决定惩罚大小的常量。

$$\frac{\partial E_W}{\partial w_{ij}} = \frac{\partial E}{\partial w_{ij}} + \lambda w_{ij}$$

如果是采用随机梯度下降算法，权重的更新公式就可以用下列公式表示。

$$w \leftarrow w_{ij} - \eta \left(\frac{\partial E}{\partial w_{ij}} + \lambda w_{ij} \right)$$

权重总是衰减与权重本身的值成正比的量。权重衰减的编程实现是非常简单的，因此，在发现可能出现由权重扩散引起的过拟合现象时，可以尝试对权重进行衰减处理。

9.2.4　批次归一化

批次归一化（Batch Normalization）是用来抑制批次内数据偏差的一种技巧（参考文献［30］）。与 Dropout 相同，批次归一化经常作为网络层编程实现。在这一网络层中，为了消除数据的乖离，我们会将平均值设置为 0、将标准偏差设置为 1 进行处理。此外，这一网络层中包含学习参数，可用来调整数据的扩散方式。

由于数据的偏差经常会导致过拟合现象，因此从原理上讲，采用批次归一化能在一定程度上提高网络泛化的能力。此外，导入批次归一化后，即使加大学习系数也不会导致学习崩溃，因此可以有效地缩短学习时间。

下面展示的是批次归一化网络层中所使用的正向传播公式。其中，x_k 表示传递给此网络层的输入数据，k 表示用于识别批次内样本的下标，由于批次归一化处理是在各个神经元中单独执行的处理，因此这里省略用于识别神经元的下标；μ_B 表示批次内的平均值；σ_B^2 表示方差；y_k 表示此网络层的输出；γ 和 β 表示需要学习的参数；h 表示批次大小。

$$\mu_B = \frac{1}{h}\sum_{k=1}^{h} x_k$$

$$\sigma_B^2 = \frac{1}{h}\sum_{k=1}^{h}\left(x_k - \mu_B\right)^2$$

$$\hat{x}_k = \frac{x_k - \mu_B}{\sqrt{\sigma_B^2 + \varepsilon}}$$

$$y_k = \gamma\hat{x}_k + \beta$$

ε 是一个非常小的数，其作用是防止分母变成 0。从输入数据中减去平均值，再除以标准偏差就完成了将平均值变换为 0、将标准偏差变换为 1 的处理，然后使用需要学习的参数 γ 和 β 重新对数据的分布方式进行调整。

在反向传播中，需要对学习参数的梯度 $\dfrac{\partial E}{\partial \gamma}$ 和 $\dfrac{\partial E}{\partial \beta}$ 及向上层网络传播的输入梯度 $\dfrac{\partial E}{\partial x_k}$ 进行求解。对这几个梯度采用连锁律进行求解的公式如下所示。

$$
\begin{aligned}
\frac{\partial E}{\partial \gamma} &= \sum_{k=1}^{h}\frac{\partial E}{\partial y_k}\frac{\partial y_k}{\partial \gamma} \\
&= \sum_{k=1}^{h}\hat{x}_k\frac{\partial E}{\partial y_k} \\
\frac{\partial E}{\partial \beta} &= \sum_{k=1}^{h}\frac{\partial E}{\partial y_k}\frac{\partial y_k}{\partial \beta} \\
&= \sum_{k=1}^{h}\frac{\partial E}{\partial y_k} \\
\frac{\partial E}{\partial x_k} &= \frac{\partial E}{\partial \hat{x}_k}\frac{\partial \hat{x}_k}{\partial x_k} + \frac{\partial E}{\partial \sigma_B^2}\frac{\partial \sigma_B^2}{\partial x_k} + \frac{\partial E}{\partial \mu_B}\frac{\partial \mu_B}{\partial x_k} \\
&= \frac{1}{\sqrt{\sigma_B^2 + \varepsilon}}\frac{\partial E}{\partial \hat{x}_k} + \frac{2\left(x_k - \mu_B\right)}{h}\frac{\partial E}{\partial \sigma_B^2} + \frac{1}{h}\frac{\partial E}{\partial \mu_B}
\end{aligned}
\tag{9-1}
$$

其中，$\dfrac{\partial E}{\partial y_k}$ 可以从下层网络传播过来的反馈中获取。$\dfrac{\partial E}{\partial \hat{x}_k}$、$\dfrac{\partial E}{\partial \sigma_B^2}$ 及 $\dfrac{\partial E}{\partial \mu_B}$ 可分别按照如下公式进行计算。

$$
\begin{aligned}
\frac{\partial E}{\partial \hat{x}_k} &= \frac{\partial E}{\partial y_k}\frac{\partial y_k}{\partial \hat{x}_k} \\
&= \gamma\frac{\partial E}{\partial y_k}
\end{aligned}
\tag{9-2}
$$

$$
\begin{aligned}
\frac{\partial E}{\partial \sigma_B^2} &= \sum_{k=1}^{h}\frac{\partial E}{\partial \hat{x}_k}\frac{\partial \hat{x}_k}{\partial \sigma_B^2} \\
&= -\frac{1}{2}\left(\sigma_B^2 + \varepsilon\right)^{-\frac{3}{2}}\sum_{k=1}^{h}\left(x_k - \mu_B\right)\frac{\partial E}{\partial \hat{x}_k}
\end{aligned}
\tag{9-3}
$$

$$\frac{\partial E}{\partial \mu_B} = \sum_{k=1}^{h} \frac{\partial E}{\partial \hat{x}_k} \frac{\partial \hat{x}_k}{\partial \mu_B} + \frac{\partial E}{\partial \sigma_B^2} \frac{\partial \sigma_B^2}{\partial \mu_B}$$

$$= -\sum_{k=1}^{h} \frac{1}{\sqrt{\sigma_B^2 + \varepsilon}} \frac{\partial E}{\partial \hat{x}_k} - \sum_{k=1}^{h} \frac{2\left(x_k - \mu_B\right)}{h} \frac{\partial E}{\partial \sigma_B^2} \qquad (9\text{-}4)$$

$$= -\sum_{k=1}^{h} \left(\frac{1}{\sqrt{\sigma_B^2 + \varepsilon}} \frac{\partial E}{\partial \hat{x}_k} + \frac{2\left(x_k - \mu_B\right)}{h} \frac{\partial E}{\partial \sigma_B^2} \right)$$

通过上述公式即可完成各个梯度的计算。为了方便编程实现这些公式，这里再对这些公式稍加整理。

$$\overline{x}_k = x_k - \mu_B$$

$$s_B = \sqrt{\sigma_B^2 + \varepsilon}$$

此时，$\hat{x}_k$ 和 σ_B^2 可表示为如下所示的等式。

$$\hat{x}_k = \frac{\overline{x}_k}{s_B}$$

$$\sigma_B^2 = \frac{1}{h} \sum_{k=1}^{h} \overline{x}_k^2$$

这里，我们对 $\overline{x}_k$ 的梯度进行求解。

$$\frac{\partial E}{\partial \overline{x}_k} = \frac{\partial E}{\partial \hat{x}_k} \frac{\partial \hat{x}_k}{\partial \overline{x}_k} + \frac{\partial E}{\partial \sigma_B^2} \frac{\partial \sigma_B^2}{\partial \overline{x}_k}$$

$$= \frac{1}{s_B} \frac{\partial E}{\partial \hat{x}_k} + \frac{2\overline{x}_k}{h} \frac{\partial E}{\partial \sigma_B^2}$$

根据上述等式和式（9-1）~ 式（9-4），我们可以将各个梯度的计算公式整理为如下形式。下列公式是按照代码中的实现顺序排列的。

$$\frac{\partial E}{\partial \overline{x}_k} = \gamma \frac{\partial E}{\partial y_k}$$

$$\frac{\partial E}{\partial \sigma_B^2} = -\frac{1}{2s_B^3} \sum_{k=1}^{h} \overline{x}_k \frac{\partial E}{\partial \hat{x}_k}$$

$$\frac{\partial E}{\partial \overline{x}_k} = -\frac{1}{s_B} \frac{\partial E}{\partial \hat{x}_k} + \frac{2\overline{x}_k}{h} \frac{\partial E}{\partial \sigma_B^2}$$

$$\frac{\partial E}{\partial \mu_B} = -\sum_{k=1}^{h} \frac{\partial E}{\partial \overline{x}_k}$$

$$\frac{\partial E}{\partial x_k} = \frac{\partial E}{\partial \overline{x}_k} + \frac{1}{h} \frac{\partial E}{\partial \mu_B}$$

经过整理，公式变得更加简洁，因而也更方便进行编程实现。

下面展示的代码就是根据上述公式实现的批次归一化网络层代码。为了判断当前是执行训练还是执行测试，正向传播 forward 方法使用了 self.is_train 变量。这个变量是从外部代入 True 或 False 值。在执行测试时，程序使用平均值的移动平均和方差的移动平均对 self.x_hat 进行计算。这些移动平均是在执行训练时计算好的，但临近值的取舍比例是通过 alpha 指定的。

```python
# -- 批次归一化层 --
class BatchNormLayer:
    def __init__(self, n, alpha):
        self.gamma = np.ones(n)
        self.beta = np.zeros(n)

        self.alpha = alpha                  # 移动平均中使用的常量
        self.mov_ave = np.zeros(n)          # 平均值的移动平均
        self.move_var = np.ones(n)          # 方差的移动平均

    def forward(self, x):
        eps = 1e-7                          # 很小的数
        if self.is_train:
            self.mu = np.average(x, axis=0)
            self.x_bar = x - self.mu
            self.var = np.mean(self.x_bar**2, axis=0)
            self.s = np.sqrt(self.var+eps)
            self.x_hat = self.x_bar / self.s

            self.mov_ave = self.alpha*self.mu + \
                            (1-self.alpha)*self.mov_ave
            self.move_var = self.alpha*self.var + \
                            (1-self.alpha)*self.move_var
        else:
            self.x_hat = (x-self.mov_ave) / \
                            (np.sqrt(self.move_var+eps))

        self.y = self.gamma*self.x_hat + self.beta

    def backward(self, grad_y):
        h = len(grad_y)                     # 批次大小

        self.grad_gamma = np.sum(self.x_hat*grad_y, axis=0)
        self.grad_beta = np.sum(grad_y, axis=0)

        grad_x_hat = self.gamma * grad_y
        grad_var = -0.5 / (self.s**3) * \
                    np.sum(self.x_bar*grad_x_hat, axis=0)
        grad_x_bar = grad_x_hat/self.s + 2*self.x_bar/h*grad_var
        grad_mu = -np.sum(grad_x_bar, axis=0)
        self.grad_x = grad_x_bar + grad_mu/h
```

```
    def update(self, eta):
        self.gamma -= eta * self.grad_gamma
        self.beta -= eta * self.grad_beta
```

由于内部包含可以进行学习的参数，因此这个封装类的成员方法中必须包含 update 方法。

例如，对于在第 8 章中所讲解的 GAN 模型场合，可以按照如下所示的方式使用这一网络层。

```
# -- 各网络层的初始化 --
gen_layers = [MiddleLayer(n_noise, 32),
              BatchNormLayer(32, 0.1),
              MiddleLayer(32, 64),
              BatchNormLayer(64, 0.1),
              GenOutLayer(64, img_size*img_size)]

disc_layers = [MiddleLayer(img_size*img_size, 64),
               MiddleLayer(64, 32),
               DiscOutLayer(32, 1)]

# -- 正向传播 --
def forward_propagation(x, layers, is_train):
    for layer in layers:
        layer.is_train = is_train
        layer.forward(x)
        x = layer.y
    return x
```

在生成器中间层的后面，加上这一执行批次归一化处理的网络层。BatchNormLayer 类在初始化时需要设置神经元数量和 alpha 值。forward_propagation 函数需要在参数中指定 is_train，并将这个值设置到 layer 对象中。

在增加批次归一化网络层后，GAN 模型的处理结果会发生怎样的变化呢？建议感兴趣的读者自行确认。

9.3　数据集的介绍

为了方便轻松地进行反复测试，本节将介绍一些大小合适的数据集，以供学习使用。

9.3.1　scikit-learn 数据集

scikit-learn 提供了几个规模相对较小，用于机器学习的数据集（见表 9.1）。读取这些数据集是很容易的事情，进行学习所需花费的时间也不长，因此它们非常适合用于学习深度学习技术和验证模型的代码。

表 9.1　scikit-learn 中所包含的数据集

数 据 集	说　明
波士顿住宅价格数据集 （load_boston）	由犯罪案件数量、住宅房屋数量等数十个数据与住宅价格组成的集合。共包含 506 个样本数据
鸢尾花数据集 （load_iris）	由 4 种测量值与表示 3 种花卉品种的标签组成的集合。共包含 150 个样本数据
糖尿病数据集 （load_diabetes）	由基础项目和血液检查项目与一年后的进展情况所组成的集合。共包含 442 名糖尿病患者的样本数据
手写数字数据集 （load_digits）	由手写数字的图像与数字对应的标签所组成的集合。这是本书使用过很多次的数据集，共包含 1797 个样本数据
运动能力数据集 （load_linnerud）	由身体特征和运动能力的相关数据所组成的集合。共包含 20 组样本数据
红酒数据集 （load_wine）	由各种各样的化学特性与表示红酒种类的标签组成的集合。共包含 178 个样本数据
乳腺癌数据集 （load_breast_cancer）	由检查结果与表示是良性还是恶性的标签所组成的集合。共包含 569 个样本数据

关于上述数据集的详细信息，可以参考 scikit-learn 的官方网站。

数据集的说明（scikit-learn 官方网站）

https://scikit-learn.org/stable/datasets/index.html

9.3.2　Keras 数据集

Keras 框架也提供了一些很有用的数据集。Keras 本身的安装是很简单的，而且该框架所提供数据集的读取也很容易，但是数据集的规模要比 scikit-learn 提供的大一些。

● 图像分类数据集 CIFAR 10：由 32×32 大小的 RGB 图片与 10 个分类的标签所组成的集合，如图 9.2 所示。其中包括 5 万幅用于训练的图片和 1 万幅用于测试的图片。

图 9.2　图像分类数据集 CIFAR 10

● 图像分类数据集 CIFAR 100：由 32×32 大小的 RGB 图片与 100 个分类的标签所组成的集合。其中包括 5 万幅用于训练的图片和 1 万幅用于测试的图片。

● 电影评论、情感分析数据集 IMDB：IMDB（Internet Movie DataBase）数据集包含表示肯定或否定情绪的标签，共包括 2.5 万条电影评论数据。

● 路透社新闻数据集 Reuters：由路透社的新闻和 46 个分类的标签所组成的集合，共包含 11228 条新闻数据。

● 手写数字数据集 MNIST：其图片的大小为 28×28，比 scikit-learn 提供的手写数字图片稍微大一些。其中包括 6 万幅用于训练的图片和 1 万幅用于测试的图片。

● 时装分类数据集 Fashion-MNIST：由时装的黑白照片和表示裙子、外套、运动鞋等分类信息的标签所组成的集合，如图 9.3 所示。其中包括 6 万幅用于训练的图片和 1 万幅用于测试的图片。

图 9.3　时装分类数据集 Fashion-MNIST

例如，使用图像分类数据集 CIFAR 100 时，可以通过如下代码执行数据集的读取操作。

```
from keras.datasets import cifar100

(x_train, y_train), (x_test, y_test) = cifar100.load_data(label_
mode='fine')
```

在 Keras 数据集中，训练数据和测试数据从一开始就是划分好的。关于这些数据集的详细信息，可以参考 Keras 官方网站中公布的文档。

数据集的说明（Keras 官方网站）

https://keras.io/ja/datasets/

9.4　深度学习的未来

如果将大量通过计算机程序所创建的人工神经元细胞组成分层的结构，就能实现非常复杂的表达能力。像这样将网络层叠加在一起所组成的网络就是神经网络。而使用由多个网络层所组成的神经网络执行机器学习处理就是深度学习，这也是本书的主题。

如今，正在蓬勃发展中的第 3 次人工智能浪潮的主角就是深度学习。这一技术受到了全世界的广泛关注，在汽车的自动驾驶、金融、物流、艺术、科学研究，乃至宇宙探索项目中都发挥了重要的推动作用。

那么为什么深度学习技术会如此引人注目呢？

笔者认为其中一个重要的原因就是其所具备的泛化能力。适合运用深度学习技术的领域非常广泛。例如，物体识别、翻译引擎、聊天机器人、游戏对战 AI、制造业中的异常检测、病灶的自动发现、资产管理、安保、物流等，深度学习能够发挥作用的专业领域可谓数不胜数。甚至一些到目前为止只有人类能够胜任的工作，也开始出现用深度学习技术代替人工的趋势。

还有另一个原因就是，神经网络是对人脑中的神经细胞网络进行抽象化的产物。因此，在社会的普遍认知中，使用神经网络实现类似人脑水平的人工智能是极有可能的。虽然深度学习的工作机制与人脑的工作机制有很大的不同，但是人工神经网络所体现出来的复杂认知能力让人不得不相信自然界的生命所拥有的智能，终有一天也可以通过人工的方式实现。

虽然第 3 次人工智能发展得如火如荼，但是笔者相信作为某种形式的专用工具，深度学习技术仍然存在巨大的发展空间，其所具备的潜力也不断地被发掘出来。尽管如此，笔者相信这或许仅仅是人工智能所具备的无限可能性中的冰山一角。

总之，人类与人工智能并存的时代才刚刚拉开序幕。

附录 **A**

A.1 使用简单的 RNN 生成文本

以下是使用简单 RNN 自动生成文章的示例代码。程序执行过程中需要使用外部文件 kaijin20.txt 作为训练数据。此外，还可以尝试使用其他任意的文本文件进行训练。

```python
import numpy as np
# import cupy as np                    # 使用GPU的场合
import matplotlib.pyplot as plt

# -- 各项设置参数 --
n_time = 20                            # 时间序列数据的数量
n_mid = 128                            # 中间层的神经元数量

eta = 0.01                             # 学习系数
clip_const = 0.02                      # 决定范数最大值的常量
beta = 2                               # 概率分布的范围（确定下一字符时使用）
epoch = 60
batch_size = 128

def sigmoid(x):
    return 1/(1+np.exp(-x))

def clip_grad(grads, max_norm):
    norm = np.sqrt(np.sum(grads*grads))
    r = max_norm / norm
    if r < 1:
        clipped_grads = grads * r
    else:
        clipped_grads = grads
    return clipped_grads

# -- 训练用的文章 --
# 文件的读取
with open("kaijin20.txt", mode="r", encoding="utf-8") as f:
    text = f.read()
print("字符数:", len(text))            # 使用len也可以获取字符串的字符个数

# -- 文字与索引的关联 --
chars_list = sorted(list(set(text)))              # 使用set去掉重复的字符
n_chars = len(chars_list)
```

```
print("字符数（无重复）:", n_chars)

char_to_index = {}                        # 字符为键、索引为值的字典
index_to_char = {}                        # 索引为键、字符为值的字典
for i, char in enumerate(chars_list):
    char_to_index[char] = i
    index_to_char[i] = char

# -- 时间序列中排列的字符与后面的字符 --
seq_chars = []
next_chars = []
for i in range(0, len(text) - n_time):
    seq_chars.append(text[i: i + n_time])
    next_chars.append(text[i + n_time])

# -- 输入与正确答案的独热格式 --
input_data = np.zeros((len(seq_chars), n_time, n_chars),
                        dtype=np.bool)
correct_data = np.zeros((len(seq_chars), n_chars),
                         dtype=np.bool)
for i, chars in enumerate(seq_chars):
    # 将正确答案用独热格式表示
    correct_data[i, char_to_index[next_chars[i]]] = 1
    for j, char in enumerate(chars):
        # 将输入用独热格式表示
        input_data[i, j, char_to_index[char]] = 1

# -- RNN层 --
class SimpleRNNLayer:
    def __init__(self, n_upper, n):
        # 参数的初始值
        self.w = np.random.randn(n_upper, n) / \
                np.sqrt(n_upper)        # Xavier的初始值
        self.v = np.random.randn(n, n) / \
                np.sqrt(n)              # Xavier的初始值
        self.b = np.zeros(n)

    def forward(self, x, y_prev):        # y_prev: 前一时刻的输出
        u = np.dot(x, self.w) + np.dot(y_prev, self.v) + self.b
        self.y = np.tanh(u)             # 输出

    def backward(self, x, y, y_prev, grad_y):
        delta = grad_y * (1 - y**2)

        # 各个梯度
        self.grad_w += np.dot(x.T, delta)
        self.grad_v += np.dot(y_prev.T, delta)
        self.grad_b += np.sum(delta, axis=0)
```

```
                self.grad_x = np.dot(delta, self.w.T)
                self.grad_y_prev = np.dot(delta, self.v.T)

        def reset_sum_grad(self):
            self.grad_w = np.zeros_like(self.w)
            self.grad_v = np.zeros_like(self.v)
            self.grad_b = np.zeros_like(self.b)

        def update(self, eta):
            self.w -= eta * self.grad_w
            self.v -= eta * self.grad_v
            self.b -= eta * self.grad_b

        def clip_grads(self, clip_const):
            self.grad_w = clip_grad(self.grad_w,
                        clip_const*np.sqrt(self.grad_w.size))
            self.grad_v = clip_grad(self.grad_v,
                        clip_const*np.sqrt(self.grad_v.size))

# -- 全连接 输出层 --
class OutputLayer:
    def __init__(self, n_upper, n):
        self.w = np.random.randn(n_upper, n) / \
                np.sqrt(n_upper)                    # Xavier的初始值
        self.b = np.zeros(n)

    def forward(self, x):
        self.x = x
        u = np.dot(x, self.w) + self.b
        self.y = np.exp(u)/np.sum(np.exp(u),
                axis=1).reshape(-1, 1)          # Softmax函数

    def backward(self, t):
        delta = self.y - t

        self.grad_w = np.dot(self.x.T, delta)
        self.grad_b = np.sum(delta, axis=0)
        self.grad_x = np.dot(delta, self.w.T)

    def update(self, eta):
        self.w -= eta * self.grad_w
        self.b -= eta * self.grad_b

# -- 各网络层的初始化 --
rnn_layer = SimpleRNNLayer(n_chars, n_mid)
output_layer = OutputLayer(n_mid, n_chars)

# -- 训练 --
def train(x_mb, t_mb):
    # 正向传播 RNN层
```

写给新手的深度学习2

```
        y_rnn = np.zeros((len(x_mb), n_time+1, n_mid))
        y_prev = y_rnn[:, 0, :]
        for i in range(n_time):
            x = x_mb[:, i, :]
            rnn_layer.forward(x, y_prev)
            y = rnn_layer.y
            y_rnn[:, i+1, :] = y
            y_prev = y

        # 正向传播 输出层
        output_layer.forward(y)

        # 反向传播 输出层
        output_layer.backward(t_mb)
        grad_y = output_layer.grad_x

        # 反向传播 RNN层
        rnn_layer.reset_sum_grad()
        for i in reversed(range(n_time)):
            x = x_mb[:, i, :]
            y = y_rnn[:, i+1, :]
            y_prev = y_rnn[:, i, :]
            rnn_layer.backward(x, y, y_prev, grad_y)
            grad_y = rnn_layer.grad_y_prev

        # 参数的更新
        rnn_layer.clip_grads(clip_const)
        rnn_layer.update(eta)
        output_layer.update(eta)

# -- 预测 --
def predict(x_mb):
    # 正向传播 RNN层
    y_prev = np.zeros((len(x_mb), n_mid))
    for i in range(n_time):
        x = x_mb[:, i, :]
        rnn_layer.forward(x, y_prev)
        y = rnn_layer.y
        y_prev = y

    # 正向传播 输出层
    output_layer.forward(y)
    return output_layer.y

# -- 计算误差 --
def get_error(x, t):
    limit = 1000
```

附
录
A

```
        if len(x) > limit:                # 设置测定样本数量的上限
            index_random = np.arange(len(x))
            np.random.shuffle(index_random)
            x = x[index_random[:limit], :]
            t = t[index_random[:limit], :]
        y = predict(x)
        # 交叉熵误差
        return -np.sum(t*np.log(y+1e-7))/batch_size

    def create_text():
        prev_text = text[0:n_time]          # 输入
        created_text = prev_text            # 生成的文本
        print("Seed:", created_text)

        for i in range(200):                # 生成200字符的文章
            x = np.zeros((1, n_time, n_chars))# 将输入设置为独热格式
            for j, char in enumerate(prev_text):
                x[0, j, char_to_index[char]] = 1

            # 进行预测，以获取下一个字符
            y = predict(x)
            p = y[0] ** beta                # 调整概率分布
            p = p / np.sum(p)               # 将p的合计值设置为1
            next_index = np.random.choice(len(p), size=1, p=p)
            next_char = index_to_char[int(next_index[0])]
            created_text += next_char
            prev_text = prev_text[1:] + next_char

        print(created_text)
        print()                             # 换行

    error_record = []
    # 每轮epoch的批次数
    n_batch = len(input_data) // batch_size
    for i in range(epoch):

        # -- 学习 --
        index_random = np.arange(len(input_data))
        # 打乱索引的顺序
        np.random.shuffle(index_random)
        for j in range(n_batch):

            # 提取小批次
            mb_index = index_random[j*batch_size : (j+1)*batch_size]
            x_mb = input_data[mb_index, :]
            t_mb = correct_data[mb_index, :]
            train(x_mb, t_mb)
```

```
        # −− 显示处理进度 −−
        print("\rEpoch: "+str(i+1)+"/"+str(epoch)+"  "+ \
              str(j+1)+"/"+str(n_batch), end="")

    # −− 求取误差 −−
    error = get_error(input_data, correct_data)
    error_record.append(error)
    print("  Error: "+str(error))

    # −− 显示处理进度 −−
    create_text()

plt.plot(range(1, len(error_record)+1), error_record,
         label="error")
plt.xlabel("Epochs")
plt.ylabel("Error")
plt.legend()
plt.show()
```

A.2　使用 GRU 生成文本

　　以下是使用 GRU 网络自动生成文章的示例代码。程序执行过程中需要使用外部文件 kaijin20.txt 作为训练数据。此外，还可以尝试使用其他任意的文本文件进行训练。

```
import numpy as np
# import cupy as np              # 使用GPU的场合
import matplotlib.pyplot as plt

# −− 各项设置参数 −−
n_time = 20                      # 时间序列数据的数量
n_mid = 128                      # 中间层的神经元数量

eta = 0.01                       # 学习系数
clip_const = 0.02                # 决定范数最大值的常量
beta = 2                         # 概率分布的范围（确定下一字符时使用）
epoch = 60
batch_size = 128

def sigmoid(x):
```

```
        return 1/(1+np.exp(-x))

def clip_grad(grads, max_norm):
    norm = np.sqrt(np.sum(grads*grads))
    r = max_norm / norm
    if r < 1:
        clipped_grads = grads * r
    else:
        clipped_grads = grads
    return clipped_grads

# -- 训练用的文章 --
# 文件的读取
with open("kaijin20.txt", mode="r", encoding="utf-8") as f:
    text = f.read()
print("字符数:", len(text))        # 使用len也可以获取字符串的字符个数

# -- 将字符与索引关联起来 --
chars_list = sorted(list(set(text)))      # 使用set去掉重复的字符
n_chars = len(chars_list)
print("字符数（无重复）:", n_chars)

char_to_index = {}                    # 字符为键、索引为值的字典
index_to_char = {}                    # 索引为键、字符为值的字典
for i, char in enumerate(chars_list):
    char_to_index[char] = i
    index_to_char[i] = char

# -- 按时间序列排列的字符与其后面的字符 --
seq_chars = []
next_chars = []
for i in range(0, len(text) - n_time):
    seq_chars.append(text[i: i + n_time])
    next_chars.append(text[i + n_time])

# -- 输入正确答案的独热格式 --
input_data = np.zeros((len(seq_chars), n_time, n_chars),
            dtype=np.bool)
correct_data = np.zeros((len(seq_chars), n_chars), dtype=np.bool)
for i, chars in enumerate(seq_chars):
    # 将正确答案用独热格式表示
    correct_data[i, char_to_index[next_chars[i]]] = 1
    for j, char in enumerate(chars):
        # 将输入用独热格式表示
        input_data[i, j, char_to_index[char]] = 1

# -- GRU层 --
class GRULayer:
```

```python
    def __init__(self, n_upper, n):
        # 参数的初始值
        self.w = np.random.randn(3, n_upper, n) / \
                np.sqrt(n_upper)                        # Xavier的初始值
        self.v = np.random.randn(3, n, n) / np.sqrt(n)

    def forward(self, x, y_prev):
        a0 = sigmoid(np.dot(x, self.w[0]) + \
                    np.dot(y_prev, self.v[0]))          # 更新门
        a1 = sigmoid(np.dot(x, self.w[1]) + \
                    np.dot(y_prev, self.v[1]))          # 复位门
        a2 = np.tanh(np.dot(x, self.w[2]) + \
                    np.dot(a1*y_prev, self.v[2]))  # 新的记忆
        self.gates = np.stack((a0, a1, a2))

        self.y = (1-a0)*y_prev + a0*a2                  # 输出

    def backward(self, x, y, y_prev, gates, grad_y):
        a0, a1, a2 = gates

        # 新的记忆
        delta_a2 = grad_y * a0 * (1-a2**2)
        self.grad_w[2] += np.dot(x.T, delta_a2)
        self.grad_v[2] += np.dot((a1*y_prev).T, delta_a2)

        # 更新门
        delta_a0 = grad_y * (a2-y_prev) * a0 * (1-a0)
        self.grad_w[0] += np.dot(x.T, delta_a0)
        self.grad_v[0] += np.dot(y_prev.T, delta_a0)

        # 复位门
        s = np.dot(delta_a2, self.v[2].T)
        delta_a1 = s * y_prev * a1 * (1-a1)
        self.grad_w[1] += np.dot(x.T, delta_a1)
        self.grad_v[1] += np.dot(y_prev.T, delta_a1)

        # x的梯度
        self.grad_x =  np.dot(delta_a0, self.w[0].T)
        + np.dot(delta_a1, self.w[1].T)
        + np.dot(delta_a2, self.w[2].T)

        # y_prev的梯度
        self.grad_y_prev = np.dot(delta_a0, self.v[0].T)
        + np.dot(delta_a1, self.v[1].T)
        + a1*s + grad_y*(1-a0)

    def reset_sum_grad(self):
```

附录
A

```python
        self.grad_w = np.zeros_like(self.w)
        self.grad_v = np.zeros_like(self.v)

    def update(self, eta):
        self.w -= eta * self.grad_w
        self.v -= eta * self.grad_v

    def clip_grads(self, clip_const):
        self.grad_w = clip_grad(self.grad_w,
                        clip_const*np.sqrt(self.grad_w.size))
        self.grad_v = clip_grad(self.grad_v,
                        clip_const*np.sqrt(self.grad_v.size))

# -- 全连接 输出层 --
class OutputLayer:
    def __init__(self, n_upper, n):
        self.w = np.random.randn(n_upper, n) / \
                np.sqrt(n_upper)          # Xavier的初始值
        self.b = np.zeros(n)

    def forward(self, x):
        self.x = x
        u = np.dot(x, self.w) + self.b
        self.y = np.exp(u)/np.sum(np.exp(u), axis=1).reshape(-1, 1)
        # Softmax函数

    def backward(self, t):
        delta = self.y - t

        self.grad_w = np.dot(self.x.T, delta)
        self.grad_b = np.sum(delta, axis=0)
        self.grad_x = np.dot(delta, self.w.T)

    def update(self, eta):
        self.w -= eta * self.grad_w
        self.b -= eta * self.grad_b

# -- 各网络层的初始化--
gru_layer = GRULayer(n_chars, n_mid)
output_layer = OutputLayer(n_mid, n_chars)

# -- 训练 --
def train(x_mb, t_mb):
    # 正向传播 GRU层
    y_rnn = np.zeros((len(x_mb), n_time+1, n_mid))
    gates_rnn = np.zeros((3, len(x_mb), n_time, n_mid))
    y_prev = y_rnn[:, 0, :]
    for i in range(n_time):
        x = x_mb[:, i, :]
```

```
        gru_layer.forward(x, y_prev)

        y = gru_layer.y
        y_rnn[:, i+1, :] = y
        y_prev = y

        gates = gru_layer.gates
        gates_rnn[:, :, i, :] = gates

    # 正向传播 输出层
    output_layer.forward(y)

    # 反向传播 输出层
    output_layer.backward(t_mb)
    grad_y = output_layer.grad_x

    # 反向传播 GRU层
    gru_layer.reset_sum_grad()
    for i in reversed(range(n_time)):
        x = x_mb[:, i, :]
        y = y_rnn[:, i+1, :]
        y_prev = y_rnn[:, i, :]
        gates = gates_rnn[:, :, i, :]

        gru_layer.backward(x, y, y_prev, gates, grad_y)
        grad_y = gru_layer.grad_y_prev

    # 参数的更新
    gru_layer.update(eta)
    output_layer.update(eta)

# -- 预测 --
def predict(x_mb):
    # 正向传播 GRU层
    y_prev = np.zeros((len(x_mb), n_mid))
    for i in range(n_time):
        x = x_mb[:, i, :]
        gru_layer.forward(x, y_prev)
        y = gru_layer.y
        y_prev = y

    # 正向传播 输出层
    output_layer.forward(y)
    return output_layer.y

# -- 计算误差 --
def get_error(x, t):
```

```
        limit = 1000
        if len(x) > limit:                   # 设置测定样本数的上限
            index_random = np.arange(len(x))
            np.random.shuffle(index_random)
            x = x[index_random[:limit], :]
            t = t[index_random[:limit], :]
        y = predict(x)
        # 交叉熵误差
        return -np.sum(t*np.log(y+1e-7))/batch_size

def create_text():
    prev_text = text[0:n_time]            # 输入
    created_text = prev_text              # 生成的文本
    print("Seed:", created_text)

    for i in range(200):                  # 生成200个字符的文章
        # 将输入用独热格式表示
        x = np.zeros((1, n_time, n_chars))
        for j, char in enumerate(prev_text):
            x[0, j, char_to_index[char]] = 1

        # 进行预测,以获取下一字符
        y = predict(x)
        p = y[0] ** beta                  # 概率分布的调整
        p = p / np.sum(p)                 # 将p的合计值设置为1
        next_index = np.random.choice(len(p), size=1, p=p)
        next_char = index_to_char[int(next_index[0])]
        created_text += next_char
        prev_text = prev_text[1:] + next_char

    print(created_text)
    print()                               # 换行

error_record = []
# 每轮epoch的批次数
n_batch = len(input_data) // batch_size
for i in range(epoch):

    # -- 学习 --
    index_random = np.arange(len(input_data))
    # 打乱索引的顺序
    np.random.shuffle(index_random)
    for j in range(n_batch):

        # 提取小批次
        mb_index = index_random[j*batch_size : (j+1)*batch_size]
        x_mb = input_data[mb_index, :]
```

```
            t_mb = correct_data[mb_index, :]
            train(x_mb, t_mb)

            # -- 显示处理进度 --
            print("\rEpoch: "+str(i+1)+"/"+str(epoch)+"  "+ \
                  str(j+1)+"/"+str(n_batch), end="")

        # -- 求取误差 --
        error = get_error(input_data, correct_data)
        error_record.append(error)
        print("  Error: "+str(error))

        # -- 显示处理进度 --
        create_text()

plt.plot(range(1, len(error_record)+1), error_record, label="error")
plt.xlabel("Epochs")
plt.ylabel("Error")
plt.legend()
plt.show()
```

A

参 考 文 献

［1］Olga Russakovsky, Jia Deng, Hao Su, et al. ImageNet Large Scale Visual Recognition Challenge. arXiv:1409.0575, 2014.

［2］Sakai Y, Takemoto S, Hori K, et al. Automatic detection of early gastric cancer in endoscopic images using a transferring convolutional neural network. Conf Proc IEEE Eng Med Biol Soc., 2018:4138–4141.

［3］Tero Karras, Timo Aila, Samuli Laine, et al. Progressive Growing of GANs for Improved Quality, Stability, and Variation. arXiv:1409.0575, 2017.

［4］Thomas Schlegl, Philipp Seebock, Sebastian M. Waldstein, et al. Unsupervised Anomaly Detection with Generative Adversarial Networks to Guide Marker Discovery. arXiv:1703.05921, 2017.

［5］Volodymyr Mnih, Koray Kavukcuoglu, David Silver, et al. Playing Atari with Deep Reinforcement Learning. arXiv:1312.5602, 2013.

［6］Jim Gao. Machine Learning Applications for Data Center Optimization. 2014.

［7］Masato Sumita, Xiufeng Yang, Shinsuke Ishihara, et al. Hunting for Organic Molecules with Artificial Intelligence: Molecules Optimized for Desired Excitation Energies. ACS Cent. Sci. 2018, 4(9):1126–1133.

［8］Kaiming He, Xiangyu Zhang, Shaoqing Ren, et al. Delving Deep into Rectifiers: Surpassing Human–Level Performance on ImageNet Classification. arXiv:1502.01852, 2015.

［9］Xavier Glorot, Yoshua Bengio. Understanding the difficulty of training deep feedforward neural networks. Proceedings of the 13th International Conference on Artificial Intelligence and Statistics (AISTATS), 2010.

［10］Razvan Pascanu, Tomas Mikolov, Yoshua Bengio. On the difficulty of training Recurrent Neural Networks. arXiv:1211.5063, 2012.

［11］Francois Chollet, 巣籠 悠輔 . Python と Keras によるディープラーニング . 2018.

［12］Tomas Mikolov, Ilya Sutskever, Kai Chen, et al. Distributed Representations of Words and Phrases and their Compositionality. arXiv:1310.4546 , 2013.

[13] Kyunghyun Cho, Bart van Merrienboer, Caglar Gulcehre, et al. Learning Phrase Representations using RNN Encoder–Decoder for Statistical Machine Translation. arXiv:1406.1078, 2014.

[14] Ilya Sutskever, Oriol Vinyals, Quoc V. Le. Sequence to Sequence Learning with Neural Networks. arXiv:1409.3215, 2014.

[15] Diederik P Kingma, Max Welling. Auto–Encoding Variational Bayes. arXiv:1312.6114, 2013.

[16] Diederik P. Kingma, Danilo J. Rezende, Shakir Mohamed, et al. Semi–Supervised Learning with Deep Generative Models. arXiv:1406.5298, 2014.

[17] Irina Higgins, Loic Matthey, Arka Pal, et al. beta–VAE: Learning Basic Visual Concepts with a Constrained Variational Framework. ICLR, 2017.

[18] Aaron van den Oord, Oriol Vinyals, Koray Kavukcuoglu. Neural Discrete Representation Learning. arXiv:1711.00937, 2017.

[19] Ali Razavi, Aaron van den Oord, Oriol Vinyals. Generating Diverse High–Fidelity Images with VQ–VAE–2. arXiv:1906.00446, 2019.

[20] Ian J. Goodfellow, Jean Pouget–Abadie, Mehdi Mirza, et al. Generative Adversarial Networks. arXiv:1406.2661, 2014.

[21] Alec Radford, Luke Metz, Soumith Chintala. Unsupervised Representation Learning with Deep Convolutional Generative Adversarial Networks. arXiv:1511.06434, 2015.

[22] Fabio Henrique Kiyoiti dos Santos Tanaka, Claus Aranha. Data Augmentation Using GANs. arXiv:1904.09135, 2019.

[23] Mehdi Mirza, Simon Osindero. Conditional Generative Adversarial Nets. arXiv:1411.1784, 2014.

[24] Phillip Isola, Jun–Yan Zhu, Tinghui Zhou, et al. Image–to–Image Translation with Conditional Adversarial Networks. arXiv:1611.07004, 2016.

[25] Jun–Yan Zhu, Taesung Park, Phillip Isola, et al. Unpaired Image–to–Image Translation using Cycle–Consistent Adversarial Networks. arXiv:1703.10593, 2017.

[26] John Duchi, Elad Hazan, Yoram Singer. Adaptive Subgradient Methods for Online Learning and Stochastic Optimization. Journal of Machine Learning Research, 2011 (12): 2121–2159.

[27] Diederik P. Kingma, Jimmy Ba. Adam: A Method for Stochastic Optimization. arXiv:1412.6980, 2014.

[28] Nitish Srivastava, Geoffrey Hinton, Alex Krizhevsky, et al. Dropout: A Simple Way to Prevent Neural Networks from Overfitting. Journal of Machine Learning Research, 2014 (15): 1929–1958.

[29] Andrew L Maas, Awni Y Hannun, Andrew Y Ng. Rectifier nonlinearities improve neural network acoustic models. International Conference on Machine Learning (ICML), 2013.

[30] Sergey Ioffe, Christian Szegedy. Batch Normalization: Accelerating Deep Network Training by Reducing Internal Covariate Shift. arXiv:1502.03167, 2015.

参
考
文
献

后 记

非常感谢将本书一直读到结尾的读者。相信完成本书学习的读者应该可以基于深度学习技术的原理，在一定程度上解读深度学习技术的代码并自己动手编写深度学习的程序了。

在本书中，我们对 RNN 和生成模型等模型进行了比前一本书更加深入的讲解。如果能够将数学公式和编写程序结合，相辅相成地进行学习，就会发现其实它们是基于相同原理的。

我们正生活在一个非常有趣的时代，复杂的事物又会创造出更为复杂的事物，各种新兴技术正在以指数函数的形式在日新月异的进步中。可以毫不夸张地说，深度学习技术正是这个时代中象征性的技术。深度学习技术不仅仅是一种能帮助我们解决问题的技能，还是一种同时面向现代和未来的具有重大意义的学问。

为了尽可能地使更多的读者在学习本书的过程中能有所收获，笔者在撰写本书的时候，力图做到尽量细致地对深度学习技术的本质进行讲解。此外，本书中的代码虽然简单，却不失其扩展性。尽管如此，本书肯定还存在不足之处，欢迎广大读者将宝贵的意见以任何形式反馈给笔者，以期今后做得更好。

最后，在此对支持撰写本书的朋友表示衷心的感谢。SB Creative 的总编平山先生不仅为笔者提供了执笔本书的机会，还在本书的编写过程中给予了极大的帮助和鼓励，在此表示深深的谢意。

在在线教育平台 Udemy 上讲授开发和运用的经验是笔者能够编写这本书的基础所在。在此，对那些一直支持笔者讲座的 Udemy 员工表示感谢。此外，还有很多学员为我提供了很多的意见反馈，对编写本书起到了很大的帮助，因此，在此要感谢这些学员。

另外，还有每天支持笔者工作的家人，借此机会也想对他们说声"谢谢"。

如果本书的内容能为各位读者今后的学习和工作带来任何形式的帮助，对笔者来说那将是无比荣幸的。

我妻幸长